中国深层油气形成与分布规律丛书

金之钧　主编

深层盆地勘探定量评价方法与应用

刘可禹　刘建良　孙冬胜　杨磊磊　盛秀杰　著

科学出版社

北京

内 容 简 介

深层油气勘探面临钻井资料少、地震品质量差、地层非均质性强、定量化研究程度低等挑战，经典盆地模拟方法采用传统的"蛋糕式"盆地充填模型，不能有效考虑层内沉积、成岩非均质性，制约了深层油气勘探。基于地质过程约束的沉积-成岩-成藏一体化盆地数值模拟方法，能充分考虑沉积、成岩过程及其形成的非均质性，为深层油气勘探盆地尺度油气成藏过程和有利聚集区优选提供定量参考。相较于传统盆地模拟方法，一体化盆地模拟方法能更充分体现地质体的沉积和成岩非均质性，使油气分布定量预测结果更合理。本书呈现的沉积-成岩-成藏一体化盆地数值模拟方法对标斯伦贝谢（Schlumberger）公司、法国石油研究院（IFP）和斯坦福大学在盆地模拟方面最新进展，部分成果处于国际领先地位。

本书介绍基于地质过程约束的沉积-成岩-成藏一体化数值模拟方法与软件，选取塔里木盆地和四川盆地深层探区进行新方法应用，综合评价深层油气的分布规律，为下一步区带评价和目标优选提供研究方向。本书适合从事深层油气勘探的研究人员和研究生阅读参考。

图书在版编目（CIP）数据

深层盆地勘探定量评价方法与应用 / 刘可禹等著. -- 北京：科学出版社，2025.6
（中国深层油气形成与分布规律丛书）
ISBN 978-7-03-077230-5

Ⅰ. ①深… Ⅱ. ①刘… Ⅲ. ①含油气盆地－油气勘探－研究－中国 Ⅳ. ①P618.130.208

中国国家版本馆 CIP 数据核字(2023)第 245219 号

责任编辑：孟美岑／责任校对：何艳萍
责任印制：肖 兴／封面设计：无极书装

科学出版社 出版
北京东黄城根北街 16 号
邮政编码：100717
http://www.sciencep.com
北京建宏印刷有限公司印刷
科学出版社发行　各地新华书店经销
*
2025 年 6 月第 一 版　开本：787×1092　1/16
2025 年 6 月第一次印刷　印张：14 1/4
字数：332 000
定价：198.00 元
（如有印装质量问题，我社负责调换）

丛书编委会

主　　编：金之钧

副 主 编：彭平安　郝　芳　何治亮

编写人员：王云鹏　罗晓容　操应长　孙冬胜
　　　　　胡向阳　刘可禹　刘　华　张水昌
　　　　　卢　鸿　田　辉　朱东亚　耿建华
　　　　　段太忠　孙建芳　蔡忠贤　符力耘
　　　　　林　缅　邹华耀　云金表　周　波
　　　　　邹才能　谢增业　刘全有　盛秀杰
　　　　　金晓辉　刘光祥　李慧莉　张殿伟
　　　　　林娟华　孟庆强　陆晓燕　沃玉进
　　　　　张荣强　杨　怡　袁玉松　李双建
　　　　　赵向原　梁世友　李建交

丛 书 序

　　深层油气是中国油气资源战略接替的三大领域（深层、海域、非常规）之一。但深层高温、高压及复杂地应力给油气勘探实践带来了巨大挑战。首先，在油气地质方面，海相深层往往经历多期盆地原型叠合，发育了多套油气成藏组合，具有多源、多期成藏和构造改造调整过程，烃源岩成熟度高，油气源对比及多途径生气气源判识难度大。尤其是有机-无机相互作用贯穿了深层-超深层整个成烃-成藏过程，水的催化加氢究竟有何影响？深层油气是浅成深埋还是深成，或者是连续过程？深层油气相态、成藏动力、富集机理与分布规律是什么？均是困扰学术界多年的难题。其次，在深层油气领域方面，缺乏相应的区带、圈闭评价技术。然后，在地震勘探技术方面，由于埋深加大，普遍存在的多次波、缝洞绕射等导致成像不清、分辨率降低，使断裂、裂缝预测精度低，有效储集体表征和流体识别难度增大。最后，在工程技术方面，深层-超深层相关的随钻测量与地质导向、旋转导向等关键技术受制于人，严重制约了深层油气勘探进程与成效。为此，中国科学院组织实施了 A 类战略性先导科技专项——智能导钻技术装备体系与相关理论研究（XDA14000000），"深层油气形成与分布预测"（XDA14010000）是专项任务之一，主要攻关任务是通过深层油气形成与分布预测研究，揭示深层油气形成机理与分布规律，发展深层油气成藏与富集理论和评价技术。

　　项目团队经过 6 年的艰苦努力，取得了丰富的研究成果，主要进展如下：

　　建立了克拉通裂谷/裂陷、被动陆缘拗陷（陡坡与缓坡）和台内拗陷三类四型烃源岩发育地质模式，揭示了深层高温高压条件下全过程生烃及多元生气途径，扩展了生烃门限，强调了裂解气（干酪根及滞留油）、有机-无机相互作用是深层生烃的重要特点，扩大了深层油气资源规模。

　　基于控制深层-超深层优质规模储层发育和保持的岩相-不整合面-断裂三个关键要素的分析，提出了储层分类新方案，明确了早期有利岩相是基础，后期抬升剥蚀及断裂改造是关键，深埋条件下的特殊流体环境决定了储集空间的长期保持。建立了深层-超深层强非均质性储层地质模式与地球物理预测方法，形成了基于知识库的智能储层钻前精细建模与随钻快速动态建模方法。

　　建立了深层油气跨尺度非线性渗流模型，实现了从微纳米孔隙到储层的跨尺度非线性渗流模拟，揭示了不同类型致密储层空间内的油气运聚动力条件和运聚机理差异，明确了油气在高渗透层、洞-缝型储层以浮力运移为主，超压在致密储层中规模运移起关键作用。

　　明确了深层油气具有"多期充注、浅成油藏、相态转化、改造调整、晚期定位"的成藏特征和"多层叠合、有序分布、源位控效、优储控富"的富集与分布规律。

　　针对含油气系统理论对中国叠合盆地的不适应性，发展和完善了油气成藏体系理论，提出了成藏体系的烃源体、聚集体、输导体三要素及结构功能动态评价思路，形成深层盆地-区带-圈闭评价技术体系和行业规范，搭建了沉积-成岩-成藏一体化模拟软件平台，优选了战略突破区带和勘探目标，支撑了油气新领域的重大发现与突破。

该套丛书是对深层油气理论技术的一次较系统的总结，相信它们的出版将对深层海相油气未来的深入研究与勘探实践产生重要的指导作用。

谨此作序。

朱日祥

2023 年 8 月 16 日

前　言

随着油气勘探开发的不断推进，中浅层常规油气的勘探开发程度已经很高，难有重大发现，深层、超深层逐渐成为油气资源勘探开发的重要资源接替新领域，成为当前油气勘探的热点。中国的深层油气一般发育在叠合盆地的下部构造层，具有时代老、埋藏深的特征，且经历多期构造运动和油气成藏，是盆地主体沉积建造与后期关键成藏期和改造的综合产物。深层油气勘探面临费用高，风险大，地质、地球物理资料少，地震数据分辨率低，沉积非均质性强等现实问题，常规的地震反演、井震结合及统计学方法大都是基于现今的地质地球物理资料静态反演油气储层的沉积充填样式和有利相带分布，无法动态刻画深部地层的沉积演化过程、沉积相带的时空展布和有利储集相带发育等，限制深层油气有效勘探，是亟须解决的难题。通过开展深层油气盆地尺度的地质和油气资源分布定量评价研究，对深层油气勘探的整体部署以及下一步区带评价具有一定的指导意义；此外，深层油气勘探盆地定量评价综合了定性和定量、正演和反演、静态和动态等多种评价方法，对定量地质学学科发展也具有一定推动作用。

虽然自 20 世纪 80 年代以来，随着计算机技术的进步，盆地与含油气系统分析/模拟（basin and petroleum system analysis/modelling）技术、沉积正演数值模拟（stratigraphic forword modelling）技术和储层成岩数值模拟（reservoir diagenetic modelling）技术均在各自模拟算法和软件开发等方面取得了快速发展，但彼此之间鲜有交叉耦合。尤其在油气勘探方面，随着油气勘探向深层-超深层岩性地层油气藏发展，传统的简单层状"蛋糕式"盆地模拟方法无法满足勘探需求，必须充分考虑目的层沉积和成岩非均质性，才能更好地预测油气分布。

本书在简要分析了深层含油气盆地勘探评价特殊性与定量评价可行性的基础上，系统地介绍了盆地与含油气系统数值模拟、沉积正演数值模拟、储层成岩作用数值模拟的研究现状、基本方法与原理、关键参数获取、模拟流程与主要模拟结果类型，提出了基于地质过程约束的沉积-成岩-成藏一体化盆地数值模拟方法。在此基础上，选取塔里木和四川盆地深层进行盆地尺度的地质评价应用。利用该"一体化"耦合模拟方法，开展了塔里木盆地南华系—奥陶系含油气系统和四川盆地中部地区震旦系—寒武系含油气系统的沉积-成岩-成藏一体化数值模拟，定量表征了目的层精细三维沉积相/岩相非均质性，提出了四川盆地川中地区震旦纪裂陷槽成因新模式，预测了目的层深水盆地相可能发育滑塌型重力流沉积体，能作为超深层有效储集体，模拟了不同沉积相带碳酸盐岩成岩作用过程与孔隙度演化，明确了深层关键烃源岩的生烃演化特征，恢复了深层含油气系统油气成藏动态过程，还预测了深层目的层内油气富集的有利区带。研究成果为盆地尺度油气成藏过程和深层油气勘探有利聚集区优选提供更加合理的评价方法和区带模型。

  本书是在中国科学院战略性先导科技专项项目（A 类，XDA14010401）的全力支持下完成的，在此深表感谢。全书共分为 7 章，由中国石油大学（华东）、中国石油大学（北京）和中国石油化工股份有限公司石油勘探开发研究院相关科研人员共同完成，不足之处，敬请各位读者批评指正。

目　录

丛书序
前言
第一章　绪论 ·· 1
　第一节　沉积盆地及其充填过程 ··· 1
　　一、沉积盆地分类 ··· 1
　　二、沉积盆地充填与含油气系统 ··· 7
　第二节　沉积盆地油气勘探评价内容与方法 ··································· 9
　　一、评价内容 ·· 10
　　二、评价方法 ·· 10
　第三节　深层油气勘探现状与勘探评价特殊性 ······························ 11
　　一、深层油气勘探现状 ·· 11
　　二、深层油气勘探评价特殊性 ··· 12
　第四节　深层油气勘探盆地定量评价的可行性技术 ························ 13
第二章　盆地与含油气系统模拟 ··· 15
　第一节　内涵、作用与发展历程 ·· 15
　　一、盆地模拟与含油气系统模拟的区别及联系 ·························· 15
　　二、概念与内涵 ··· 16
　　三、主要作用 ·· 17
　　四、发展历程 ·· 17
　第二节　"五史"模型基本方法与原理 ·· 20
　　一、地史模型 ·· 20
　　二、热史模型 ·· 27
　　三、生烃史模型 ··· 33
　　四、排烃史模型 ··· 35
　　五、油气运聚史模型 ··· 37
　第三节　模型建立与模拟流程 ·· 42
　　一、模型建立 ·· 42
　　二、模拟过程与结果 ··· 46
　第四节　盆地模拟软件发展与应用现状 ·· 47
　　一、模拟软件发展现状 ·· 47
　　二、模拟技术应用现状 ·· 48
　第五节　存在问题与发展趋势 ·· 50
　　一、存在问题 ·· 50

  二、发展趋势 ··· 51
第三章 沉积正演数值模拟 ··· 54
 第一节 沉积数值模拟简介、发展历程与分类 ·· 55
  一、沉积数值模拟简介 ··· 55
  二、发展历程与现状 ·· 56
  三、分类 ·· 57
 第二节 基于水动力学的碎屑岩沉积数值模拟方法 ·· 59
  一、流体动力学方程的建立 ·· 59
  二、流体动力学方程的求解 ·· 61
  三、沉积物的侵蚀、搬运和沉积数值计算 ·· 63
  四、基于水动力学的碎屑岩沉积模拟应用 ·· 65
 第三节 基于模糊逻辑的碳酸盐岩沉积数值模拟方法 ·· 66
  一、模糊逻辑规则 ·· 66
  二、碳酸盐岩沉积模拟的变量与表达形式 ·· 67
  三、基于模糊逻辑的碳酸盐岩沉积模拟应用 ·· 68
 第四节 关键参数与模拟结果 ·· 69
  一、沉积正演模拟的一般流程 ·· 70
  二、关键输入参数 ·· 71
  三、模拟结果 ·· 73
 第五节 Sedfill3D 沉积正演数值模拟软件 ·· 77
第四章 成岩作用数值模拟 ··· 83
 第一节 沉积盆地储层成岩作用 ·· 83
  一、储层成岩演化过程 ·· 83
  二、储层成岩作用类型 ·· 84
 第二节 成岩过程中的水岩反应 ·· 85
 第三节 成岩数值模拟原理与软件 ·· 86
  一、成岩作用数值模拟介绍 ·· 86
  二、成岩数值模拟基本原理 ·· 87
  三、成岩数值模拟软件 ·· 91
 第四节 成岩数值模拟应用实例 ·· 96
  一、大气淡水淋滤对不同类型碳酸盐岩矿物转化与孔隙变化的影响 ········ 96
  二、频繁暴露条件下大气淡水淋滤对非均质碳酸盐岩储层的影响 ·········· 102
第五章 沉积-成岩-成藏一体化模拟方法 ··· 105
 第一节 沉积-成岩-成藏一体化模拟方法现状及必要性 ······································ 105
  一、沉积-成岩-成藏一体化模拟方法现状 ··· 105
  二、沉积-成岩-成藏一体化模拟方法建立的必要性 ··································· 107
 第二节 沉积-成岩-成藏一体化盆地模拟方法建立 ·· 108

第六章 塔里木盆地台盆区超深层沉积-成岩-成藏耦合模拟与油气分布预测 ·········· 110
  第一节 台盆区下奥陶统蓬莱坝组沉积过程模拟与非均质性刻画 ·········· 110
    一、研究范围与概念模型 ·········· 110
    二、关键模拟参数 ·········· 113
    三、沉积模拟结果与合理性验证 ·········· 120
    四、蓬莱坝组沉积非均质性定量表征 ·········· 126
  第二节 台盆区中-下奥陶统碳酸盐岩成岩过程模拟与孔隙度演化 ·········· 127
    一、顺南地区中-下奥陶统台地相碳酸盐岩成岩作用类型与序列 ·········· 127
    二、不同相带碳酸盐岩成岩过程与孔隙度演化数值模拟 ·········· 130
  第三节 沉积-成岩-成藏一体化盆地模拟与深层油气分布预测 ·········· 135
    一、耦合沉积-成岩模拟结果的三维盆地模拟地质模型建立 ·········· 135
    二、深层烃源岩生排烃演化特征 ·········· 138
    三、顺北地区中-下奥陶统油气成藏过程与模式 ·········· 140
    四、台盆区中-下奥陶统深层油气分布预测 ·········· 149

第七章 四川盆地中部（超）深层油气成藏耦合模拟与有利区预测 ·········· 152
  第一节 川中地区灯影组构造-沉积过程模拟与裂陷槽成因 ·········· 152
    一、灯影组沉积相类型和垂向发育特征 ·········· 152
    二、灯影组构造-沉积过程数值模拟与沉积非均质性表征 ·········· 159
    三、川中地区灯影组裂陷槽成因机制 ·········· 173
  第二节 灯影组不同相带碳酸盐岩成岩过程模拟与孔隙度演化 ·········· 179
    一、灯影组碳酸盐岩成岩作用类型 ·········· 179
    二、灯影组不同相带碳酸盐岩成岩演化过程 ·········· 183
    三、不同相带碳酸盐岩成岩过程数值与孔隙度演化 ·········· 186
    四、台地相各亚相碳酸盐岩成岩演化差异与控制因素 ·········· 190
  第三节 震旦系—寒武系油气成藏耦合模拟与有利区预测 ·········· 191
    一、耦合灯影组沉积与成岩模拟结果的三维盆地模拟地质模型 ·········· 191
    二、烃源岩生烃演化特征 ·········· 193
    三、灯影组油气运聚过程模拟与有利区预测 ·········· 196

参考文献 ·········· 198

第一章 绪 论

沉积盆地是地球垂直运动与水平运动作用下形成的地表负向构造单元，是地球内外动力和各圈层演变及其相互作用的天成产物，是地球各圈层动态演变和各类动力相互作用的天然记录仪与自然史记录（刘池洋等，2015）。地表圈层由沉积盆地、造山带及地盾三大类型构造单元构成，若将地史上曾存在、后期已遭改造破坏、但现今仍有沉积矿产勘探开发远景的残留沉积盆地（体）计算在内，沉积盆地约占地球总表面积的94%（刘池洋，2008）。盆地内矿产资源与能源丰富，包括了石油、天然气、煤、油页岩等能源资源和膏盐、水晶、黏土矿、明矾石矿等非金属矿产，以及砂岩型铜矿、磁铁矿、铝土矿等金属矿产等（刘池洋等，2005；代世峰等，2006）。虽然一小部分油气资源被发现于花岗岩层或深大断裂附近（张景廉等，2013），但石油和天然气主要还是富集在沉积盆地内，盆地充填为油气的形成与富集提供了必要的烃源岩、储集层、盖层和圈闭等成藏地质要素，盆地演化记录了油气的生成、运移、聚集与调整改造过程。对沉积盆地进行勘探评价，能明确石油和天然气的形成条件、成藏过程与富集规律，计算含油气盆地油气资源量，是油气勘探工作的初始阶段，也是最为关键的阶段，为明确沉积盆地是否值得勘探、是否有勘探价值的层位和资源量以及油气勘探区带优选提供直接依据。

第一节 沉积盆地及其充填过程

沉积盆地的形成受地球内外动力和各圈层演化与相互作用影响，是一个复杂的巨系统，对其全面系统分类是一个复杂的系统工程（刘池洋等，2005，2015），且很难面面俱到。本节简要介绍国内外沉积盆地的主要分类原则和方案，明确沉积盆地的多样性和复杂性，对其中具有中国特色的叠合盆地和前陆盆地做了独立介绍。在此基础上，简要阐述沉积盆地的充填过程与研究手段，了解油气成藏要素的构成。

一、沉积盆地分类

（一）分类原则

理想情况下，分类是对自然界无序的事物进行重新汇编，避免因分类不明而产生混乱（Ingersoll and Busby，1995）。在这层意义上，针对沉积盆地的分类既应该揭示盆地的形成机制，也应该反映自然界沉积盆地的变化性（Allen and Allen，2005）。

由于前人对沉积盆地分类时的出发点、侧重点不同、所用术语有分歧，国内外沉积盆地的分类一直存在争议，主要体现在以下几方面：①以偏概全，如将发育演化时间长的大型（叠合）盆地某一局部时（时代）空（地区）的构造属性，作为整个盆地的代表；②将今当古，将后期已遭强烈改造的现存残留盆地，或后期隆升的周边山系，作为沉积时的原始盆地和盆山关系对待；③词不达意，如所用词语本身的内涵与作者所理解、拟表达的认识不尽一致等。为此，刘池洋等（2015）提出了沉积盆地分类的整体性、层次性、关联性、典型性和可对比性原则。

整体性、层次性和关联性是组成（复杂）系统一般应具备的三个要素。地球上的盆地可分为多个特征有别、相对独立、不同类别和级别的系列或个体（即层次性）；各类不同层次盆地之间有机关联、彼此影响、相互依存或转变（即关联性）；其存在和特征具有相对独立性，由诸盆地构成的各系列类型共同反映了地球演化中沉降及隆升相关动力作用体系的整体（即整体性）。

典型性和可对比性是指分类中的每个盆地都应有其对应的位置，或唯一的位置（即典型性或代表性），而不是可随意置放或归入多个位置。这样，既有利于将不同类型盆地发育与区域或地球动力环境相联系，研究和预测其形成演化或演变方向及其与时空上其他盆地的关系，又可根据区域大地构造环境、改造残留盆地或地质体和时空相关盆地及其组合，追溯和恢复遭改造盆地甚或已消失盆地的存在、面貌及其类型等（即可对比性或预测性）。

（二）分 类 方 案

1. 国外经典盆地分类方案

沉积盆地的分类方案具有较大的共同性，即均是以板块构造运动理论为基础。Dickinson（1974）强调了沉积盆地分类应考虑盆地相对于岩石圈下层类型、盆地到板块边缘距离和距盆地最近的板块边界类型（离散型、汇聚型和转换型），对后期的盆地分类方案有重要影响，并在此基础上，划分出五大类盆地类型：大洋盆地、大陆边缘裂陷盆地、沟-弧系统盆地、缝合带盆地和陆内盆地。

Ingersoll 和 Busby（1995）明确了 6 种沉积盆地沉降机制，并以此划分出 26 种盆地类型（表 1.1）。6 种沉降机制总结如下：

（1）地壳岩石圈减薄，主要由岩石圈拉张或地表剥蚀引起；

（2）岩石圈增厚，比如由岩石圈拉张后的冷却或软流圈熔融物质增生引起；

（3）由沉积物和火山物质负载引起的地壳均衡补偿；

（4）由构造负载引起的地壳均衡补偿；

（5）由俯冲板块破裂或地壳密度分异引起的下地壳负载；

（6）由俯冲岩石圈板片冷却引起的软流圈流动。

表 1.1 基于 Ingersoll 和 Busby（1995）的盆地分类方案和盆地实例（Allen and Allen，2005）

板块运动方式	盆地类型	盆地描述	现代实例	古代实例
离散式	陆相裂谷盆地（terrestrial rift valleys）	大陆地壳裂陷，一般伴随双峰火山作用	里奥格兰德（Rio Grande）	前寒武纪基威诺（Keweenaw）
			贝加尔（Baikal）	侏罗纪卡鲁（Karoo）
			莱茵-布雷斯（Rhine-Bresse）地堑	中生代维京-中央（Viking and Central）地堑
	原始大洋裂陷（proto-oceanic rift troughs）	早期洋盆被新洋壳覆盖，形成新的大陆边缘裂陷	红海	侏罗纪东格陵兰
			加利福尼亚海湾	

续表

板块运动方式	盆地类型	盆地描述	现代实例	古代实例
板块内部	陆内高地和阶地（continental rises and terraces）	洋陆边界的成熟陆内边缘裂陷	美国东海岸	早古生代克莱迪拉（美国和加拿大）
	陆堤（continental embankments）	大陆边缘处裂陷边缘的进积沉积楔	美国密西西比湾区	早古生代 Meguma 地堑（加拿大）
	克拉通内盆地（intracratonic basins）	广阔的克拉通盆地，一般伴随底部裂陷	新生代乍得盆地	古生代密歇根盆地（美国）
			刚果盆地	Illinois 盆地（美国）
				威利斯顿（Williston）盆地（美国）
	陆内台地（continental platforms）	稳定的克拉通盆地，伴随薄的、广布的沉积盖层	巴伦支（Barents）海	北美大陆中古近系
	活动大洋盆地（active ocean basins）	活动的离散型板块边界处受洋壳影响的盆地	太平洋	阿拉伯地盾新元古代不同类型蛇绿岩套
	洋岛、洋脊和高原（oceanic islands, aseismic ridges and plateaus）	大洋内部的环带型沉积体和台地	皇帝-夏威夷海山	中生代雪山火山复合体（美国加利福尼亚州）
	休眠的洋盆（dormant ocean basins）	洋壳上的海盆	墨西哥湾	塔里木盆地显生宙（中国）
汇聚式	海沟（trenches）	洋壳岩石圈深俯冲形成的深海沟	智利海沟	白垩纪舒马金（Shumagin）岛（美国阿拉斯加州）
	海沟斜坡盆地（trench-slope basins）	俯冲复合体上的构造挤压型盆地	中美洲海槽	白垩纪坎布里亚（Cambria）板片（美国加利福尼亚州）
	弧前盆地（forearc basins）	弧沟间隙内的盆地	苏梅达腊	白垩纪大峡谷（美国加利福尼亚州）
	弧内盆地（intra-arc basins）	沿着弧形台地的盆地，包括叠加和重叠火山	拉戈德尼加拉瓜	早侏罗世，内华达山脉（Sierra Nevada）（美国加利福尼亚州）
	弧后盆地（backarc basins）	位于洋内岩浆弧后的洋盆和位于弧内岩浆弧后的陆内盆地，不发育前陆褶皱逆冲带	马里亚纳群岛（Marianas）	侏罗纪约瑟芬（Josephine）蛇绿岩（美国加利福尼亚州）
	弧后前陆盆地（retroarc foreland basins）	大陆边缘沟-弧体系中位于大陆一侧的前陆盆地	安第斯山	白垩纪塞维尔（Sevier）前陆盆地（美国怀俄明州）
	残留洋盆（remnant ocean basins）	碰撞大陆边缘和/或弧沟系统之间的萎缩海盆（最终被俯冲或变形）	孟加拉湾	二叠纪沃希托（Ouachita）盆地（美国宾夕法尼亚州）
	周缘前陆盆地（peripheral foreland basins）	陆-陆碰撞引起的叠加在裂谷大陆边缘的前陆盆地	波斯湾、波河盆地（Po Basin，意大利）	新生代北阿尔卑斯前陆盆地（瑞士）
			印度-恒河（Indo-Gangetic）平原	

续表

板块运动方式	盆地类型	盆地描述	现代实例	古代实例
汇聚式	叠加盆地 [piggy-back（thrust sheet top）basins]	发育在移动俯冲板片之上的盆地	白沙瓦（Peshawar）盆地（巴基斯坦）	新近纪亚平宁山脉（Apennines）（意大利）
				希腊中部海槽（Meso-Hellenic Trough）（希腊）
	山间前陆盆地（foreland intermontane basins）	前陆背景下形成于基底核心隆起之间的盆地	Sierras Pampeanas（阿根廷）	Laramide 盆地（美国）
转换带	扭张盆地（transtensional basins）	受局部拉张作用沿走滑断裂系统形成的盆地	索尔顿（Salton）海（美国加利福尼亚州）	石炭系 Magdalen 盆地（圣劳伦斯海湾）
	转换挤压盆地（transpressional basins）	受局部挤压作用沿走滑断裂系统形成的盆地	圣芭芭拉盆地（美国加利福尼亚州）	中新世里奇（Ridge）盆地（美国加利福尼亚州）
	旋转盆地（transrotational basins）	在走滑断层系统中，由地壳块体沿垂直轴旋转而形成的盆地	西阿留申（Western Aleutian）弧前	中新世洛杉矶盆地（美国加利福尼亚州）
复合型	陆内扭性盆地（intracontinental wrench）	与遥远碰撞过程引起的走滑构造有关的大陆地壳盆地	中国柴达木盆地	二叠纪陶斯海槽（Taos Trough）（美国宾夕法尼亚州-新墨西哥州）
	拗拉槽（aulacogens）	以前的断裂在收缩构造中重新激活	密西西比湾	古近纪 Anadarko 盆地（美国俄克拉何马州）
	内陆裂谷（impactogens）	由汇聚板块边缘传递的应力形成的裂谷盆地	贝加尔（Baikal）裂谷（西伯利亚）	莱茵（Rhine）地堑（欧洲）
	继承性盆地（successor basins）	造山活动停止后的山间盆地	美国亚利桑那州南部盆地区域	古近纪 Sustut 盆地（加拿大不列颠哥伦比亚省）

2. 国内典型的盆地分类方案

国内学者从不同角度、不同侧重点，按照不同标准已对沉积盆地进行了大量分类研究（彭作林等，1995；田在艺和张庆春，1996；琚宜文等，2015；刘池洋等，2015；窦立荣和温志新，2021），在此不再一一赘述。刘池洋等（2015）在总结前人诸多分类方案基础上，以大地构造位置、地壳-岩石圈类型、沉降动力与形成动力环境、盆地结构与构造特征和基底性质与结构、沉积环境与充填特征这五大方面为分类依据，提出八大类成盆动力环境和 44 种盆地类型（亚类）划分方案，具有分类的全面性和广泛代表性。在此分类方案基础上，考虑到中国地学工作者往往重视形成盆地动力的构造力学性质，即应力的挤压、拉张和走滑特性，进而根据动力学环境划分的盆地类型，按盆地主要构造力学性质的不同重新聚类汇编（表 1.2）。将盆地按主要应力类型类聚，便于对同应力盆地进行对比研究和相互借鉴。同应力属性的盆地具有较多共性，如不同构造动力环境中的前陆盆地（周缘前陆、弧背前陆和陆内前陆盆地）、张性块断盆地（大陆裂谷、陆内断陷、拉裂盆地、拉分盆地、碰撞谷等）等。

表1.2 沉积盆地类型与构造应力属性对比表（刘池洋等，2015）

主要应力类型	盆地鼎盛期类型（原型）	大地构造位置与动力学环境			
		板块位置		地壳类型	热状态
伸展拉张型	陆内裂陷盆地：大陆裂谷（陆内裂谷）	大陆板块内部		陆壳	热
	断陷盆地（地堑），拗拉谷				
	陆间裂谷（初始洋裂谷）	大陆边缘	离散型	洋壳	热
	被动陆缘三角洲盆地，拉裂盆地			陆壳-过渡壳	温-凉
	大洋裂谷	板块内部	大洋板块内部	洋壳	热
	近陆缘盆地		大陆板块内部	陆壳-过渡壳	热，温
收缩挤压型	弧间盆地-热，弧后盆地-热	板块边缘	俯冲型	洋壳-过渡壳	热
	后陆盆地-热，碰撞谷		碰撞型	陆壳	热，温
	海沟盆地，沟坡盆地，弧前盆地		聚敛型 俯冲型	洋壳，过渡壳	凉
	弧背盆地（弧背前陆盆地）			陆壳	凉
	残留洋盆地，中间地块盆地		碰撞型	陆壳	中
	周缘前陆盆地，山间压陷盆地				凉
	侧陆盆地				温
	陆内压陷盆地	板块内部		陆壳	凉，温
	陆内前陆盆地，改造复杂型：分裂前陆盆地				
转换走滑型	斜列（雁列）盆地，断弯分离盆地	板块内部或边缘	转换型	陆壳	热
	转换-补偿盆地，拉分盆地，渗漏盆地			洋壳	
	断楔盆地（夹角拉分盆地）			过渡壳	部分热
	辫状断裂系中的块断盆地，转换旋转盆地				
热力型	活动大洋盆地	板块内部	大洋板块	洋壳	热
	克拉通盆地，陆内碗形拗陷盆地		大陆板块	陆壳	温，凉
重力型	塌陷盆地	碰撞型等		陆壳	凉
	天体撞击盆地	特殊型		陆壳	温
地貌型	陆内碟形拗陷盆地	板块内部	大陆板块内部	陆壳	凉，温
	弧内盆地		俯冲型	陆壳，过渡壳	
	洋底高原，深海平原，休眠大洋盆地		大洋板块内部	洋壳	
	海底扇沉积体（盆地）		离散型		
	山前拗陷（盆地），山间拗陷盆地		碰撞型	陆壳	凉
复合型（改造型）	按改造动力和改造形式划分为8类：残留盆地、叠合盆地、热力改造盆地、构造盆地、肢解错位盆地、反转盆地、流体改造盆地、复合改造盆地				
	按改造前原盆类型划分				

3. 叠合盆地和陆内前陆盆地（中国型前陆盆地）

中国中西部地区的沉积盆地具有明显不同于国外其他沉积盆地的特征，一般经历了长期、复杂的构造演化过程，具有多期成盆、动力环境复杂的特征，形成了多个大型叠合盆地（如塔里木盆地、四川盆地、鄂尔多斯盆地）和陆内前陆盆地（也称"中国型前陆盆地"，如库车前陆盆地、塔西南山前坳陷、准南缘前陆盆地）。这些盆地也是国内油气勘探开发的重点领域，具有重要的研究意义，一方面是因为这两类盆地的特殊性和重要性，另一方面叠合盆地也是本书后续章节的主要研究对象，所以有必要对其进行简要阐述，为后续章节奠定基础。

（1）叠合盆地

不同学者根据自己所研究盆地的特征与认识，给出了对"叠合"概念的理解，并提出了不同的"叠合盆地"概念（贾承造等，1992；张渝昌，1997；庞雄奇等，2002）。何登发等（2004）指出叠合盆地是经历了多阶段运动体制（包括构造体制和热体制）的变革，不同阶段的原型盆地发生叠合而形成的具有叠加地质结果的盆地。刘池洋等（2022）将叠合盆地定义为不同世代相对独立盆地上下沉积叠置而成的组合盆地，认为叠合盆地的下伏盆地在后期被叠加深埋，即使其沉积实体主体仍被保存，但盆地的表观、结构、流体系统和温压环境等已遭受了较明显的改造而有较多变化，属改造型盆地大类系列（刘池洋，2008）。他们认为叠合盆地不属于"多旋回""继承性"盆地，而是组合盆地，由两个相对独立盆地上下叠置而成，不是同一盆地多旋回演化，也不是同一盆地继承发展形成的。根据叠合盆地的演化和改造过程，综合盆地规模、特征与叠置关系，将其划分为以下 4 种类型（刘池洋等，2022）。

易延叠合型：上下盆地间断时间短、叠合程度高；下伏盆地改造较弱、保存良好；若后期改造不强，上下盆地的连通性一般较差。

改造叠合型：上下盆地演化间断时间较长，地质特征差异较大；叠合前下伏盆地改造强烈；与差异叠合型的区别是上下盆地叠合程度较高。

差异叠合型：上下盆地的间断时间、展布范围、沉积特征、结构构造、叠合程度等差别较大；叠合前下伏盆地多遭改造。

多重叠合型：两个以上相对独立盆地先、后上下沉积叠置。

（2）陆内前陆盆地（中国型前陆盆地）

中国中西部环青藏高原构造域发育多个大型陆内前陆盆地（如南北天山山前的库车前陆盆地和准南前陆盆地、昆仑山前的塔西南前陆盆地、祁连山北缘的酒泉盆地等）。这些地区在造山和成盆作用过程中，同期并没有发生陆陆碰撞或大洋板块的俯冲作用，这与经典的前陆盆地形成动力学环境不相符（Dickinson，1976；Miall，1984；刘池洋等，2002）。国内学者将其称为类前陆盆地、再生前陆盆地和陆内前陆盆地等（刘池洋等，2002），而国外学者将这类型盆地命名为"中国型盆地"（Bally and Snelson，1980），以体现其独特性与地域性。中国中西部的这类型盆地主要形成于新生代，是新特提斯洋闭合后的远程响应，特别是晚新生代以来受控于印度板块碰撞引发的青藏高原隆升和持续扩展的构造动力，形成大陆聚敛环境，引发陆内各块体间挤压导致造山和挠曲成盆作用发生（田作基等，1996；刘池洋等，2002）。

二、沉积盆地充填与含油气系统

受不同构造动力环境和热体制作用的沉积盆地在形成与演化过程中为沉积物充填提供了可容空间，来自造山带周缘或远源山脉的沉积物经过短距离或长距离搬运，沉积到盆地内，形成沉积盖层。盆地类型及其演化过程控制着沉积物的沉积过程和充填样式，形成了与石油和天然气生成及富集密切相关的成藏地质要素和关键场所。本小节简要介绍沉积盆地充填过程及其主要研究方法，介绍含油气系统和各成藏要素，为后续的油气成藏模拟章节奠定基础。

（一）沉积盆地充填过程与主要研究方法

沉积作用发生在沉积盆地之中，总体受盆地属性、构造特征和形成演化的控制，又不同程度受地球环境（含气候）和生物演变的影响。沉积建造不仅是盆地特征及其演化的响应，而且还是地球环境和生物演变的记录仪和年历谱（刘池洋等，2017）。盆地沉积充填过程是指从盆地形成到不断接受沉积的地质时间段，该过程受盆地沉降快慢、构造运动、气候变化和海平面升降等多种地质因素影响，不同类型的盆地，控制该过程的地质因素不同。通常以地震解释、测井分析、露头-岩心观察、地球化学测试等为研究手段，开展地质过程及影响因素的定性推断，建立盆地沉积充填过程概念模型。盆山耦合作用、层序地层、源-汇系统和沉积物理与数值模拟是研究沉积盆地充填过程与样式的主要研究方法。

盆地与山脉的耦合，与构造应力关系十分密切，同一应力场导致的盆地与山脉并列伴生，是常见的现象。按照盆地形成的动力学类型，可将盆山耦合划分成以下几类：张应力场的盆山耦合、挤压应力场的盆山耦合、走滑应力场的盆山耦合、地幔柱引起的垂向应力场形成的盆山耦合（李继亮等，2003）。盆山耦合的早期，山脉的构造演化对盆地的沉降与沉积作用有强烈的控制作用，盆地本身的发展也对山脉的隆升与剥蚀有影响。盆山耦合过程中，盆地的持续沉降为沉积物充填提供了可容空间，周缘山脉为盆地充填提供了充足的物质基础，盆地与山脉之间的高差为沉积物搬运提供了动力和通道。研究盆山耦合对沉积作用的控制时，需要对盆地和山脉的演化历史，包括构造演化、沉降与沉积、侵蚀作用和岩石圈的有效弹性厚度等方面，进行深入理解。

层序地层学是综合利用基础地质数据和地震反射特征等，结合相关岩相古地理解释和沉积环境，对盆地发育的层序地层格架进行综合解释的地层学分支学科。通过不同级别的层序划分及对应体系域识别，使油气资源与各体系域中沉积体在时间序列上的演化和空间配置有规律地联系起来，更加有效预测油气资源分布。层序地层学方法的出现，改善了人们对地层单元、相域、沉积单元在盆地内时间和空间上相互关系的理解，被地质学家作为盆地沉积充填过程及地层分析的工具优先使用，并与许多学科的研究结果紧密结合。层序地层学发展至今，出现了沉积层序、成因层序、高分辨率层序（T-R）等模式（Vail et al.，1977；Galloway，1989；Catuneanu et al.，2009；Catuneanu，2019）。在盆地沉积充填特征研究的过程中，层序地层学概念的提出与发展，对于地层叠加样式预测及沉积相分布规律判定提供了有效的方法，随着研究技术的发展，层序地层的研究也由早期的露头层序地层、地震层序地层及测井层序地层分析，逐渐向着定量化的层序地层的计算机模拟分析技术发展。分析技术与手段的不断进步与提升，提高了地层分析及地层预测精度，为准确识别不同级别层序地层界面及其性质提供技术支持与保障，使其更广泛地被应用于油气勘探及油田开发研究。总体上，层序地层学分析方法正不断向着多种地质资料相互验证、综合多种技术手段、广泛应用定量化计算机模拟的方向发展。

源-汇系统是指地球表面自然剥蚀地貌中形成的剥蚀产物，搬运至沉积区或汇水盆地中最终沉积下来的这一过程（林畅松等，2015；Walsh et al.，2016），是当前沉积学中重要的研究领域之一。源-汇系统研究的核心是将沉积物在母岩区的剥蚀、流域盆地的搬运与汇水盆地的堆积纳入一个由源到汇的系统中，来研究地球表层动力学过程对这一"剥蚀-搬运-堆积"源-汇过程的响应与控制作用（林畅松等，2015；Romans et al.，2016；徐长贵和龚承林，2023）。源-汇分析能够用于定量预测汇水区沉积体系的尺寸规模和时空展布等，对沉积矿产（尤其是石油与天然气资源）的预测具有重要指导意义（徐长贵，2013；林畅松等，2015）。层序地层和源-汇系统是相辅相成的，二者的结合可以更好地预测盆地的沉积充填与成藏要素（尤其是有利砂体）；层序划分往往是源-汇研究的基础，为源-汇分析提供区域可对比的等时格架（朱红涛等，2022）。也有学者认为源-汇系统的内涵在以下三个方面优于层序地层学（操应长等，2018）：①源-汇系统不再局限于沉积学和层序地层学研究中的沉积区，将研究区域扩展到剥蚀区和搬运区，形成了由层序地层体系、物源体系和汇聚体系构成的完整研究体系；②源-汇系统更注重定量、半定量分析，建立物源-搬运-沉积整个过程的定量响应关系，提高沉积体预测的精准度；③源-汇系统遵从正演思路，聚焦于过程化、动态化和机制化三个方面，重塑沉积物从源到汇的动态过程，更深刻揭示沉积体成因机制。

随着计算机技术的进步和计算能力的不断增强，地层沉积数值模拟研究取得重要突破，特别是 20 世纪 80 年代末以来，研究发展快速，实现了由一维（1D）、二维（2D）到三维（3D）、由正演到反演、由海相到陆相盆地等系列发展，已成为定量地层学沉积学、盆地充填过程和动力学等研究领域的重要研究方法（Tetzlaff and Harbaugh，1989；Liu et al.，1998；Griffiths et al.，2001；Warrlich et al.，2008）。基于过程的沉积正演模拟是建立在假定过程参数和地层响应之间相互依存基础上，能综合考虑多种地质作用过程，通过设置一系列不同过程地质参数，获取不同参数之间相互作用所产生的地层响应，并在遵循质量守恒、能量（动量）守恒的基本原理控制下，实现对地层、岩性和储层的模拟与预测（Bosence and Waltham，1990；朱红涛等，2007）。尤其针对深水、深层和非常规油气勘探面临的钻探资料少、地震精度差、沉积非均质性强的问题，基于地球系统思维、考虑多地质作用过程的沉积数值模拟将在深部地层沉积过程恢复、沉积非均质性定量刻画、烃源岩与储层分布预测方面起到重要作用（Griffiths et al.，2001；Bruneau et al.，2018）。

（二）含油气系统

沉积盆地为石油与天然气的生成与富集提供了必要的成藏条件和聚集场所，油气自生成到运聚成藏的一切活动均发生在沉积盆地内，"没有盆地就没有石油"（Perrodon，1980），概括了油气资源与盆地的密切关系。为了较系统科学地了解油气在沉积盆地内的演化历史和富集领域，Magoon 和 Dow（1994）提出了"含油气系统"概念，它是指一个包含一套有效烃源岩体和与该烃源岩相关的所有已形成的油气，以及油气藏形成所必不可少的一切地质要素及地质作用的自然系统。含油气系统是一个三维地质单元，包含了与油气生成及聚集相关的所有成藏要素（烃源岩、储集层、盖层、输导层、圈闭、上覆盖层等）和成藏动态过程（圈闭形成、油气生成、运移、聚集、调整改造过程等）（图1.1），是系统认识油气在沉积盆地内演化历史的最有效方法理念。盆地数值模拟技术的发展除了得益于计算机技术的快速进步，也在很大程度上依赖于含油气系统的研究理念，其将含油气系统研究的各成藏地质要素和动态成藏过程定量化、动态化呈现，为恢复油气成藏过程和预测有利富集区提供了定量化技术手段。

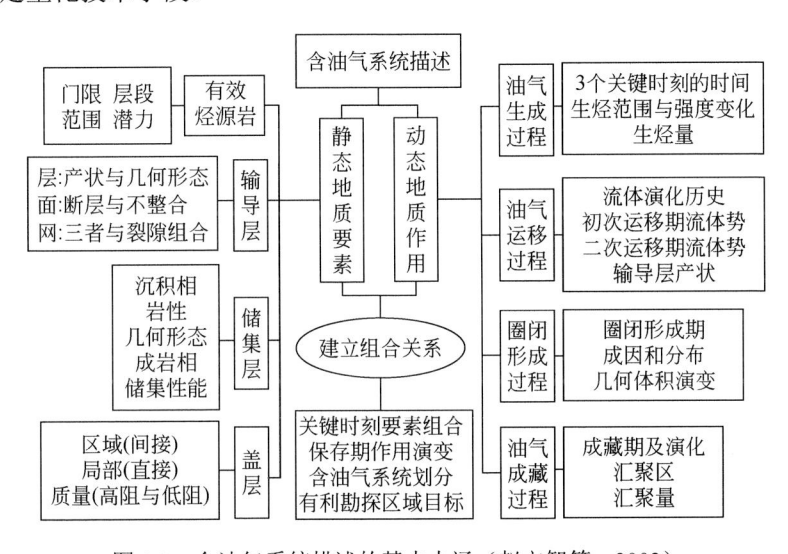

图 1.1 含油气系统描述的基本内涵（赵文智等，2002）

第二节 沉积盆地油气勘探评价内容与方法

油气的勘探活动都发生在沉积盆地内。按照勘探先后级次，油气勘探一般要经历盆地级别勘探评价、区带级别勘探评价和圈闭级别勘探评价，最终为"定井位"提供直接依据。盆地勘探评价是最基础的，也是最为关键的勘探评价阶段，能够明确沉积盆地是否具备形成与富集油气的地质条件，油气是如何从烃源灶运移聚集成藏，又在哪个层系、哪些领域富集，为接下来的区带评价和圈闭评价提供坚实的理论依据和勘探方向指导。盆地勘探评价并不只是发生在沉积盆地的勘探初期，随着油气勘探程度提高，获取的地质资料增多，可以开展多轮次的盆地勘探评价，更深入地认识盆地级别的油气富集规律与勘探方向。本书主要关注盆地级别油气勘探评价方法与应用。在这一小节，主要基于中华人民共和国石油天然气行业标准《盆地评价技术规范》（SY/T 5519—2011），简要介绍沉积盆地油气勘探评价的一般研究内容和方法。

一、评 价 内 容

盆地评价的主要地质任务是在区域地质调查的基础上，优选出具有含油气远景的盆地；通过盆地分析和模拟等方法，阐明盆地油气形成和富集的基本规律，优选出油气聚集的有利区带，并进行盆地油气远景资源量的估算。

具体评价内容包括以下两大方面。

（1）区域地质评价阶段评价的内容，包括：

基底性质、时代、埋藏深度及起伏状况；

盆地所处的大地构造位置、周边的地质情况、岩浆活动情况；

盆地构造单元的划分、盆地构造演化史、埋藏史；

盆地地层时代、厚度、岩性、岩相及其分布情况，建立盆地地层综合序列；

沉积凹陷的分布、生油岩的层位、岩性、厚度、生油气能力；

储层和盖层的岩性、物性、厚度、沉积条件、分布和组合情况；

地面和地下油气显示，油、气、水的物理化学性质，区域水文地质条件；

盆地油气资源量与含油气远景的盆地（拗陷、凹陷）优选。

（2）盆地评价阶段评价的内容，包括：

各构造区带的地质构造形态和断层性质、分布、封堵性及其演化；

地层层序格架、各地层的岩性横向变化；

有效烃源岩、储集岩和区域盖层的分布、沉积非均质性及其相互关系；

盆地埋藏史、生烃史、排烃史和运移聚集史分析；

可能的圈闭的类型、要素和分布；

油气成藏组合分析；

有利勘探区带优选；

盆地、区带油气资源量计算及勘探前景分析。

二、评 价 方 法

盆地评价通常采用的是定性与定量相结合的综合评价方法。盆地定性评价主要是对盆地石油地质特征的综合分析、类比的评价。盆地定量评价主要包括对盆地油气资源量的计算（类比法、统计法和成因法）和基于盆地数值模拟方法的盆地演化过程、油气生成与聚集过程的评价。

（1）定性评价

盆地勘探定性评价包括了盆地类比评价和地质评价。类比评价就是分析不同地史阶段形成盆地的大地构造背景，确定盆地演化的阶段，把握地质作用与油气响应动态关系，开展区域评价，进行相同类型盆地之间的相似性比较，优选盆地（或拗陷、凹陷），包括对盆地沉降过程与结构、盆地沉积演化、盆地油气分布和盆地类比预测模式与检验方面进行评价。盆地地质评价主要从盆地演化阶段的确定及构造-地层组合特征、生-储-盖及其匹配条件的研究与油气成藏规律、有利含油气区带优选及油气勘探部署方案和盆地与区带的滚动评价四大方面开展定性研究。

（2）定量评价

盆地定量评价包括油气资源量计算和盆地数值模拟评价。油气资源量估算应根据评价目的和勘探阶段选择合适的方法和技术。无论是区域地质评价阶段还是盆地评价阶段，均可采用类比法、统计法和成因法估算盆地油气资源量。盆地数值模拟是按地质概念模式建立数理逻辑模型，通过计算机确定性演绎的仿真技术。模拟目的在于综合几乎全部地质资料与认识，系统检验盆地观念，揭示地质作用与油气响应的过程，预测未知油气位置和资源量。

第三节 深层油气勘探现状与勘探评价特殊性

随着油气工业发展，向深层-超深层领域进军已成为未来常规油气勘探开发的主要趋势。近年来，我国油气勘探不断向深层-超深层领域拓展，深层展现出巨大的勘探潜力。盆地深层由于勘探资料有限、地质条件复杂且经历了多重演化过程，使其与盆地中浅层油气勘探对比，在评价方法、评价内容和侧重点方面存在诸多差异。本节首先简要介绍了深层油气及其勘探现状，然后对比了盆地深层与中浅层油气勘探评价的共性与差异性，提出了需要发展针对深层-超深层油气勘探的评价技术。

一、深层油气勘探现状

国际上通常将埋深大于 4500m 定义为深层（Dyman et al., 2002；庞雄奇，2010）。中国学者考虑到我国东西部沉积盆地的地温场差异，一般将埋深介于 3500～4500m 和埋深大于 4500m 分别定义为东部盆地的深层和超深层领域（赵文智等，2014），将埋深介于 4500～6000m 和埋深大于 6000m 定义为中西部盆地的深层和超深层领域（孙龙德等，2013；贾承造和庞雄奇，2015）。

随着油气勘探开发理论与技术装备的不断发展和进步，深层-超深层油气勘探在近年来取得重大进展。据埃信华迈（IHS Markit）公司统计，截至 2020 年底，全球共发现埋深大于 4500m 的油气田（藏）1975 个，大于 6000m 的油气田（藏）285 个（匡立春等，2021），其中在 2008～2018 年间全球深层-超深层新增石油和天然气探明储量分别占各自新增总储量的 66% 和 61%（赵喆，2019），凸显了深层-超深层油气勘探的重要地位。

国外深层油气田主要分布在被动陆缘、前陆盆地、克拉通盆地和裂谷盆地等，埋深在 4500～5500m 的油、气储量分别占深层油、气总储量的 80% 和 84%，层系上以中生界—新生界深层油气最集中，其中白垩系油、气储量占深层油、气总储量的 48% 和 24%，古近系和新近系占 21% 和 34%（张光亚等，2015）。在我国，深层-超深层油气资源潜力巨大，探明程度低，是未来油气增储上产的重要领域（李阳等，2020；贾承造，2024）。我国深层油气勘探始于 20 世纪 60 年代中后期，规模勘探及重大发现主要在 21 世纪，尤其是近 10 年在塔里木盆地及四川盆地的海相碳酸盐岩、准噶尔盆地南缘及库车前陆盆地深层碎屑岩发现了一批大油气田，在四川、渤海湾、柴达木等盆地深层火山岩、基岩的勘探也取得重大突破，展示了深层-超深层油气勘探的巨大潜力（汪泽成等，2024）。截至 2022 年 6 月，中国石油化工集团有限公司（中国石化）已完成了 71 口超 8000m 的超深井钻探（金晓辉等，

2023）；中国石油天然气集团有限公司（中国石油）塔里木油田也在 2021 年底完成了 470 口深度超过 6000m 的超深井钻探（杨学文等，2021），在塔里木盆地多个拗陷、多套超深层系勘探发现油气藏（王清华等，2024），且已建成我国最大超深层油气生产基地。加大深层-超深层油气勘探力度，是我国油气工业发展的必然选择，对缓解国内油气短缺压力、保障国家能源安全以及国民经济和社会可持续发展至关重要。

二、深层油气勘探评价特殊性

盆地尺度的深层与中浅层油气勘探评价对比，其特殊性主要体现在以下两大方面。

（1）勘探资料、评价进程和方法

盆地中浅层：沉积盆地的中浅层一般经历了几十年的油气勘探，积累了大量地质资料，形成了较为成熟的地质认识；同时由于地层埋藏浅，地震资料分辨率较高，钻探成本低，新的油气地质认识较为容易利用钻井来证实。在新地质资料更新较快的情况下，盆地评价会不断融入新资料进行重新评价，促进油气勘探评价进程。

盆地深层-超深层：沉积盆地深层-超深层领域一方面由于勘探时间较短，积累的地质资料少，地质认识争议大，另一方面由于钻探成本高，论证一口探井一般需要较长时间，导致深层-超深层的钻井数量不多；同时由于地层埋深大，地震反射回来接收到的信号经过了长距离的衰减和叠加，会使地震资料精度变差。这种客观的勘探条件与现状差异，使深层油气在盆地尺度勘探评价方面不能完全照搬中浅层油气勘探经验。比如，在进行沉积相建模时，盆地中浅层由于钻井数量多且密度高，可以利用基于数据约束的地质统计学方法，采用基于沉积相模式控制的井点内插的方法建模，再选择性利用地震测线进行约束，就能建立较为合理的模型；而在深层-超深层领域，钻井数量少，不能采用基于数据控制的统计学方法建模，一般利用沉积相模式进行类比建模，或需要发展新技术来实现沉积相精细建模。

（2）地质条件与成藏模式

与沉积盆地深层相比，中浅层的沉积年龄较新、经历的构造演化阶段较少、地质条件（包括生-储-盖层发育套数、组合关系、构造特征等）相对简单、成藏时期与过程厘定相对容易；而沉积盆地深层经历了盆地演化的全过程，地层年代老、多期构造演化、多套烃源岩生烃、多套生-储-盖组合、多期成藏和调整改造，油气成藏过程和富集规律研究难度大。

针对上述深层-超深层油气的特殊性，需要研究人员在对其勘探评价过程中，重点关注以下三方面内容（刘可禹等，2023）。

（1）遵循物质守恒和能量守恒基本定律

物质守恒和能量守恒为自然界普遍存在的两大基本定律，本质是物质和能量都不会凭空产生或创造，也不会凭空消失，它们只能从一种物质转移到另一种物质或由一个物体传递给另一个物体。含油气盆地深层中油气生成、储集空间形成、油气相态和运移等研究均需遵循两大基本定律。由于深层研究资料少，在对其进行研究时，更应该从第一性原理出发，保证研究认识的基本合理性。

（2）注重动态演化过程

含油气盆地深层一般经历了盆地演化的全过程，并最终演化到现今深埋阶段。不同的构造-埋藏演化过程会导致烃源岩生排烃期、储层演化过程和油气成藏期的差异,直接影响深层油气成藏模式的建立,因此需要从动态演化角度关注深层油气成藏。

（3）融合多学科与多技术

深层油气资源总体上具有地层年代老、构造改造强、温度-压力高、储层类型和流体相态多样的特征,经典流体力学、表面化学、化学动力学、分子动力学和物理与数值模拟等多学科交叉是解决深层油气藏形成与演化问题的必然趋势,其中分子动力学模拟是连接宏观与微观、实验与理论的桥梁。另外,深层埋藏条件复杂,现有技术无法测试地质条件下高温高压及各向应力异性,无法反映原位应力下的微纳米裂缝,导致深层碎屑岩储层评价困难,亟须发展真实地质条件下的储层物性测试装置及数值模拟技术。

目前,简单考虑少数变量的物理和数值模拟都无法完全呈现深层油气所经历的复杂地质过程,亟须开展真实地质条件下油气演化全过程研究。盆地与含油气系统模拟技术为仿真研究深层油气演化提供了一个有效的定量研究方法,因此需要开展全油气系统定量研究,重建油气生、排、运、聚和调整改造全过程。

第四节 深层油气勘探盆地定量评价的可行性技术

深层油气具有勘探地质资料匮乏、油气成藏条件与过程复杂的特殊性,需要研究人员尽可能将有限的资料融合分析,利用新技术、新方法,开展深层油气盆地尺度勘探评价,为合理认识深层油气成藏过程、富集规律和预测有利勘探区提供有效支撑。

在资料匮乏条件下,基于过程约束的沉积地层正演数值模拟技术是建立合理、精细的沉积相模型的有效方法。该方法以质量守恒和能量守恒基本原理为准则,在合理恢复的沉积初始底形基础上,利用数学算法,正演模拟碎屑岩沉积物从物源区释放到搬运至汇水区沉积下来的全过程,或模拟碳酸盐岩和有机质在水体中的生长、剥蚀过程,在经过多次已知资料校验后,生成合理的地层沉积相、岩相三维地质模型。在模型建立过程中,基于地球系统科学理念,以板块构造模型为基础,调研分析全球尺度、不同时期的地表高程（海拔）演化模型,进而明确全球或区域范围的古气候、古地理、古海洋演化特征,为盆地尺度的烃源岩、储集层、盖层发育提供大的地质背景和环境约束,为沉积地层正演模拟提供边界条件约束（Wrobel-Daveau et al.，2022）。基于地球系统理念的沉积正演模拟方法的优势是可以利用有限的地质资料,建立相对合理的地层沉积模型。

基于过程约束的成岩作用数值模拟技术,是解决深层储层演化历史复杂、有效储层预测难的有效方法。该方法以地层沉积结束时期为起始点,在明确储层矿物组成、沉积水化学成分和地层温压条件下,以化学反应定律为约束,正演模拟储层所经历的成岩作用各个阶段,明确烃-水-岩反应过程及物质迁移过程,经过实验测试得到的岩石成岩序列约束与校正,重建储层成岩过程和孔隙度演化,为同类型沉积相储层孔隙度预测提供科学依据。

盆地模拟是一个功能非常强大的含油气盆地定量分析技术,它能将盆地勘探阶段产生的各类型地质资料（如构造、沉积、储层、地化、成藏等）和地质认识,融合到一个地质模型中,再利用物理、化学和数学公式与算法,正演模拟沉积盆地形成到油气富集的全过程,为油气勘探提供直接指导,非常适用于盆地深层资料匮乏条件下的油气勘探评价。其核心是建立尽可能精细、合理反映实际地质情况的三维地质模型，而此过程需要将基于各技术、各途径得到的分散的地质资料充分融合。

本书的后续章节将重点介绍这种充分融合了目的层沉积与成岩数值模拟结果的盆地模拟新方法，为资料匮乏条件下的深层油气盆地尺度勘探评价提供一种有效的定量评价技术，并将该技术应用到塔里木盆地、四川盆地深层含油气系统，探讨油气成藏过程与富集模式，定量预测深层油气勘探有利区。

第二章 盆地与含油气系统模拟

传统的盆地评价和石油地质研究多以定性的描述和分析为主，这与当前计算机技术的普及、人工智能与大数据的快速发展，以及各种大语言模型开始涌现的时代背景严重不符。近年来，对油气勘探开发数字化转型的探索不断增多，主要集中于人工智能技术在储层评价、测井、物探、钻完井、油藏工程、油气田工程等领域（刘合，2023），而对油气上游勘探这一技术密集型、数据复杂领域的数字化探索研究较少。由于地质过程所涉及的空间大、时间长、影响因素多、相互作用复杂，很难用实物的物理模拟和化学模拟方法来再现，在一定程度上阻碍了人们对各种地质过程深入和全面的认识，也阻碍了地质科学的定量化进程。作者认为，以盆地与含油气系统数值模拟理论与软件为基础，建立融合多地质数据、多模拟技术、多地质作用与成藏过程的复杂地质模型，模拟油气生成至成藏的全过程，建立油气勘探的数字盆地，是当前油气上游勘探较为现实的数字化发展方向，也是石油地质学向定量化方向发展的主要技术手段。

本章首先介绍了盆地与含油气系统模拟的内涵与发展历程，然后重点介绍了"五史"（地史、热史、生烃史、排烃史、运聚史）模块的基本方法与原理，简要描述了盆地模拟地质模型建立的过程和模拟过程与输出结果类型及其作用，总结了盆地模拟技术的软件实现与地质应用现状，提出了面临的问题与挑战，展望了发展趋势。

第一节 内涵、作用与发展历程

盆地与含油气系统模拟（basin and petroleum system modeling，BPSM），通常又被称为盆地模拟，是早期动态含油气系统概念的定量化延伸（Magoon and Dow，1994；Hantschel and Kauerauf，2009；Peters et al.，2012，2015）。自20世纪70年代发展至今，盆地模拟已经从一个只能预测盆地烃源岩热成熟度的简单工具，发展成能为常规和非常规油气勘探提供必要地质支撑的重要技术手段（Peters et al.，2015）。早在1984年，Tissot和Welte就认为盆地模拟技术将会在石油工业领域，尤其是在油气勘探方面，产生革命性的影响，也预测了定量地球科学时代的来临。此外，还有多位国内外权威学者表达了对盆地模拟的高度认可和评价，Hantschel和Kauerauf（2009）认为盆地模拟是现代地球科学的一大进步，石广仁（2009）也认为盆地模拟是油气勘探大力发展的技术，是石油地质定量化研究的热门手段，被誉为油气勘探七大关键技术的第二个技术。本节主要介绍了盆地与含油气系统的内涵、主要作用与研究流程，并梳理了盆地模拟的发展历程。

一、盆地模拟与含油气系统模拟的区别及联系

国内外大部分学者都认为盆地模拟和含油气系统模拟均是指沉积盆地从形成到盆内油气富集成藏的过程模拟，两个术语在很多时候是混用的，大家也基本没有刻意进行区分。

从应用角度，两者都能表达相似的意思。国内学者普遍在用"盆地模拟"这一术语，国外学者早些时候也普遍在用"basin modeling"术语，但近些年来开始倾向用"basin and petroleum system modeling"术语来表示，也就是"盆地与含油气系统模拟"。两者在侧重点上有所区别，有必要作简要说明。

盆地模拟，侧重于对盆地尺度的构造演化、沉积充填以及温度演化历史的重建。

含油气系统模拟，侧重于对沉积盆地内与油气相关的一系列活动的模拟，包括烃源岩成熟度史、生烃史以及油气从生成到排出、二次运移、聚集成藏、调整改造的全过程恢复，能为油气勘探提供直接支撑。一个沉积盆地可以包含多个含油气系统，理论上，含油气系统模拟在尺度上也要小于盆地模拟。

二、概念与内涵

盆地模拟技术发展至今已有40多年，在整个发展过程中，国内外众多学者已从不同角度对其概念与内涵给出了自身的理解。在这里，重点介绍几个比较系统且接受程度较高的概念。

查明和张一伟早在1992年就对盆地模拟的本质和运行过程有了系统的认识，指出盆地模拟是以石油地质理论为核心，根据沉积盆地的实际条件，综合各相关学科的理论知识和基本概念，首先建立概念模型（地质模型），然后用恰当的物理和化学方程来描述有关的地质过程，即建立相应的数学模型，最后编制成计算机软件，从时间-空间的角度由计算机重建沉积盆地的地质演化和热演化过程，并从这些地质信息中定量地导出石油的生成、运移和聚集历史。

我国著名的盆地模拟专家石广仁教授，撰写了多部盆地模拟相关专著，并在2004年《油气盆地数值模拟方法》专著的开篇给出了盆地模拟的精确定义，即从石油地质的物理化学机理出发，首先建立地质模型，然后建立数学模型，最后编制相应的软件，从而在时空概念下由计算机定量地模拟油气盆地的形成和演化、烃类的生成、运移和聚集。

德国物理学家Hantschel和Kauerauf，也是著名盆地模拟软件PetroMod的核心开发者，在经历了20年盆地模拟软件设计与开发之后，于2009年撰写了盆地模拟领域目前最具权威的著作 *Fundamentals of Basin and Petroleum Systems Modeling*，在该书中总结了盆地模拟是动态模拟沉积盆地在地质历史时期的演化过程，涵盖了沉积恢复、孔隙压力计算与压实恢复、热流体分析与温度确定、成熟度模拟、生排烃与吸附过程模拟、油气运移、聚集与相态模拟等内容。

郭秋麟等（2018）综合了上述学者关于盆地模拟的定义与解释，将盆地模拟的内涵总结为，基于物理化学的地质机理，运用系统工程原理和数学定理，编制模拟软件系统，在时间和空间上由计算机定量模拟含油气盆地的形成和演化、烃类的生成、运移和聚集，以揭示盆地动态发展过程及油气分布规律。

作者认为盆地与含油气系统模拟是一门地球科学与数学、计算机学科交叉融合的定量模拟技术，涵盖了地球科学领域的几乎所有学科，包括基础地质学、地质力学、地球物理、岩石物理、地球化学、地球热力学和油藏工程等，用以定量重建盆地构造演化与沉积充填过程，恢复油气从生成到运聚成藏的全过程。

三、主 要 作 用

按照盆地模拟的对象，可分为一维、二维和三维盆地模拟，其中一维盆地模拟（即单井模拟）最为普遍，主要用来恢复单井的埋藏史、热史和烃源岩成熟度演化史；二维模拟是对剖面内油气的生成与运移、聚集过程的模拟，可直观地呈现出构造演化与油气生成、运移和聚集过程的关系，预测油气的聚集位置，但不能考虑油气的三维横向运移；三维模拟是最为复杂的盆地模拟，也需要尽可能多的地质资料，能够在三维时空范围内，定量模拟油气的生成、运聚成藏过程，预测目的层的温压和油气富集有利区。

一般情况下，当研究区为勘探新区或地质资料较贫乏的时候，不适合开展二维和三维盆地模拟，可以利用一维单井模拟，快速地定量分析沉积盆地的构造演化史和目标烃源岩层的成熟度演化史，为下一步勘探提供科学依据，同时一维模拟还普遍用于对二维和三维模拟的合理性校正。当研究区资料较为丰富时，可以借助二维和三维模拟技术，恢复油气的运聚过程，为寻找有利勘探目标提供科学依据。

总结起来，盆地与含油气系统模拟的主要作用包括以下方面：

（1）对含油气系统的各静态复杂成藏要素和动态地质过程进行定量化表征；

（2）定量恢复或重现不同维度的油气生、排、运、聚全过程；

（3）为检验不同地质方案（敏感性分析）提供了一个有效定量化研究手段；

（4）为地质风险的统计分析提供便利；

（5）将以前需要花费大量人力、财力才能做到的油气成藏过程与控制因素分析进行了定量简化，同时提高了解释的科学合理性；

（6）能提供地层压力、油气富集区的合理预测，在一定程度上规避了勘探风险；

（7）可以作为检验地质数据合理性、定量化保存地质数据的有效工具。

盆地模拟研究在油气勘探领域具有非常重要的地位，总体上，国外比国内更重视盆地模拟。目前，国际上各大油气公司和知名高校都设立了专业的盆地模拟小组（如美国斯坦福大学设立了盆地与含油气系统研究小组），开展油气成藏与预测的定量化研究工作；国际上的多个油气勘探咨询或服务公司也都在提供盆地模拟技术服务；在学术上，盆地模拟技术已成为油气成藏研究必不可少的工具之一，与成藏相关的科研论文中也大都用到了盆地模拟手段；此外，盆地模拟与三维地震、地球化学、油藏数值模拟等结合能更合理地直接确定勘探目标。

四、发 展 历 程

盆地与含油气系统模拟的兴起和发展与计算机技术的迅猛发展和人们对地质过程的认知程度密切相关，随着计算机计算能力的不断提高以及人们对各种地质过程理论认识的逐渐深入，盆地与含油气系统模拟技术发展至今，总体沿着由简单向复杂、由一维向三维、由科学研究向商业化的方向发展（表2.1）。

表 2.1　盆地与含油气系统模拟发展历程简表

维数	国外				国内			
	时间	研发机构	软件名称	说明	时间	研发机构	软件名称	说明
1D	1978 年	联邦德国于利希公司石油与有机地球化学研究所	—	世界上第一个一维盆地模拟系统	1980 年	中国石化胜利油田	SLBSS	我国第一套一维盆模软件
					1987 年	中海油研究总院	HYBSS	一维盆地模拟系统
					1989 年		PRES-BAES	一维盆地模拟专家系统
	1987 年	日本石油勘探公司	—	原有的排烃模型进一步完善	1989 年		PRES-MIGS	烃类运聚评价系统
					1989 年	中国石油勘探开发研究院	BAS1	自主研制一维盆地模拟系统
2D	1981 年	日本石油勘探公司	—	第一个简化的二维盆地模拟系统	1990 年	中国石油勘探开发研究院	BMWS	二维盆地模拟图形工作站系统
	1984 年	法国石油研究院	TemisPack	较完整的二维盆地模拟系统				
		英国石油公司	—	油气二次运移聚集二维模型				
	1988 年	日本石油勘探公司与美国南卡罗来纳大学合作	—	较完整的二维盆地模拟系统	1996 年	中海油研究总院、美国加利福尼亚大学	ProBases	二维盆地模拟评价系统
	2000 年	美国 Platte River 公司	BasinMod	比较成熟的商业化软件				
3D	1995 年	德国有机地化研究所（后被斯伦贝谢公司收购）	PetroMod	比较成熟的商业化软件，目前仍在不断更新版本	1996 年	中国石油勘探开发研究院	BASIMS	盆地综合模拟系统
	1998 年	Permedia 研究和发展公司（后被哈里伯顿公司收购）	Mpath（后更名为 Permedia）		1997 年	中国石化无锡石油地质研究所	TSM	基于大地构造与油气聚集系统关系的 TSM 盆地模拟系统
	20 世纪 90 年代至现今	法国石油研究院	TemisFlow		1998 年	中国地质大学（武汉）、中海油研究总院	PSDS	油气成藏系统动力学模拟软件
	20 世纪 90 年代至现今	Zetaware 公司	Trinity		2014 年	中国石化石油勘探开发研究院	PetroV	一体化油气资源评价软件

世界上第一个盆地模拟系统是在 1978 年由联邦德国于利希公司石油与有机地球化学研究所建立起来的，即基于正演地史的一维盆地模拟系统（Yükler et al., 1978）。自此，国内外各大石油公司和研究机构相继开展方法研究和软件研制工作，推出了不同维度、规模以及各具特色的盆模软件。日本石油勘探公司在 1981 年建立了世界上第一个简化的二维盆地模拟系统（Nakayama and Van Siclen, 1981）；之后又于 1987 年建立了一个一维排烃模型，完善了 1981 年盆模系统中的排烃部分（Nakayama, 1987）；随后又在 1988 年与美国南卡

罗来纳大学合作推出了一个较完整的二维盆地模拟系统（Nakayama，1988）。法国石油研究院（IFP）于1984年建立了较完整的二维盆地模拟系统（Ungerer et al.，1984），同年英国石油（BP）公司开发出油气二次运移聚集二维模型（England et al.，1987）。在完善一维盆地模拟系统的基础上大力发展二维模拟，是20世纪80年代国外盆地模拟发展的特色。

进入20世纪90年代，盆地模拟技术开始全面发展，软件系统由早期的剖面二维向平面二维和三维模型发展，盆地模拟在广泛的实际应用中得到不断的发展和完善，整体形成以法国石油研究院的TemisFlow、德国有机地化研究所（IES）的PetroMod（后于2008年被斯伦贝谢公司收购）以及美国Platte River公司（PRA）的BasinMod为代表的三大主力商业化盆模软件，这三大软件目前仍在根据勘探和用户需求不断推出新的版本，除BasinMod目前只能进行1D、2D和伪3D的模拟外（伪3D是指三维模型是由多个2D平面图形拼叠而成，不是完全的三维模型），其他两款软件均可以进行1D、2D和3D的模拟（刘可禹和刘建良，2017）。其他一些商业化盆地模拟软件，如Zetaware公司的Trinity和哈里伯顿公司的Permedia，也都是在20世纪90年代至21世纪初相继推出并完善的，Trinity可以进行1D至3D的模拟；而Permedia的前身是MPath，主要用于高分辨率的油气运移路径预测及油气充注历史模拟，后于2010年被哈里伯顿公司收购，并于2011年更名为Permedia。此外，还有多家国际油气公司在不同程度上研发了公司专有的系统，如挪威石油公司开发的SEMI盆地模拟软件（Sylta，1991）。

我国的盆地模拟技术是在20世纪80年代初期跟踪西方技术的基础上发展起来的（张庆春等，2001；石广仁，2004）。最早的一套盆地模拟软件系统是在1980年由中国石化胜利油田建立的，是在联邦德国一维模拟软件的基础上进行改进的一套SLBSS模拟系统（贺晓苏，1990；张庆春等，2001）。之后，国内三大石油公司都对盆地模拟系统进行大力发展。中海油研究总院在1987年开发出一维盆地模拟系统（HYBSS）；在1989年相继推出一维盆地模拟专家系统（PRES-BAES）和烃类运聚评价系统（PRES-MIGS），在全国第二轮油气资源评价中发挥重要作用；在1996年，与美国加利福尼亚大学Geo Solv公司合作研制出二维盆地模拟评价系统（ProBases）（王伟元等，1995；崔护社等，1996）。中国石油勘探开发研究院于1989年自主研制出一维盆地模拟系统（BAS1）（石广仁等，1989）；随后在1990年推出二维盆地模拟图形工作站系统（BMWS）；在1996年，研制出全新的盆地综合模拟系统（BASIMS）（石广仁等，1996）。中国石化无锡石油地质研究所于20世纪90年代，基于朱夏先生提出的大地构造与油气聚集系统关系的3T（tectonic，time，thermal regime）-4S（subsidence，sedimentation，stress，style）-4M（material，maturity，migration，maintenance）程式，即"环境-作用-响应"关系式，开发出了TSM盆地模拟系统（张渝昌等，2005；徐旭辉等，2020）。1998年，中国地质大学（武汉）与中海油研究总院在明确含油气系统各子系统之间相互作用及反馈控制的基础上，建立了油气生、排、运、聚的动力学方程，进而联合研制出油气成藏系统动力学模拟（PSDS）软件，初步实现了油气成藏动力学的整体模拟（何光玉，1998）。此外，中国石化石油勘探开发研究院也于近几年推出了自主研制的一体化油气资源评价软件（PetroV）（盛秀杰等，2014）。

第二节 "五史"模型基本方法与原理

完整的盆地模拟过程包括了对地史模型、热史模型、生烃史模型、排烃史模型和运聚史模型的建立与模拟，简称"五史"模型。这五个模型并非相互独立，而是相互依存和相互支撑的，其中地史模型是油气系统赋存的地质基础，热史模型是地质系统向油气系统转化的关键，生烃史模型是形成油气资源的物质基础，排烃史模型是油气运移的关键环节，运聚史模型是油气成藏的核心，"五史"模型环环相扣，最终为含油气盆地的油气成藏过程与有利区综合评价提供定量依据（图2.1）。

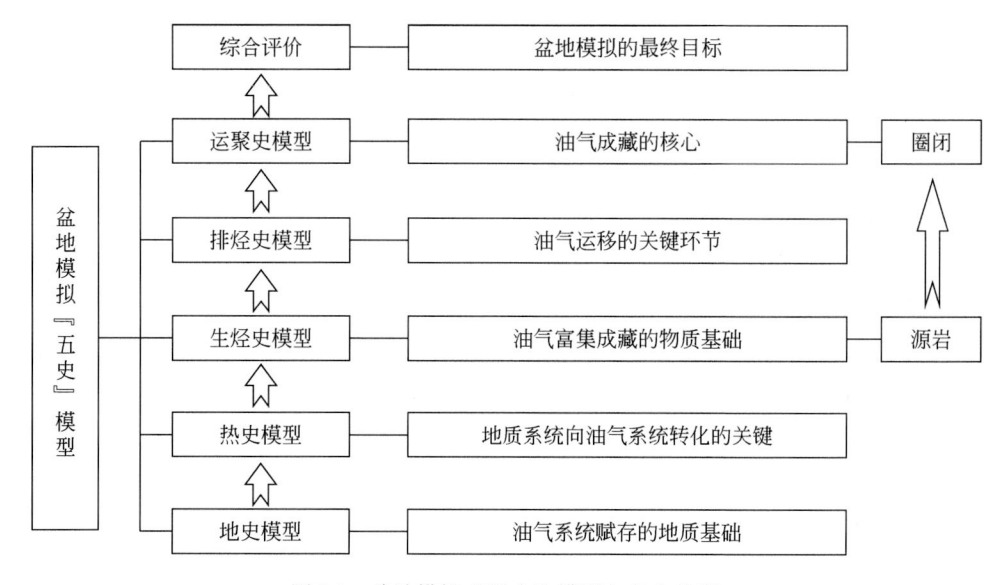

图2.1 盆地模拟"五史"模型与各自作用

"五史"模型是对盆地与含油气系统模拟过程的精简概括，其中每个模型又可分为多个次级模型，用以定量化表达某一地质要素属性、作用过程或油气活动，众多的次级模型构成了复杂的盆地模拟系统（图2.2）。本节以"五史"模型为主线，重点介绍各史模型中核心次级模型的基本方法与原理，为了解盆地模拟这一复杂系统奠定理论基础。

一、地史模型

地史模型是盆地模拟的基础，主要是重建含油气盆地的沉积史、构造史和压力演化史，为后续的热史、生烃史、排烃史和油气运聚史模拟提供了一个有效的时空模拟范围（石广仁等，1996）。地史模型建立的精确与否，直接决定了盆地模拟结果的合理性。在明确现今地层的年龄、埋深、岩性、剥蚀时期及厚度的基础上，一般采用地层回剥技术对地层埋藏史进行恢复，但针对复杂构造地区的二维或三维模拟，应先进行构造平衡恢复，再在去压实校正的基础上开展构造—埋藏史恢复，进而计算各时期的地层压力。

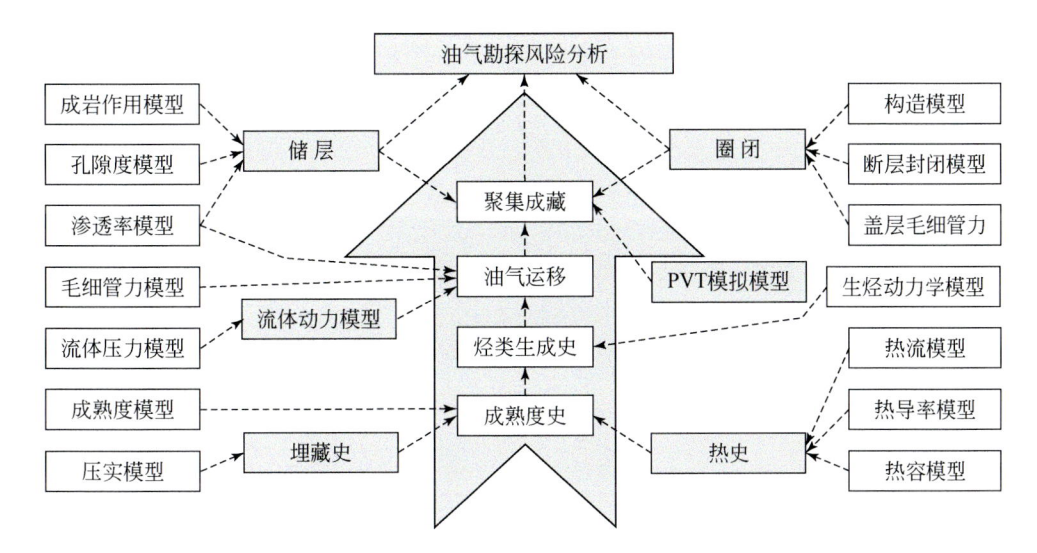

图 2.2　盆地模拟系统的各次级模型与模拟流程

（一）基于回剥法的地层埋藏史恢复

埋藏史指盆地内地层埋深随地质时间的演化，是地层自沉积后至现今的深度变化，包括了持续埋藏、沉积间断、抬升剥蚀、断层作用下的地层叠置等地质事件。回剥法是恢复沉积时地层古厚度的核心方法，是盆地埋藏史恢复时广泛应用的方法。正常压实情况下的孔隙度与深度之间的指数关系式［式（2.1）］和压实前后地层岩石骨架厚度不变原则［式（2.2）］是回剥技术法的核心，两者联立，即可求得各地质时期的地层古厚度。回剥法就是利用地层压实前后岩石骨架厚度不变的原则，按照地质年代逐层回剥到地表，每回剥一层都需要重新计算下覆各地层的古孔隙度，进而计算古厚度，最终得到各地层在各个地质时期的真实埋藏厚度（图 2.3；林畅松和张燕梅，1995；王成善和李祥辉，2003）。

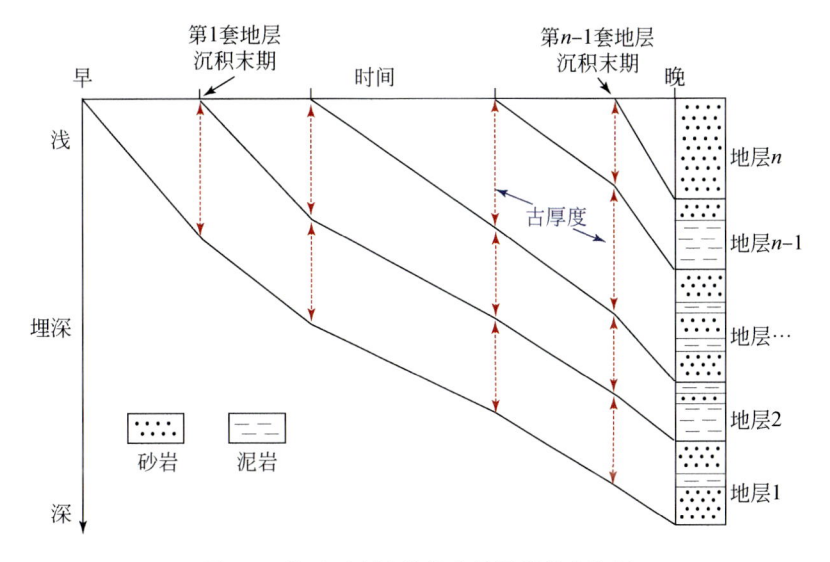

图 2.3　基于回剥法的单井地层埋藏史恢复

地层正常压实情况下，沉积物孔隙度与埋深之间呈指数关系（Athy，1930）：
$$\varphi(y) = \varphi_0 e^{-Cy} \tag{2.1}$$

式中，φ 为地层深度为 y 处岩石的孔隙度，%，对于现今地层的孔隙度，y 值取最大埋藏深度，单位为 km；φ_0 为地层沉积期初始孔隙度，%；C 为压实系数，单位为 km^{-1}。压实系数 C 和初始孔隙度 φ_0 均与岩性有关（Sclater and Christie，1980）。

根据地层压实前后岩石骨架厚度不变的原则，存在以下关系：
$$d_0(1-\varphi_0) = d_p(1-\varphi_p) \tag{2.2}$$

式中，φ_p 和 φ_0 分别为现今和沉积时期地层的孔隙度，%；d_p 和 d_0 分别为现今和沉积时期地层厚度，m。

（二）复杂构造地区的地史模型建立

由于回剥法在恢复地层古厚度时，只考虑地层的垂向厚度变化，不能包含地层的水平移动，即不能改变地层的长度，因此直接利用回剥技术只能对单井一维、剖面长度不变的二维和水平面积不变的三维地层进行埋藏史恢复。针对构造活动较为强烈且发育逆冲断层或拉张断层的地区，存在各地质时期地层剖面长短不一或地层叠置的现象，需使用平衡剖面恢复和"Block"划分技术，在去压实校正的前提下，对其构造-沉积演化史进行恢复，建立合理的地史模型。

1. 平衡剖面恢复

平衡剖面技术是构造地质学领域研究地层变形的一种重要方法，是在地层层长守恒和面积守恒约束下定量恢复地层变形前形态的技术手段（Dahlstrom，1969）。平衡剖面恢复是利用平衡剖面技术，以现今地层剖面为基础，定量恢复不同地质历史时期的地层剖面形态，是构造演化史研究的必要研究。该技术广泛应用于判断和校正盆地构造地质解释方案的准确性与合理性、开展构造特征与演化分析和为盆地模拟提供必要的地质演化剖面等方面（肖维德和唐贤君，2014；杨文璐，2014；熊连桥等，2019），对基础构造地质和油气勘探研究起到重要作用。

目前，平衡剖面恢复的操作方法主要有两种。①手工绘制方法，也就是地质人员根据现今地质剖面，在层长和面积守恒约束下，考虑构造变形和简单地层回剥，利用绘图软件或手动在稿纸上，半定量地绘制出不同地质时期地层剖面的几何形态。该方法的优势是简单、易操作，能最大限度地体现地质人员对构造（尤其是复杂构造）恢复过程的理解与认识，体现了操作者经验的重要性；不足之处在于无法准确遵守层长和面积守恒，也不能准确获取各时期回剥后地层的古厚度。②基于专业软件的平衡剖面恢复方法。常用的平衡剖面恢复软件为 2D Move 软件，主要恢复步骤为：首先导入现今二维地质剖面图片并数字化，然后在层长守恒和面积守恒基本原理约束下，从新地层到老地层，依次开展剥蚀量恢复（针对存在不整合的地层）、去压实校正、均衡校正恢复、断距消除和层拉平恢复，得到地层构造演化剖面。该方法的优势为能准确地遵守层长和面积守恒，能较准确地计算地层回剥后的古厚度；不足之处在于操作过程复杂、基于简单几何变形恢复而难以体现地质人员对构造恢复的概念理解、不同时期且考虑岩性影响的地层古厚度恢复依然存在操作过程复杂及准确度不够的问题，导致许多作者虽然用了软件恢复，但依然没体现精确的地层古厚度恢复，即上覆地层回剥后，下伏各套地层的古厚度都将回弹变大。因此，在实际操作过程中，需要结合剖面上（虚拟）单井的一维埋藏史模拟结果，来约束平衡剖面恢复过程中的各时期地层古厚度，建立合理的二维构造-沉积演化史模型（图2.4）。

2. 基于"Block"划分的复杂含逆冲断裂剖面的地质建模

对于逆冲断层发育的地层剖面，虽然利用平衡剖面恢复可以重建其构造-沉积演化模型，但还不能直接用于建立盆地模拟所需的地史模型，并开展后续热史、生烃史等模拟。这是因为在对该类型剖面进行网格数字化时，由于地层的逆冲作用，同一套地层发生垂向叠置，导致同一条垂向线（网格）可能会两次或多次穿过该套地层，这与盆地模拟要求的同一套地层在同一个垂向网格上只能出现一次的准则相矛盾，因此，需要首先对该类型剖面进行处理。斯伦贝谢公司开发了"Block"划分功能，来处理这种复杂逆冲构造带盆地模拟建模问题，其实质就是根据剖面的地质特点"分块"进行网格化，不同块之间的网格划分相互独立。"Block"可定义为一个具有一定边界范围的地层体，其边界范围内任何一个地层界面在垂向深度线上只出现一次，每个块体之间以断层线或地层线为边界。这样，可以根据地质剖面的实际特点将一个二维剖面分割成多个块体，每个块体具有较为简单的地质结构，在模型构造热演化过程中保持其构造的完整性，并在模拟计算时作为一个独立的单元分别进行计算。如图2.5所示，为中国西部某盆地的一个复杂构造剖面，含多条逆冲断层，在对其进行盆地模拟建模时，利用"Block"划分技术，根据一套地层在同一垂向网格线仅能出现一次的原则，将其划分成了26个独立块体。对于地质历史时期的剖面，同样需要对其划分成多个"Block"，然后建立起各地质时期"Block"之间的级次关系，即后期形成的块体是否为早期剖面中某个较大块体的分割等，进而建立起完整的地史模型。

<h3 style="text-align:center">（三）地层压力</h3>

地层压力是地史恢复过程中非常重要的一项内容，包括了静水压力、静岩压力和孔隙压力，尤其控制着油气的初次和二次运移过程，对油气藏相态计算、聚集位置预测和安全钻探（压力预测）都有重要作用。

1. 静水压力和静岩压力

深度 h 处的静水压力 p_h 等于以海平面为起始点到 h 处的纯水柱重量：

$$p_h(h) = \int_0^h g\rho_w \mathrm{d}z \quad (2.3)$$

式中，ρ_w 为地层水的密度，kg/m³，g 为重力加速度，值为9.8m/s²，海平面处 $z=0$。

静水压力在海平面以下为正值，在海平面以上为负值。水的密度随盐度的变化而变化，而对温度和压力的依赖性相对较小，通常可以忽略不计。通常情况下，可进一步将海水和地层水的密度简化为 ρ_{sea}=1100kg/m³ 和 ρ_w=1040kg/m³ 两个恒定密度。

静岩压力 p_l 等于密度为 ρ_b 的上覆沉积物与密度为 ρ_{sea} 的海水的总重量。静岩压力为0的面是陆地表面和海洋表面。可用式（2.4）和式（2.5）分别表示陆地和海洋地区沉积地层的静岩压力：

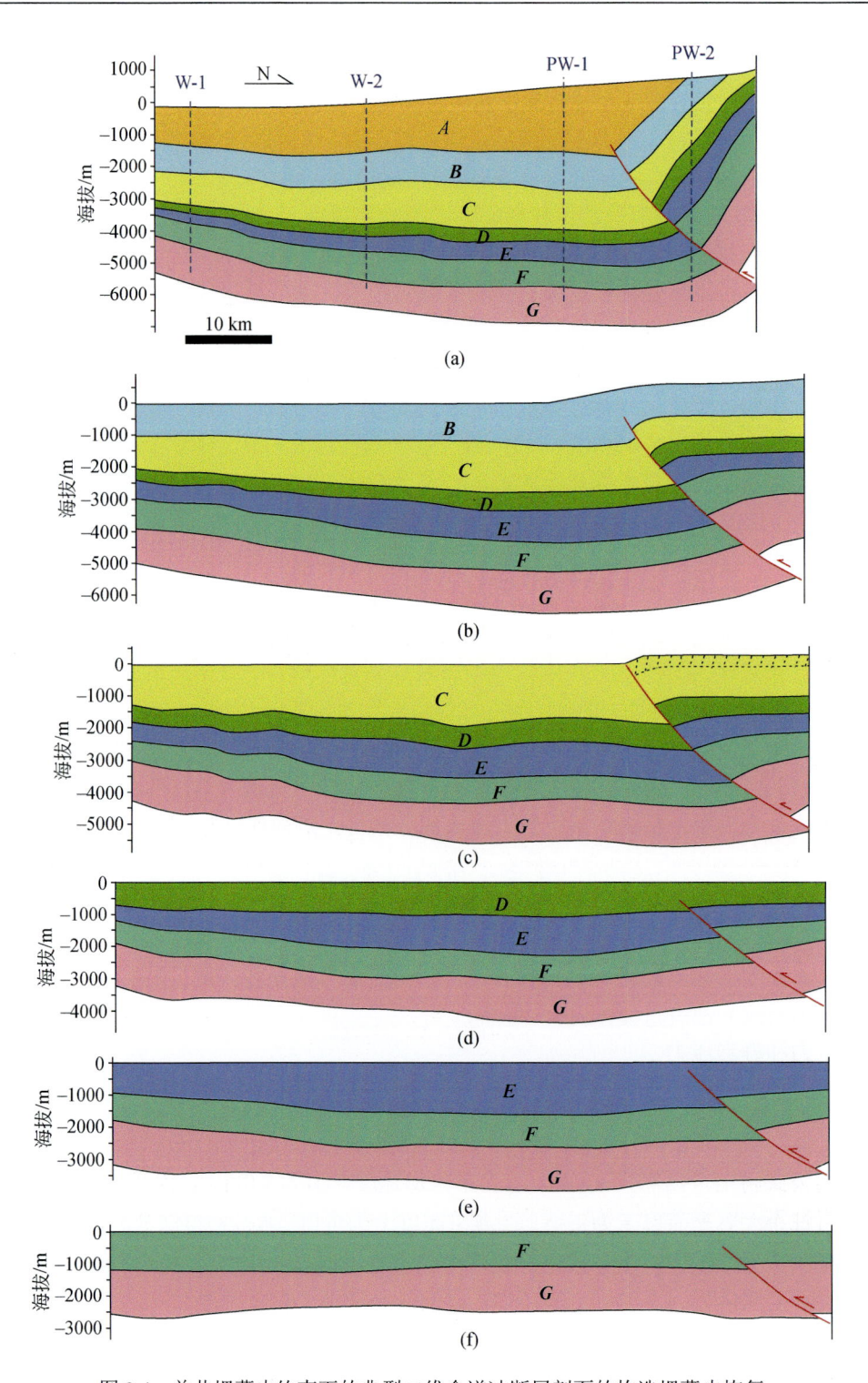

图 2.4 单井埋藏史约束下的典型二维含逆冲断层剖面的构造埋藏史恢复

(a)~(f) 分别表示从现今至不同地质时期的经过地层回剥和层拉平后的地层剖面；A~G 代表了二维剖面中从新到老的 7 套地层

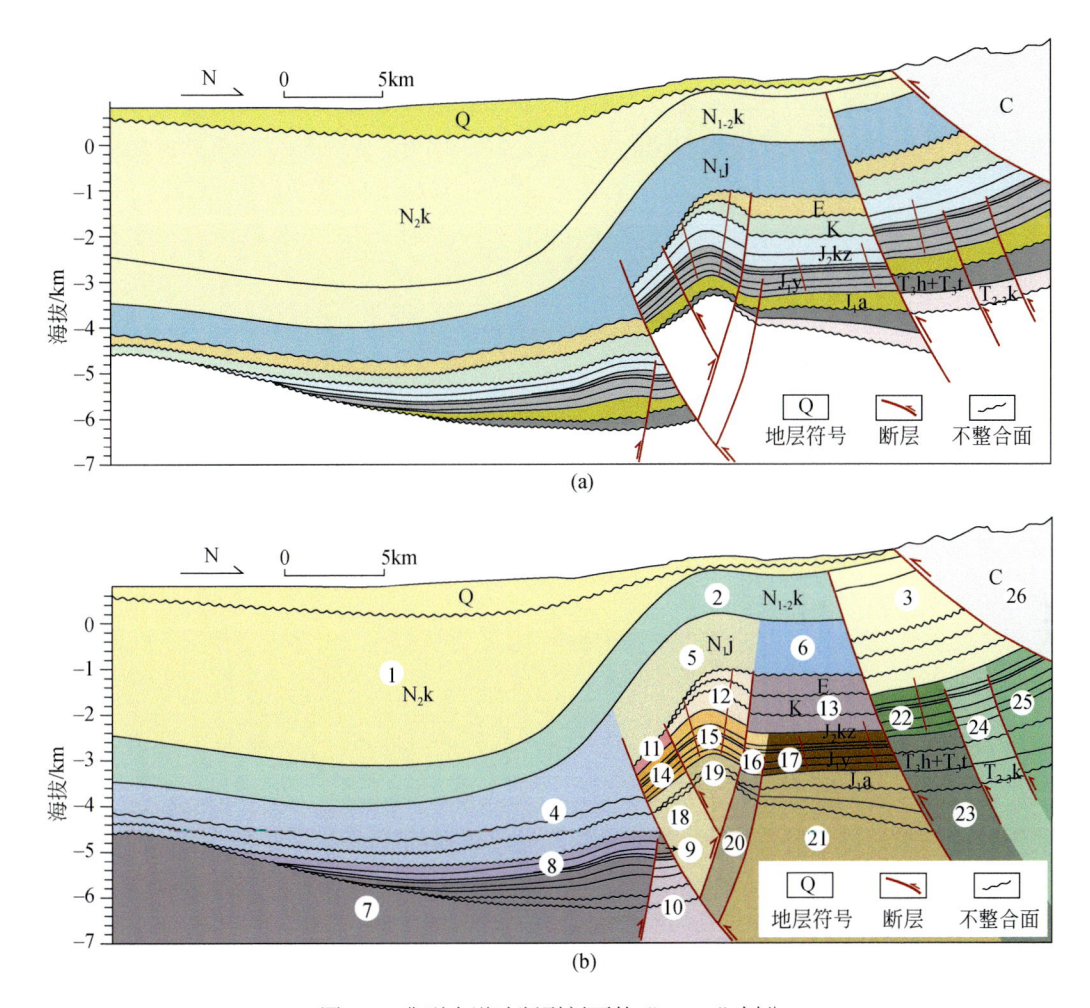

图 2.5 典型含逆冲断裂剖面的"Block"划分

（a）典型地层模型；（b）典型地层模型的 Block 划分结果，图中序号①~㉖表示该剖面划分成的 26 个独立块体

$$p_1(h) = g\int_{h_s}^{h} \rho_b \mathrm{d}z \tag{2.4}$$

$$p_1(h) = g\int_0^{h_w} \rho_{\mathrm{sea}} \mathrm{d}z + g\int_{h_w}^{h} \rho_b \mathrm{d}z \tag{2.5}$$

式中，h_s 为沉积物表面高度，m；h_w 为海水深度，m。

上述公式将上覆沉积物的密度简化成了一个值——ρ_b。实际地层情况是，上覆盖层是由多套岩性不一、密度有差异、压实孔隙度变化不同的岩层组成，因此实际地层的静岩压力可表示为

$$p_1(z) = \rho_{\mathrm{sea}} g h_w + g\sum_{i=1}^{n} d_i \left[\rho_w \varphi_i + \rho_{ri}(1-\varphi_i)\right] \tag{2.6}$$

式中，d_i（i 为层数）为单套地层的厚度，m；ρ_{ri} 为第 i 套地层的岩石密度，kg/m³；φ_i 为第 i 套地层的孔隙度，%。

2. 孔隙压力

孔隙压力方程是基于孔隙水质量平衡的单相流体流动方程，该方程将孔隙水流动的驱动力与流量联系了起来。孔隙水流动的驱动力是超压梯度。在假设牛顿流体流动相对缓慢的前提下，达西定律建立了孔隙流体的排出速度 V 与超压梯度 ∇u 之间的线性关系[式（2.7）]。比例因子为迁移率 $\mu=k/v$，是岩石类型相关的渗透率 k 和流体类型相关黏度 v 的函数。

$$V = -\frac{k}{v}\nabla u \tag{2.7}$$

式中，渗透率 k 向量通常只用平行于相序和垂直于相序的两个值来简化，即垂直渗透率和水平渗透率。

质量平衡要求体积元素的任何流体排出都由所含流体质量的变化来补偿。当流体密度或流体体积改变时，内部流体质量发生变化。流体密度的局部变化发生在流体膨胀过程中，如热水加压、矿物转化或石油生成和裂解。流体体积或孔隙度的变化与机械压实和化学压实有关，它们被认为是两个独立的过程。

机械压实作用下孔隙度的减少用 Terzaghi 压实定律表示，化学压实作用下孔隙度的减少是温度和有效应力的函数：

$$\frac{\partial \varphi}{\partial t} = -C\frac{\partial \sigma'_z}{\partial t} - f_C\left(T, \sigma'_z\right) \tag{2.8}$$

式中，C 为地层压实系数；σ'_z 为深度 z 处的应力向量，MPa。

基本的孔隙压力模型只考虑了机械压实作用，得到的压力公式如下：

$$-\nabla \cdot \frac{k}{v} \cdot \nabla u = -\frac{1}{1-\varphi}\frac{\partial \varphi}{\partial t} = \frac{C}{1-\varphi}\frac{\partial \sigma'_z}{\partial t} = \frac{C}{1-\varphi}\frac{\partial (u_l - u)}{\partial t} \tag{2.9}$$

式中，$u_l - u$ 表示流体位移与固体位移的差异，即孔隙压力梯度。

进一步变换，得到：

$$\frac{C}{1-\varphi}\frac{\partial u}{\partial t} - \nabla \cdot \frac{k}{v} \cdot \nabla u = \frac{C}{1-\varphi}\frac{\partial u_l}{\partial t} \tag{2.10}$$

由上述公式可知，覆岩荷载引起超压增大和压实。在没有超压源的情况下，流体仍然可以流动，但这时总流入量等于每个体积元素的总流出量。孔隙水损失总是与相应的超压释放有关，颗粒结构与机械压实发生瞬间反应。

可压缩性和渗透率这两个岩性参数控制着流体的流动和压力的形成。整体压缩性描述了岩石骨架的压实能力，也控制了覆盖层对孔隙压力的影响。压缩系数越高，孔隙压力降低幅度越大，超压形成越小。渗透率控制着流速、流动路径和由此产生的孔隙压力场。即使地层本身具有高渗透性和可压缩性，如果地层周围不透水，地层内部的超压也不能降低。渗透率可以变化几个数量级，从高渗透相（砂岩）到低渗透相（页岩）再到几乎不渗透相（盐岩）。

式（2.10）有两个边界条件。上边界条件为：近海沉积物-水界面超压为零、陆上沉积物表面超压等于地下水潜势。下边界和侧边界为无流体流动区域，即沿表面法向 n 的超压梯度设为 0，$n \cdot \nabla u = 0$，被称为封闭边界。

机械压实是影响地层孔隙压力最主要的因素，除此之外，石英胶结（化学压实）、水热加压、石油生成和裂解以及蒙脱石-伊利石或石膏-硬石膏等矿物转化均会对地层孔隙压力的形成有影响（Hantschel and Kauerauf，2009）。

二、热史模型

热史模拟是地质系统向油气系统转化的关键，它的作用在于恢复盆地的古热流史和古温度史，为烃源岩生烃史模拟提供温度场。

（一）沉积盆地热源

地壳表层地温场是地球内热和太阳辐射热在地壳表层共同作用的结果。太阳辐射热仅影响地球表层的温度变化，其影响深度约在10～20m或更深些，它是次要的热源；地球内热则源源不断地向地表散发热量，因此，它是形成地壳表层地温场的主要热源。

地球内热主要有以下几种形式（图2.6）。

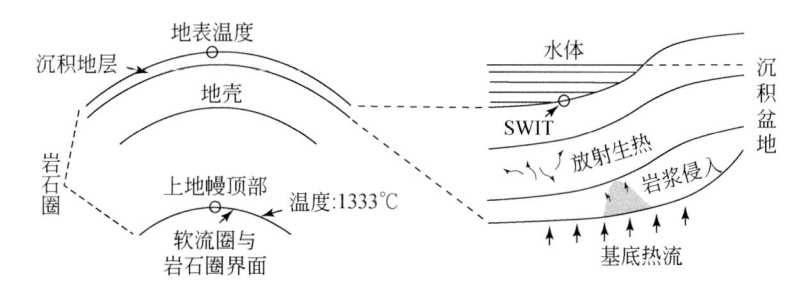

图2.6 沉积盆地热源与上下边界温度（据Hantschel and Kauerauf，2009，修改）
SWIT指各个地质时期的沉积物与水体表面温度

（1）地幔热源

地球由地壳、地幔和地核三部分组成。在地球形成及演变的过程中，由于放射性元素的衰变产生大量的热，积累并储存在地壳内部岩石圈下部的地幔中。研究证明，岩石圈与上地幔顶部岩石边界处的温度达到了1333℃。地幔中的热，通过岩石圈源源不断地向地面传导并散失于太空之中，形成了传导热流的主要组成部分，约占传导热流的60%（王钧等，1990），是地温场主要的热源。

大量研究表明，盆地类型是影响地幔热源大小的最主要因素（图2.7；Allen and Allen，2005）。这是因为，不同的盆地类型，岩石圈厚度存在差异，上地幔岩石圈底部恒温带（约1333℃）的热源流传导至盆地底部的距离不同，所发生的热散失量不同。一般情况下，距离越大，散失量越大，盆地的热流值越低。由此可见，拉张型盆地的大地热流值一般比挤压型盆地的热流值大。

（2）放射性元素生热

沉积盆地中放射性元素（U、Th、K）衰变产生的热，积聚在沉积岩层中，并不断向低热区传导、散失，也是传导热流的主要组成。不同的岩石中所含放射性元素种类或含量不同，因此产生热量的大小有差异，通常在蒸发岩和碳酸盐岩中产热量较低，在砂岩中为中偏低热量，在页岩和粉砂岩中较高，而在黑色泥岩中放射性生热最高。

（3）其他热源

火山作用形成的岩浆热和岩浆体侵入的残余热，是形成局部高温异常的重要因素；由构造运动产生的机械摩擦热和化学热，只在个别地区发生，一般可以忽略。

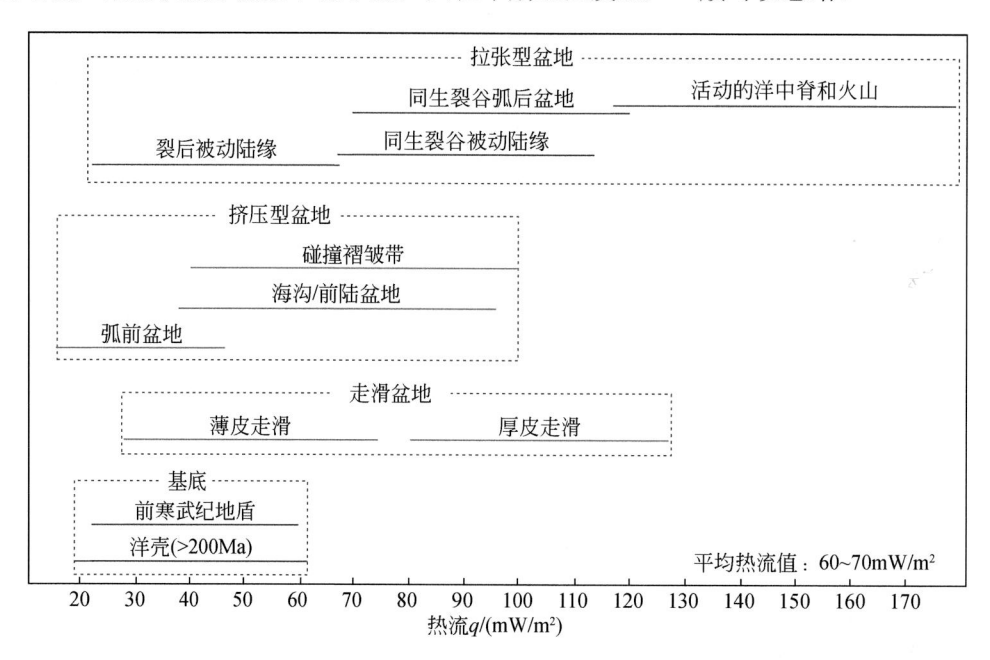

图 2.7　不同类型沉积盆地的基底热流值分布范围（据 Allen and Allen，2005，修改）

（二）热传递方式

热力学研究认为，相同温度的物体不存在热传递，只有物体处于不同温度时，热才能从一个物体传递到另一个物体，并且热总是从物体中温度高处传向温度低处。来自地球深部的热，可以通过热传导、热对流和热辐射的方式在岩石圈和沉积盆地内传递。三种传递方式在传递介质和传递方式上有所不同。

（1）热传导

热传导被定义为根据热梯度通过接触传递热能。这是浅层岩石圈热传递的主要作用方式。热传导效率由与岩性相关的热导率参数控制。一般情况下，物质密度越大，热传导效果越好，因此，物质从固体变为液体再到气体，热导率依次降低。

热导率描述了物质传导传递热能的能力。对于一个给定的温差，一个好的导热物体可以产生一个高的热流，或者一个给定的热流保持一个小的温差。真实地层是由一系列不同岩性的地层叠加而成，一般情况下，不同地层具有不同的地温梯度，而当地温梯度大时（温度曲线斜率大），地层的热导率较低。热导率的单位为 W/m/K。

热导率定义指出，两个位置之间的温差会引起热流 q，其大小取决于物质的导热性和两个位置之间的距离，表达式为

$$q = -\lambda \cdot \nabla T \qquad (2.11)$$

式中，∇T 为温度梯度；λ 为热导率向量。

热导率向量 λ 通常被假设只有两个独立的分量：沿地层的热导率 λ_h 和垂直地质层的热导率 λ_v。任何位置的热流矢量方向主要是给定位置温度下降最快的方向。在岩石圈中，这主要是岩石圈顶部和底部温度的差异造成的：顶部的表面温度或沉积物-水界面（SWI）温度和底部的软流圈-岩石圈边界温度。因此，当两个边界表面几乎为球形且边界温度的横向变化较小时，产生的热流主要是垂直方向的。平均热导率以及地幔和地壳层厚度控制着流向沉积盆地的热通量。沉积物底部的热流定义了沉积盆地热流分析的下边界条件。

（2）热对流

热对流是随着流体或固体的运动而传递的热能。在沉积盆地中，主要与孔隙水、液态油气的流动有关。对于渗透性较好地层或裂缝，流体流动速度相对较快，此时热对流传热效率比热传导效率高。热对流是软流层主要的热传递机制。

（3）热辐射

热辐射是通过电磁波进行的热传输，通常波长为 800nm 至 1mm。热能的总量与温度的四次方成正比。因此，只有来自非常热的区域才会以辐射的方式进行热传递。它在沉积盆地中可以忽略不计，但在岩石圈或软流圈的深处应予以考虑。

（三）热史模拟方法

目前，常用的热史恢复方法有三种，即地球热力学法、地球化学法和结合法（胡圣标和汪集旸，1995）。地球热力学法是以地壳中热传导的原理或者盆地的形成机制来重建盆地的热史，是一种正演恢复技术，包括 Mekenzie 拉张模型（Mckenzie，1978）和 Falvey 模型（Falvey and Middleton，1981），前者只考虑热传导，适用于拉张盆地，后者不仅考虑热传导，还考虑了孔隙介质流动时的热对流，而且不考虑盆地的力学性质，适用于各类盆地。地球化学法是利用地化数据来恢复古地温及其演化规律的一种反演方法，常用的数据有镜质组反射率、流体包裹体、磷灰石裂变径迹和生物标志物等，其中利用镜质组反射率确定古热流的方法被认为是"最准确、最好的方法"。结合法在热史恢复中应用最为普遍，是将正演和反演技术相结合，利用已知的地层信息和古温标资料作为约束条件，对盆地的热史进行模拟。

1. 地球热力学法

地球热力学法，又称作构造热演化法（郭秋麟等，2018），是指在岩石圈尺度，根据盆地数学模型，调整模型参数，通过对盆地实际构造沉降量的拟合，获得盆地热流，进而结合盆地埋藏史，重建盆地热演化史。由于盆地沉降与其热效应之间有密切联系，不同构造单元、不同类型的沉积盆地，其地温场演化史是不同的。

地球热力学法的基本原理是，通过对盆地形成与演化中岩石圈构造（伸展减薄、均衡调整和挠曲变形等）及相应热效应的模拟，获得岩石圈的热演化。对于不同成因的盆地，根据相应的数学模型，在已知或假定的初始边界条件下，通过调整模型参数，使得计算结果拟合实际观测的盆地构造沉降史而确定盆地热流史，进而结合盆地埋藏史恢复盆地内地层的热史（胡圣标和汪集旸，1995）。

基于沉积盆地形成的地球动力学背景与机制的差异，可以把沉积盆地划分成：拉张型裂谷盆地、克拉通盆地、前陆盆地和拉分盆地，各盆地热力学模型不同。

(1) 拉张型裂谷盆地模型

这一类型盆地的构造热作用过程包括岩石圈的伸展减薄、地幔侵位、热膨胀和冷却收缩。拉张盆地的构造热演化模拟是在岩石圈尺度通过求解瞬态热传导方程来研究盆地形成过程中的热历史和沉降史。Mckenzie（1978）提出的岩石圈伸展减薄模型是目前应用最为广泛的热力学模型，该模型认为，由于大陆岩石圈的快速伸张，岩石圈厚度变薄和软流圈被动上升，并伴随块体的断裂和沉降，热流值从盆地扩张初期向后是逐渐降低的，即由冷却引起的地壳均衡沉降，下降和热流取决于伸展量。

在一维垂向上，热流方程为

$$\frac{\partial T(z,t)}{\partial t}=x\frac{\partial^2 T(z,t)}{\partial z^2} \quad (2.12)$$

式中，T 为古地温，℃；z 为以岩石圈底界为原点，直至地表的垂直坐标，cm；t 为以拉张发生时间为零值起算至现今的时间，s；x 为岩石圈的热扩散率，cm²/s，可取值为 0.008。

热流方程 [式 (2.12)] 的边界条件为

$$\begin{cases} T=0, & \text{当}z=h \\ T=T_1, & \text{当}z=0 \end{cases} \quad (2.13)$$

式中，h 为地表至岩石圈底界的深度，可取值为 1.25×10^7 cm；T_1 为软流圈顶界温度，可取值为 1333℃。

热流方程 [式 (2.12)] 的初始条件为

$$\begin{cases} T=T_1, & \text{当}0<\dfrac{h-z}{h}<\left(1-\dfrac{1}{\beta}\right) \\ T=T_1\beta\left(1-\dfrac{h-z}{h}\right), & \text{当}\left(1-\dfrac{1}{\beta}\right)<\dfrac{h-z}{h}<1 \end{cases} \quad (2.14)$$

式中，β 为岩石圈在水平方向上的拉张系数。

热流方程 [式 (2.12)] 的解为

$$\frac{T(z,t)}{T_1}=1-\frac{h-z}{h}+\frac{2}{\pi}\sum_{n=1}^{\infty}\frac{(-1)^{n+1}}{n}\left[\frac{\beta}{n\pi}\left(\sin\frac{n\pi}{\beta}\right)\right]\exp\left(-\frac{n^2 t}{\tau}\right)\sin\left(\frac{n\pi(h-z)}{h}\right) \quad (2.15)$$

式中，$\tau=h^2/(\pi^2 x)$。

式 (2.15) 是古地温 T 的计算公式。

由式 (2.15) 可得古热流 q 的计算公式：

$$q(t)=\frac{kT_1}{h}\left\{1+2\sum_{n=1}^{\infty}\frac{\beta}{n\pi}\sin\left(\frac{n\pi}{\beta}\right)\exp\left(-\frac{n^2 t}{\tau}\right)\right\} \quad (2.16)$$

式中，q 为沿 z 方向的热流值，HFU，单位为 μcal/(cm²·s)；k 为岩石圈的热导率，可取值为 7500μcal/(cm·s·℃)。

通过式 (2.15) 和式 (2.16) 的计算，就能得到古地温史和古热流史。

（2）克拉通盆地模型

克拉通盆地通常被认为是后期壳内花岗岩的侵入或者地壳深部变质作用成因，因而热沉降相对小，往往表现出阶段性特征，其热场一般较稳定，热流值不高（郭秋麟等，2018）。Middleton 和 Falvey（1983）研究认为，克拉通型盆地的热流模式表现为盆地形成早期热流值逐渐增高，至中晚期逐渐降低。基于此，结合埋藏史，可计算出盆地古地温和成熟度（R^o）史（郭秋麟等，2018）。

古地温计算公式：

$$T(t,Z) = T_s + Q(t) \cdot \int_0^Z \frac{1}{K(Z)} dZ \tag{2.17}$$

式中，T_s 为地表温度，℃；$Q(t)$ 为时间为 t 时的热流值，μcal/(cm²·s)；$K(Z)$ 为深度为 Z 的热导率，μcal/(cm·s·℃)；Z 为深度，cm。

成熟度（R^o）的计算公式：

$$R^o = \left\{ b \int_t^0 \exp\left[cT(t)\right] dt \right\}^{\frac{1}{a}} \tag{2.18}$$

式中，a=5.635，b=2.7×10⁻⁶Ma，c=0.068℃；t 为地质时间，Ma；$T(t)$ 为时间为 t 时的地温，℃。

（3）前陆盆地模型

前陆盆地包括弧前和弧后前陆盆地，均与碰撞造山作用直接相关，是随着造山的快速隆升，前陆区岩石圈缩短和挠曲变形的产物。其数学模型有热弹性流变模型和黏弹性流变模型。该类型盆地热流值一般分布在 20～90MW/m² 之间（图2.7）。

（4）拉分盆地模型

这类型盆地的形成与走滑断层有关，其地温场特征与伸展盆地相似，不同之处是，伸展盆地的热传递主要在垂向上，而此类盆地热除垂向传递外，还存在侧向传递，因此冷却过程明显比裂谷盆地快。这类盆地的热流值范围较大，主要分布在 20～120MW/m² 之间（图2.7）。

2. 地球化学法

地球化学法，又称古温标法，是利用沉积盆地地层中的有机质、矿物、流体等记录的古地温信息，来反演地层的热历史和成熟度史。

下面介绍几种常用的古温标恢复热史方法。

（1）镜质组反射率 R^o 法

有机质成熟度是研究盆地古地温的常用方法，这是因为有机质成熟度与古地温之间有密切的关系。有机质组分在热降解作用过程中其化学组分、结构和物理性质均发生了变化，各成熟度指针均以特定的化学动力学和温度相联系。镜质组反射率 R^o 是沉积盆地中分布广泛、易于获取的数据，且其与成熟度的关系最为密切，因而是研究盆地热史最常用的指针或"温度计"（Waples，1980；Lerche et al.，1984；Tissot and Welte，1984；Sweeney and Burnham，1990）。

常用的利用 R^o 计算盆地古地温的方法大致可归纳为三种类型：①R^o 为时间和温度的函数（R^o-TTI 关系模型）；②R^o 为温度的函数（最大温度模型）；③R^o 为降解率的函数（化学

动力学模型)(郭秋麟等,2018)。

(2) 黏土矿物和自生矿物的组合关系法

黏土矿物及其他自生矿物(沸石、二氧化硅矿物)与有机质关系密切,是含油气盆地常见的物质成分。在成岩作用过程中,它们和有机质经历了共同的热演化过程,随埋深和压力的增大及温度的升高,介质 pH、离子浓度等条件的改变,黏土矿物会发生转化,由于这种相变与温度环境密切相关,且具有温度上的不可逆性,黏土矿物及自生矿物的组合可以作为经历最高温度记录的标志用于古地温的恢复。

前人研究表明,蒙脱石转化成伊利石有一定的深度范围,蒙脱石-伊利石系列矿物可用作成岩作用和古地温的指针(Perry and Hower,1972),可利用蒙脱石向伊利石转化的热动力学模型来模拟计算盆地的古地温。此外,在应用时要注意,黏土矿物的转化除受温度控制外,还与时间、压力、环境机制等有关,而热动力学模型并未考虑这些因素,因此,在实际应用时可与其他古温标指针联合。

(3) 流体包裹体均一温度法

流体包裹体测温最早是在内生矿床研究中应用,后来逐渐应用到沉积岩及油气相关的研究,并已经成为目前研究油气盆地古地温较常用的方法之一。

其基本原理为,流体包裹体被捕获时,为均一体系,随着温度、压力的下降,流体收缩分离形成气、液两相。将次生的盐水包裹体放置于冷热台上加热,随着温度的升高,两相的包裹体逐渐均一至单一相,这时的温度即为均一温度,表示的是流体包裹体形成时地层的温度(下限)。在实际应用过程中,需要注意选取合适的包裹体(产状、大小、形状)、升温速率不宜过快等问题。

(4) 磷灰石裂变径迹法

利用磷灰石裂变径迹恢复盆地热历史是 20 世纪 80 年代迅速发展起来的研究方法,其建立在磷灰石所含的 U^{238} 裂变产生的径迹在地质时间内受温度作用而发生退火行为的理论基础上。大多数沉积盆地都经历了复杂的构造演化历史,可能经历了稳定沉降-沉积后,又经历构造抬升、剥蚀等事件,导致沉积盆地的热演化历史显得复杂。对于这种复杂热历史的研究目前普遍采用的方法都不能得到令人满意的结果,而裂变径迹分析法却能给出丰富的信息,能很好地解释这种复杂的热历史,它适用于整个地质年代。目前,国内外已有许多学者利用该方法进行沉积盆地热历史的研究,并取得了较好的应用效果(Green et al.,1986;Crowley,1991;周中毅和潘长春,1992;沈传波等,2005;邱楠生等,2020)。

使用磷灰石裂变径迹研究盆地热历史常用以下参数(Green et al.,1989):裂变径迹年龄、表观年龄随深度的变化,单颗粒年龄分布、封闭径迹平均长度随深度的变化,封闭径迹长度分布。利用这些参数,可以建立磷灰石退火模型。由裂变径迹退火动力学假设和实验室退火研究得到一系列的退火温度及在这些退火条件下得到相应平均长度和标准偏差资料,用数理统计方法建立径迹退火模型(Green et al.,1986;Duddy et al.,1988)。目前常用的模型有平行模型和扇形模型。

基于退火模型,可采用正演模拟和反演推算的方法来模拟盆地经历的热历史。所谓正演方法就是沿已知的热史路径模拟裂变径迹的长度分布演化及最终长度分布,将模拟计算的径迹长度分布和实际测量结果比较,获得实际的热历史演化情况。反演方法就是根据实测长度分布和径迹年龄等参数，推测热史路径，确定模拟的起点和终点参数，应用随机逼近法类比热史。在诸多"正确"热史路径中根据实际地质资料选择合适的热史路径作为模拟结果。

三、生烃史模型

生烃史模拟是在对烃源岩地化特征综合评价的基础上，利用化学动力学方法，重建烃源岩生烃演化过程，计算生烃量史，为后续油气的排出和运移提供直接物质基础。不同组分烃类、分子生物标志物和煤显微组分的生成可以通过化学动力学进行定量计算。化学动力学是基于质量守恒定律来表示的，因此，需要包含烃类生成过程中的所有化合物反应过程。Tissot 和 Welte（1984）对沉积岩中所含的有机质进行了简单分类（图 2.8），Peters 等（2005）对这些有机质特征进行了系统的描述。

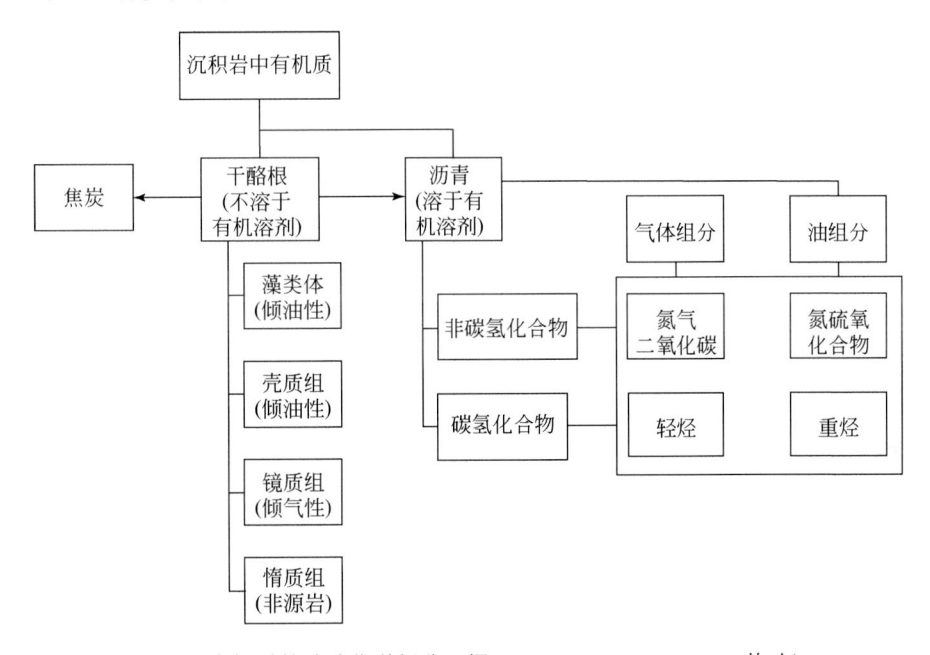

图 2.8 有机质的地球化学组分（据 Tissot and Welte，1984，修改）

本节所表述的烃类生成过程，充分考虑了烃类热降解和单分子化合物的反应动力学，不包含受扩散控制和自催化作用的化学反应。前者可以通过一系列平行化学反应得以充分表达，这种方法被称为分布式反应动力学，其中，每个反应的速率与阿伦尼乌斯型（Arrhenius）活化能和频率因子有关。

（一）分布式反应动力学

对于大多数连续和平行的化学反应，从初始质量为 x 的反应物 X 正向反应，最终生成质量为 y 的单分子系列化合物 Y，是最简单的反应类型：

$$X \xrightarrow{k} Y, \quad \frac{\partial y}{\partial t} = -\frac{\partial x}{\partial t} = kx^{\alpha} \tag{2.19}$$

式中，α 为反应级数；k 为反应速率；t 为反应时间。大多数的化学反应都可以用一级反应来表达，即 $\alpha=1$。

反应速率 k 与温度的关系通常用阿伦尼乌斯定律来描述［式（2.20）］，它有两个参数，即频率因子 A 和活化能 E：

$$k = Ae^{-E/RT} \tag{2.20}$$

式中，R 为气体常数，取值为 8.315J/(K·mol)；T 为古温度，K。

频率因子表示分子发生转化的频率，活化能描述的是启动反应所需的阈值能量。阿伦尼乌斯定律最初是作为一个经验方程发展起来的，后逐渐得到理论证实（Glasstone et al., 1941；Benson, 1968）。

对于多组分烃类化合物，其平行反应方程式为

$$X_i \xrightarrow{k_i} Y, \frac{\partial x_i}{\partial t} = -k_i x^\alpha, \frac{\partial y}{\partial t} = \sum_{i=1}^{n} k_i x^\alpha \tag{2.21}$$

式中，X_i 为第 i 种组分；k_i 为第 i 种化合物在初次裂解时的反应速率，Ma^{-1}；n 为组分数量。每个子反应 i 可以用一对 (A_i, E_i) 来描述，但通常使用同一个频率因子，使活化能呈分散式分布。平行反应可用于将具有广泛化学键强度的复杂大分子分解为一种裂解产物。活化能的离散分布样式可以表达为：连续高斯分布、Gamma 分布和 Weibull 分布（图 2.9）（Burnham and Braun, 1999）。

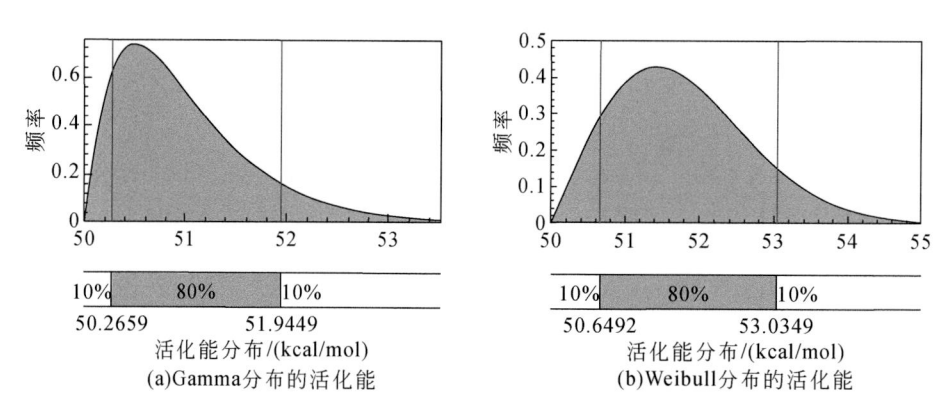

图 2.9 活化能的两种分布样式（据 Hantschel and Kauerauf, 2009，修改）

1cal = 4.184J

（二）油气生成动力学

油气生成动力学参数一般利用烃源岩（原油）的热模拟实验获取。由于实验室不能重现地质历史时间的烃源岩演化过程，因此通常利用时间-温度补偿原理（Barker, 1989），在实验室条件下，通过提高反应温度来弥补地质的长时间，获取有机质反应的一系列反应产物，再利用模拟软件，拟合生成反应动力学参数（活化能、频率因子），建立油气生成动力学模型。根据对实验室反应产物定量检测的精细程度，可以建立不同类型的化学动力学模型，包括干酪根整体反应动力学模型［Bulk Kinetics；图 2.10（a）］、干酪根生油-气两组分动力学模型［Oil-Gas Kinetics；图 2.10(b)］和干酪根生烃多组分动力学模型［Compositional

Kinetics；图 2.10（c）]。干酪根整体反应动力学模型主要关注干酪根的裂解，而不区分石油的组分。干酪根生油-气两组分动力学模型，是在实验过程中，分别对生成的油（C_{6+}）和气（$C_{1~5}$）的产量进行检测，进而分别建立起干酪根生油、生气的化学动力学模型，对基于成因法计算油气资源量至关重要。干酪根生烃多组分动力学模型，是最为复杂的化学动力学模型，需要在实验室条件下，对热模拟过程中生成的各组分烃类（一般为 4 组分或更精细的 14 组）分别定量检测，建立每组烃类的生成动力学模型，进而可以精确模拟油气生成的相态及其物性等。

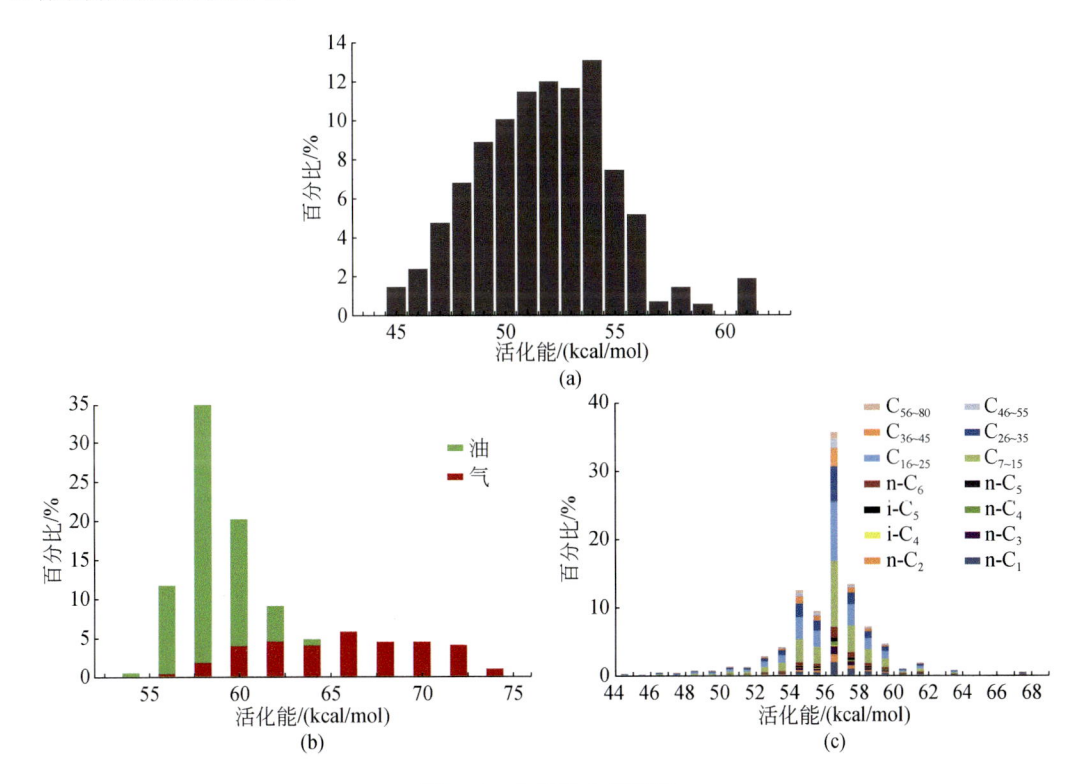

图 2.10 生烃动力学模型

（a）干酪根整体反应动力学模型；（b）干酪根生油-气两组分动力学模型；（c）干酪根生烃多组分（14 组）动力学模型（Tan et al.，2013）

四、排烃史模型

排烃史模型是油气运移的关键环节，其作用是重建油气盆地的排烃量史，为后续的油气二次运移及聚集史模拟提供烃类演化环境。烃源岩在排油和排气模拟算法与模型方面有所差异。

（一）排油史计算方法

前人研究表明，烃源岩排油史的计算方法有多种，包括了压实排油法、残留油模板计算法、压差排油法（郭秋麟等，1998）、多相渗流理论计算排烃量和排烃门限约束的单位体积岩石排烃量计算方法（庞雄奇等，2005）。

下面重点介绍应用较为广泛的前两种方法。

（1）压实排油法

压实排油的基本原理为，烃源岩在生烃与受压实排液过程中，当含油饱和度大于临界饱和度时，将石油从烃源岩中排出并使其进入储层或运载层，所排出的石油量为排液量与含油饱和度的乘积。

根据烃源岩层埋藏史可以推导出烃源岩排液系数史公式，即排液系数模型［式（2.22）］（郭秋麟等，2018）。排液系数是指排出的液体体积与烃源岩压实前岩层孔隙体积之比。

$$\begin{cases} C_1 = 0, & 开始埋藏时，即 i=1 \\ C_i = \dfrac{\varphi_{i-1} - \varphi_i}{(1-\varphi_i)\varphi_{i-1}}, & i > 1 \end{cases} \quad (2.22)$$

式中，C_1 为烃源岩层开始埋藏时的排液系数；C_i 为第 i 时刻烃源岩层的排液系数，其中，$i=1，2，\cdots$，直到现今；φ_{i-1} 为第 $i-1$ 时刻烃源岩层孔隙度，可根据埋藏史算出；φ_i 为第 i 时刻烃源岩层孔隙度，可根据埋藏史算出。

在烃源岩层埋藏过程中，任意时刻含油饱和度的计算公式为

$$\begin{cases} S_1 = 0, & 开始埋藏时，即 i=1 \\ S_i = \dfrac{G_i - E_{i-1}}{h_i \varphi_{i-1} \rho_o}, & i > 1 \end{cases} \quad (2.23)$$

式中，S_1 为烃源岩层开始埋藏时的含油饱和度；S_i 为第 i 时刻烃源岩层的含油饱和度；G_i 为第 i 时刻烃源岩层的生油强度，t/km²，由生烃史确定；E_{i-1} 为第 $i-1$ 时刻烃源岩层的排油强度，t/km²；h_i 为第 i 时刻烃源岩层的厚度，km；φ_{i-1} 为第 $i-1$ 时刻烃源岩层的孔隙度，可根据埋藏史算出；ρ_o 为烃源岩层中石油的密度，t/km³。

在已知压实过程不同时间段排液系数和含油饱和度的情况下，排油史，即排油强度史的计算模型如下：

$$\begin{cases} E_1 = 0, & 开始埋藏时，即 i=1 \\ E_i = 0, & 当 S_i < S_o \\ E_i = E_{i-1} + (G_i - E_{i-1})G_i, & 当 S_i \geq S_o \end{cases} \quad (2.24)$$

式中，E_1 为烃源岩层开始埋藏时的排油强度，t/km²；E_i 为第 i 时刻烃源岩层的排油强度，t/km²。

（2）残留油模板计算法

这是一种间接计算排油量的物质平衡法，其基本原理是通过实验室测试获得残留油量，利用生烃史模拟得到生油量，然后将生油量扣减残留油量得到排油量。这种方法的优点是过程简单、易操作，而且有实验测试数据作为支撑，同时避开了排油机理还无法解释的难题；其缺点是只能测试到现今的残留油含量，对于漫长的地质历史时期，残留油含量是否与现在一致还不清楚，另外测试得到的结果可能受采样、运输、测试方法等多个因素影响，测试数据可能还需要作进一步修正（郭秋麟等，2018）。

在完成埋藏史和热演化史模拟之后，已知残留油与 R^o 关系曲线的条件下，任意时刻第 k 种干酪根残留油强度的计算公式如下：

$$Qr = \sum_{k=1}^{N} \left(\frac{10^{-8}}{R^{o2} - R^{o1}} \right) \int_{R^{o1}}^{R^{o2}} (Z_2 - Z_1) P_m \times \rho \times \text{TOC} \times P_k \times F_k \times dR^o \quad (2.25)$$

式中，Qr 为残留油强度，t/km²；R^{o1}、R^{o2} 分别为烃源岩顶、底界的镜质组反射率，%；Z_1、Z_2 分别为烃源岩顶、底界的埋深，m；P_m 为地层中有效烃源岩百分含量；ρ 为烃源岩密度，t/km³；N 为干酪根类型数；P_k 为第 k 种干酪根的含量；F_k 为第 k 种干酪根的残留油量，kg/t。

计算排油史的数学模型如下：

$$\begin{cases} E_1 = 0, \text{开始埋藏时，即} i=1 \\ E_i = 0, \text{当} Or_i < G_i \\ E_i = G_i - Or_i, \text{当} G_i \geqslant Or_i \end{cases} \quad (2.26)$$

式中，Or_i 为第 i 时刻烃源岩层的残留油强度，t/km²。

（二）排气史计算方法

天然气与石油相比，在初次运移机理方面存在的争议较少，目前普遍认为天然气以游离相、油溶相、扩散相和水溶相四种相态运移。依据初次运移机理，计算各相态的运移量，从而得到排气量。这种方法易于被接受，但在实际操作过程中存在难题，如难以准确计算扩散气量和游离气量等。前人基于物质平衡原理，提出了物质平衡运移模型，绕开了上述多种相态运移定量计算的难题，简化了计算过程，成为目前天然气初次运移史模拟计算的重要模型（郭秋麟等，2018）。

基于物质平衡原理的烃源岩排气量计算模型如下：

$$Q_\text{排} = Q_\text{生} - (Q_\text{吸} + Q_\text{溶} + Q_\text{游}) = Q_\text{生} - (Q_\text{吸} + Q_\text{油溶} + Q_\text{水溶} + Q_\text{游}) \quad (2.27)$$

式中，$Q_\text{排}$ 为烃源岩排气量，m³；$Q_\text{生}$ 为烃源岩生气量，m³；$Q_\text{吸}$ 为烃源岩中岩石对气的吸附量，m³；$Q_\text{油溶}$ 为烃源岩中残余油溶解气量，m³；$Q_\text{水溶}$ 为烃源岩中水溶解气量，m³；$Q_\text{溶}$ 为烃源岩中残采油溶解气量和水溶解气量总和；$Q_\text{游}$ 为烃源岩层孔隙中游离气量，m³。

基于上述公式，通过分析烃源岩层中的水溶气量、油溶气量、游离气量和吸附气量的影响因素，建立定量或半定量关系，就能较准确地计算出排气量。

五、油气运聚史模型

油气运聚史模拟建立在以上"四史"模型的基础上，是盆地模拟最重要的组成部分，能直接指导油气资源评价和有利勘探目标预测。本小节首先介绍了油气在地下赋存的相态，这是油气运移模拟的基础，然后阐述了油气在地质条件下运移模拟的几种方法。

（一）油 气 相 态

宏观层面上，流体是由物理意义上不同相态物质组成，相与相之间具有明确的边界。相的数量、组成和性质随流体的整体组成和外部参数，如压力-体积-温度（PVT），而变化。只有在相的数量、组成及其性质已知的情况下，才能开展油气的运移及其他方面的模拟。

水、液态烃和气态烃是沉积盆地中最常见的流体相。在盆地模拟中，通常假定地层中水相是存在的。水的极性结构使其与非极性碳氢化合物分离，因此，地层中至少存在两种不同的相。虽然少量的轻烃也可溶于水，但通常烃会形成独立的相。烃类一般以液体和气相的形式存在，或者只存在一种单相，即超临界或欠饱和相。因此，在实践中，流体分析被简化为烃类的相态分析，在两种可能的相中有一种或另一种溶解成分。

虽然基于高度简化的相模型和对称的黑油模型可以说明烃类相态分离方面的一些内容，但这些模型仅在有限的压力和温度区间内有效。只有更精确地确定出流体的压力-体积-温度（PVT）之间的关系，才能进行全盆地范围的相态预测。这类关系被称为状态方程（EOS），其中最为常用的状态方程是 Soave-Redlich-Kwong（SRK）和 Peng-Robinson（PR）状态方程。对于地下多组分、多相态流体，相的数量和组成可以通过最小化热力学势的方法，即吉布斯自由能来计算。由此产生的算法被称为闪蒸算法（flash calculation），具有较高的计算精度（Hantschel and Kauerauf, 2009）。

基于烃类成分信息和相关经验的考虑，可以进一步研究流体的物理性质，重点是密度、美国石油学会重力度（API 度）、泡点压力、气油比（GOR）、地层体积因子（Bo）和黏度的预测，此处，黏度是相对难以预测的。

（二）油气运移模拟

目前，常用的油气运聚定量模拟方法有：多相达西流法（Darcy）、流径法（flowpath）、侵入逾渗法（invasion percolation）和混合法（hybrid）。多相达西流法被认为是描述流体在孔隙介质中流动最精确和复杂的物理方法，目前已在油藏数值模拟中成功应用，在盆地模拟中，适用于渗透性较差地层中油气运移的模拟。流径法主要适用于渗透性较好的地层，以浮力为主要驱动力，计算耗时较少。侵入逾渗法适用于模拟地层几何形状复杂、网格密度较高条件下油气的运移，模拟油气的运移是瞬时发生的，计算速度较快。混合法包括了多相达西流法与流径法的混合以及多相达西流法与侵入逾渗法的混合两种形式。

1. 多相达西流法

1856 年，法国工程师达西（Darcy）基于水和单相流体的渗流规律，提出了达西定律的基本形式（Darcy, 1856）。他通过水在饱和砂中的渗流实验发现，渗流量 Q（m³/s）与长度为 L（m）的渗流管道的上下游压差 ΔP（Pa）、管道横截面积 A（m²）和砂体渗透率 k（m²）成正比，而与流体的黏度 μ（Pa·s）和管道长度 L 成反比。具体的数学表达公式为

$$Q = k_f \frac{\Delta P}{\mu L} A \tag{2.28}$$

达西公式的基本假设为，流体只在水平方向上渗流，且流体的密度和温度为定值。

1956 年，Hubbert 对达西公式进行了修正，得到了适用于表达石油在岩石地层中渗流的公式：

$$Q = A \frac{k_p}{\mu_{pf}} \frac{\Delta U}{L} \tag{2.29}$$

式中，k_p 为岩层中包含两相流体流动的石油有效渗透率，m²；μ_p 为石油的黏度，Pa·s；U 为石油运移的潜在能量。Aziz 和 Settari（2002）在石油工程领域将 U 定义为

$$U = (\rho_w - \rho_{hc})gh + P_c + u_w \tag{2.30}$$

式中，ρ_w 为水的密度，kg/m³；ρ_{hc} 为石油的密度，kg/m³；g 为重力加速度，m/s²；h 为油柱高度，m；P_c 为油水毛细管进入压力，Pa；u_w 为空隙水的超压，Pa。假设两个模型网格具有相同的孔隙度和渗透率，并给予足够的时间，则模型网格之间的石油势能差异会导致流体流动。这种行为与水压力差导致水的流动，或温度差异导致热流从高温向低温区域传递是相似的（Hantschel and Kauerauf，2009）。达西定律在 20 世纪 70 年代进行了改进，加入了多相流体流动的微分项（Bear，1972），并使用了各种数值求解器（如 Pegaz-Fiornet et al.，2012）。

在盆地模拟中应用达西模拟算法的一个大的难点是如何合理地获取盆地范围内地层岩石的渗透率数据（Dewhurst et al.，1999）。地质模型中那些低渗透率和低流体饱和度的网格可以在几个时间步长内进行数值求解。然而，那些高渗透性网格可能空间物性变化较快，需要进行多次迭代才能使计算发生收敛。此外，由于压实或边界条件变化引起的任意网格的变化，都会给盆地尺度达西流体模拟带来挑战。达西流模拟一般需要较长的计算时间，通常需要并行计算和"域分割"（Hantschel and Kauerauf，2009）。应用达西流算法进行盆地尺度流体运移和聚集模拟的结果如图 2.11 所示，一般利用含油气饱和度（%）来表示油气的富集程度。

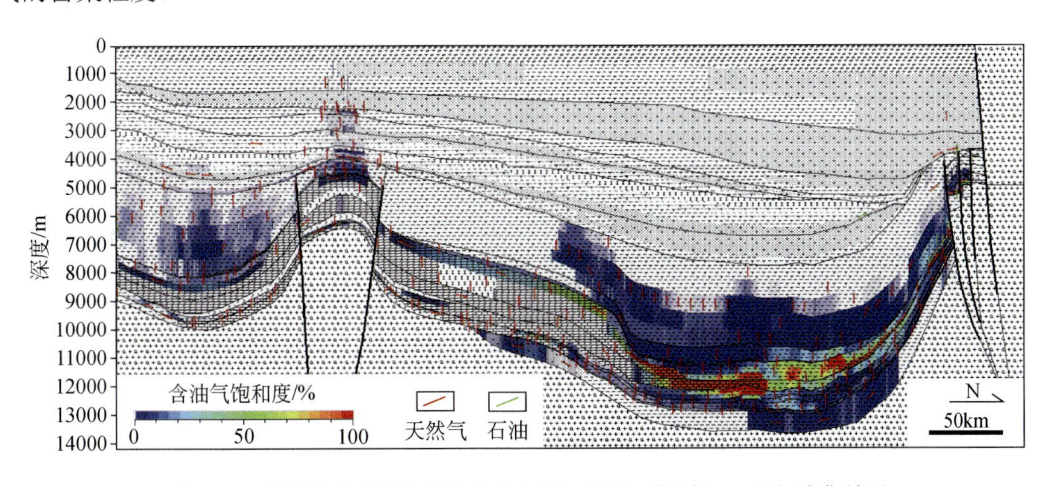

图 2.11 利用达西流算法模拟盆地尺度二维剖面的油气运移与聚集结果

2. 流径法

当油气进入高渗透地层时，浮力为其运移的主要动力（Sylta，1991）。这种情况下，油气将向上运移，直至遇到上覆封盖层，在毛细管阻力作用下停止运移（Hantschel and Kauerauf，2009）。浮力作用下的油气运移动力计算公式为

$$U_p = (\rho_w - \rho_{hc})gh \tag{2.31}$$

流径法通常应用于高渗透性油气藏或运载层的流体运移模拟。油气在高渗透性岩层中的运移速度不受岩层本身的渗透率限制，而与下伏低渗透率岩层中油气的排出速度有关（Mann et al.，1997）。因此，基于流径法的油气运移模拟一般认为是以垂向运移为主，且油气运移的速度很快，与地质时间相比，可认为是瞬间完成。油气在垂向浮力作用下，运移至构造高部位，发生聚集。随着油藏油柱高度增加，浮力可能大于上覆盖层的毛细管阻力，

油气突破封盖层，向浅部构造部位调整聚集形成浅部构造油气藏，或运移至地表发生泄漏。在实际模拟时，需要对运载层和封盖层进行定义，有以下两种方式：①人为地对模型中的某些地层进行运载层和封盖层的定义；②设置渗透率阈值，在模拟过程中，当地层渗透率高于该阈值时，为运载层，而当渗透率低于该阈值时，自动转换成封盖层。利用流径法模拟盆地尺度油气运移和聚集的结果如图2.12所示，可以很好地模拟出油气的运移路径和中浅层构造型油气藏的富集位置。

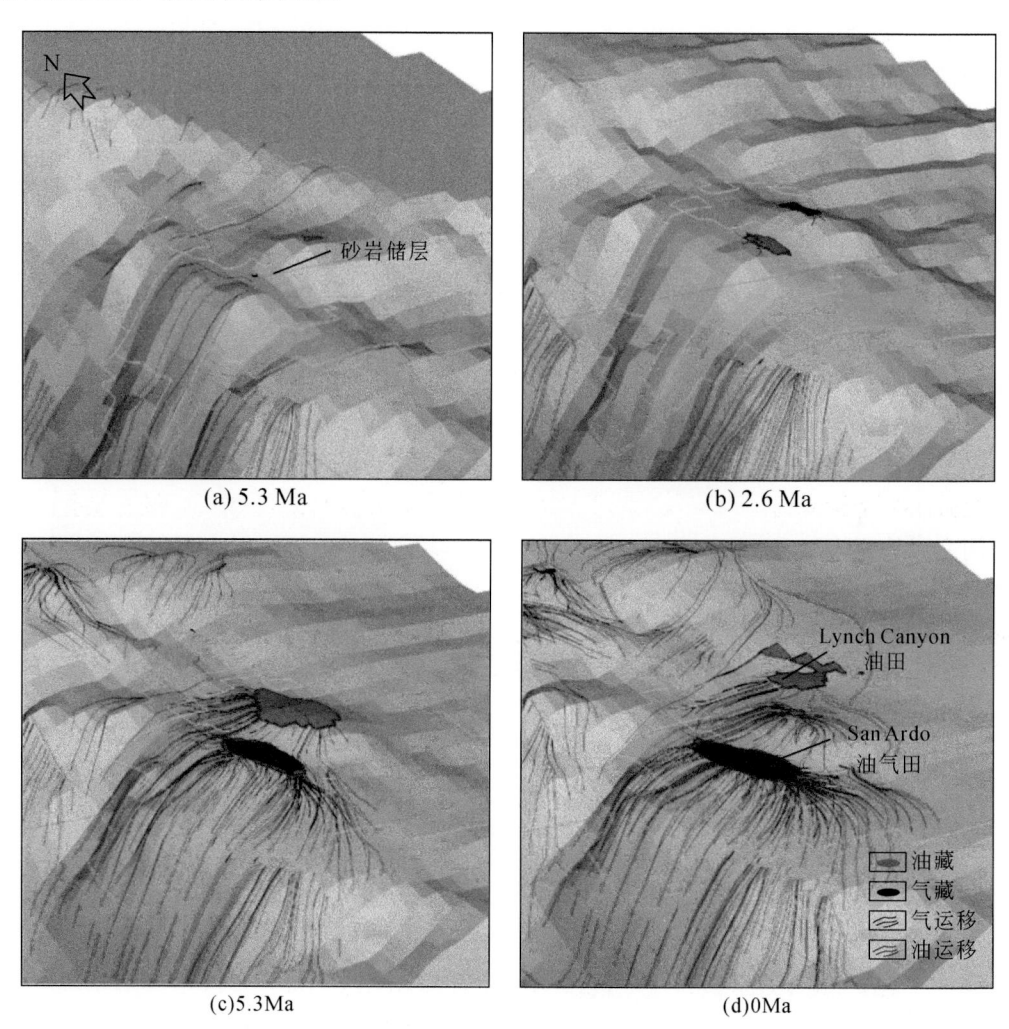

图2.12　利用流径法模拟得到的美国San Ardo油气田油气运移与聚集演化历史
（据Menotti et al.，2019，修改）
（a）～（d）分别表示不同时期的油气运移和聚集模拟结果

3. 侵入逾渗法

侵入逾渗法是通过定量刻画地质模型中每个网格的油气进入的临界毛细管力空间分布来仿真油气在地下的运移过程（Broadbent and Hammersley，1957；Chandler et al.，1982；Wilkinson and Willemsen，1983；Carruthers，2003；Baur et al.，2011）。其核心思路是，在

三维地质模型中，寻找油气运移最有利的通道，并根据油气源供给量计算油气聚集量（郭秋麟等，2018）。Carruthers（2003）最先将侵入逾渗法应用到盆地模拟中，他将每种岩性的油气进入临界毛管力与孔隙度之间建立特定关系，对于每个孔隙度，都有一个临界毛细管力与之对应，这显然与实际地质中复杂的、随机性较强且各向异性的地层临界毛管力特征不符，因此基于该方法只能得到一个较为粗糙的、概念模式化的运移模型。Hantschel 和 Kauerauf（2009）研究发现，对于许多岩性，当综合考虑了其毛细管力大小和方向的各向异性（均为±10%），就可以合理地表示出盆地尺度油气的运移模式，且与实验室基于物理模拟得到的运移结果相似。将油气突破毛细管阻力向下一个网格运移所需要的油柱高度定义为临界油气高度 Z_c（m），则 Z_c 的表达式如下：

$$Z_c = \frac{2\gamma\left(\dfrac{1}{r_t} - \dfrac{1}{r_p}\right)}{g(\rho_w - \rho_{hc})} \tag{2.32}$$

式中，γ 为界面张力，N/m；r_t 为盖层的孔喉半径，m；r_p 为储集层的孔喉半径，m；ρ_w 和 ρ_{hc} 分别为水和石油的密度，kg/m³。

在运移过程中遇到多方向选择时，这种方法与其他运移算法不同，它会选择最小阻力方向，即向着最佳方向运移。当运移动力小于阻力时，油气不能继续向前运移，此时如果有后续的油气供给，临时聚集的油气柱高度会不断增大，当浮力大于临界毛管力时，油气就会突破阻力继续向前运移。与地质时间相比，侵入逾渗法计算的油气运移过程也可认为是瞬间完成的。许多研究表明，尽管侵入逾渗法不算严格意义上的物理模拟算法，但它与大量基于物理模拟实验得到的油气运移模拟结果具有较好的吻合度（Luo et al.，2007；Vasseur et al.，2013）。侵入逾渗法适用于复杂构造形态、网格密度高地层条件下的油气运移模拟，计算速度较快。应用该方法的油气运移模拟结果如图2.13所示，可以较合理地表达出油气运移的路径和聚集位置。

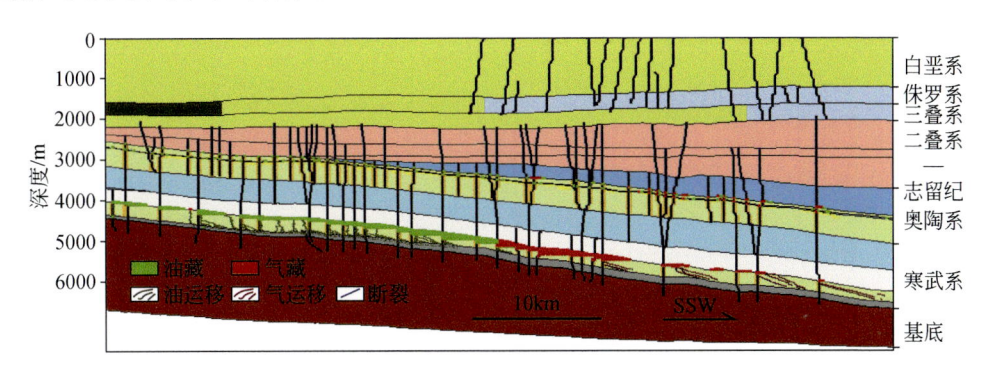

图2.13 利用侵入逾渗法模拟得到的塔里木盆地某剖面的油气运移与聚集结果

4. 混合法

混合法包括了多相达西流法与流径法的混合以及多相达西流法与侵入逾渗法的混合两种形式。多相达西流法与流径法的混合，在低渗透地层条件下使用多相达西流方法，而在高渗透地层中利用流径法。两者利用给定的渗透率阈值进行分割。该方法是目前应用最为广泛的油气运移模拟方法。多相达西流法与侵入逾渗法的混合,在低渗透地层条件下使用多相达西流法,在高渗透地层中使用侵入逾渗法。该方法适用于复杂构造地层,模拟孔隙、断层、裂缝控制下的油气成藏过程,模拟速度快。

第三节　模型建立与模拟流程

　　盆地与含油气系统模拟的具体研究过程包括了盆地模拟模型建立、计算机模拟、模拟结果输出与合理性检验、生成最终模拟结果及对结果的地质解释,其中模型建立是最为复杂和关键的步骤。本节重点介绍了盆地模型建立过程中所需关键参数意义及其获取方式,在此基础上,介绍了整个模拟流程,对系统认识盆地与含油气系统模拟方法及其操作流程有重要意义。

一、模 型 建 立

　　在选定研究工区的基础上,首先应该充分收集各类有关资料,调研分析沉积盆地与研究区的构造-沉积演化背景、油气成藏条件与油气藏分布等,建立盆地演化与成藏要素发育、油气形成与演化的基本概念模型,为后续建立盆地数值模拟模型奠定基础。盆地模型建立的过程,就是将沉积盆地各类地质资料数字化并整合到一起的过程,不仅是后续模拟盆地演化与油气运聚的基础,而且也在大量地质数据的合理性检验、数字化归档等方面有一定实际意义。模型建立的关键地质参数包括:地质层位、地层年龄、沉积时期古水深、地层缺失与剥蚀、地层岩相、烃源岩有机相以及热模拟的两个边界条件。

1. 地质层位

　　地层是盆地模型的基础,是一组从地表(或海底、湖底)延伸到基底的地质层,按照地质时期可划分成多套沉积层。盆地模拟的首要任务是建立现今时期的三维盆地地层模型。模型的地表海拔可以通过现今卫星遥感测绘等方式获取高精度数据,而地下各地层的埋深数据则需要通过钻井分层、地震解释、构造等值线绘制以及前人文献调研等方式获取。每个地层面对应一个固定的地质时间,自下而上按照时间由老到新将各地层等值线顺序排列,建立盆地的地层模型。为了提高地层模型的垂向分辨率,还可以对地层进一步细分,此时细分的原则是基于地层持续时间的等分对其地层厚度等分,将其分为多个小层,并不能代表每个次级时间范围真实的地层展布与厚度。一般情况下,不会对所有地层进行细分,这样会大大增加模拟时间,而是对几套关键目的层进行细分,增加模拟结果的精度。对地层的细分,还可以增加断层建模的准确性。

2. 地层年龄

　　地层年龄是指地层沉积时的绝对时间,是有效区分不同地层的关键参数。地层的年龄可以通过多种方法来确定,包括生物地层学、磁性地层学、放射性同位素定年、碎屑锆石定年、有机地球化学生物标志物以及火山灰定年等,其中,有些方法是给出地层年代时间范围(如生物地层学法等),而有些方法能直接确定出地层的绝对年龄(如放射性同位素定年等)。尽管方法众多,但每种方法均有各自的不确定性。例如,在用古生物进行地层年龄确定时,常遇到的问题包括:①古生物发育的时间较长,可能持续数百万年甚至更久,利用单一古生物确定地层年龄的时间跨度太大;②受钻探过程中浅部地层岩石崩落等因素影响,会发生较年轻的古生物污染;③国际上依据古生物的地质时间标尺在不断更新修正,影响了古生物年龄的厘定。另外,当盆地中有受剥蚀或沉积间断影响而已不存在的地层时,也需要对这些地层进行年龄赋值,这更加体现了盆地模拟是基于过程的正演模拟,即考虑了盆地内发生的所有地质事件及其油气效应。

3. 沉积时期古水深

古水深是盆地建模的重要输入参数,通常用以下几种方法来确定:古微体动物组合、沉积相、地球化学参数和基于地震剖面解释的斜坡沉积高度。在建模过程中,需要对每一套地层沉积初期的古水深进行定义,进而在地质历史过程中,将每一层的顶面恢复到水体的底部深度。古水深控制着盆地的古地貌形态。虽然水体的密度比沉积物密度小很多,但也会增加负载,影响盆地的沉降。另外,古水深在盆地热历史恢复过程中也起着重要的作用,它与古地表温度共同控制着盆地热模拟的上边界条件,即沉积物-水体表面温度。

4. 地层缺失与剥蚀

地层缺失和剥蚀也是盆地模型建立过程中重要的输入参数,分别代表沉积盆地经历的无沉积和抬升剥蚀的时间范围与地层厚度。缺失地层的厚度与岩性对烃源岩成熟度演化、储层孔隙度演化以及油气充注时间与聚集范围的模拟均会产生重要的影响。常用的确定地层剥蚀时间与厚度的研究方法包括:镜质组反射率法、磷灰石裂变径迹法和声波测井曲线法等。通常可以利用一维盆地模拟,快速地测试多种剥蚀时间与厚度的模拟方案,将模拟结果与实测校验数据对比,最终确定出合理的剥蚀厚度结果。此外,利用 2D 或 3D 地震解释结果,通过对不整合面顶部层位拉平等方式,也可以确定出地层经历的剥蚀时间、范围与厚度。

5. 地层岩相

岩相是指在构建盆地模型过程中,基于沉积相模型对各套地层进行岩性赋值。岩相会影响地质模型的多个方面,包括:地层的孔隙度变化与压实演化过程、岩石热导率与热容、储集层或盖层的毛细管力等,会对地史模型演化、热史与成熟度史模型和油气运聚过程模拟产生重要影响。常用的地层岩性获取途径包括钻井资料分析(岩心、岩屑、测井等)、野外露头、沉积相图、前人研究成果以及现代地质类比等。对于勘探前缘领域,由于钻井资料较少,简单利用单井资料基于地质统计学内插的方式获取的岩相平面图存在非常大的不确定性,而对于勘探成熟领域,应用这一方法可以获取较为合理的沉积相模型。此外,基于三维地震资料,进行地震属性反演,进而获取精细的岩相平面图,是较为可行的途径。但这种方式对于中浅层地震分辨率相对较好且具备全区三维地震资料的领域可行,而对于盆地尺度无法开展三维全覆盖以及深层-超深层地震精度差的领域不适用。近年来,利用基于过程的沉积正演数值模拟方法进行目的层沉积演化过程恢复,进而获取精细沉积相-岩相模型,再输入盆地模型中,逐渐广泛被采用和认可(Liu et al., 2016, 2021; 刘可禹和刘建良, 2017)。在盆地岩相模型建立过程中,还可以进行"混合岩性"设置与赋值,如一套地层由砂岩、粉砂岩、泥岩组成,厚度分别为 50m、20m 和 30m,则可以设置"砂-粉砂-泥"(SS50, SL20, SH30)这种混合岩性,其中砂岩、粉砂岩、泥岩占比分别为 50%、20%和 30%,这种情况下,该地层的物性(孔隙度、渗透率)、岩石力学特征、热导率、热容等属性,均为三种已知岩性的加权平均值,更加符合实际地质情况。

6. 烃源岩有机相

有机相是指对盆地模型中烃源岩发育特征的定义和赋值,包括了烃源岩的层位与范围、有机质类型、丰度和氢指数及其生烃动力学参数。有机相的定义是盆地生烃史模拟的基础,为后续油气运聚模拟提供物质基础。烃源岩的有机碳含量(TOC)和氢指数(HI)的赋值可以为单一值,也可以为考虑了烃源岩发育非均质性的平面图,需要根据掌握的资料多少来决定,当然考虑了各向异性特征的烃源岩赋值更加符合实际地质情况。近年来,随着沉积正演模拟技术开始与含油气盆地模拟相结合,基于沉积模拟结果的烃源岩有机碳含量精细三维非均质模型得以探索并有效建立(Bruneau et al.,2018;Crombez et al.,2017),该模型能精细考虑烃源岩的空间非均质性,得到更为符合实际地质的有机质分布结果。根据实验室测试得到的烃源岩样品的 TOC 和 HI 均为现今烃源岩经历了成熟与生排烃过程的结果,不能代表烃源岩的原始生烃能力,需要对其原始值进行恢复,恢复方法可参考 Peters 等(2005)、Hantschel 和 Kauerauf(2009)、郭秋麟等(2018)。此外,生烃动力学模型也是有机相赋值的重要参数之一,控制着烃源岩在何时、何种成熟度下开始生烃,生成烃类的组分以及发生二次裂解的过程。对于生烃动力学模型的选取,最为合适的方式是研究人员选取工区内典型的未成熟烃源岩样品,通过开展不同升温速率下的生烃热模拟实验,计算出烃源岩的生烃动力学参数,包括活化能和频率因子,再将其输入盆地模拟模型中,用以模拟该盆地烃源岩的生烃演化过程。但实际研究过程中,由于低熟样品获取难度大等原因,往往不易获取特定盆地的生烃动力学模型,此时可根据烃源岩发育的时代、类型等特征,与盆地模拟软件自带的生烃动力学数据库匹配,寻找合适的、前人已建立的生烃动力学模型,进而模拟烃源岩生烃演化,得到合理的模拟结果。

7. 热模拟的两个边界条件

盆地热史模拟有两个关键的边界条件:上边界条件和下边界条件。上边界条件是指各个地质时期的沉积物与水体表面温度(SWIT)。上边界条件的确定有两个难点,一是地质历史时期的地表温度,二是温度随水深的变化关系,将两者结合就可以确定出任意地质时期的 SWIT。地质历史时期地表温度的确定需要已知沉积盆地的古纬度演化。Wygrala(1989)基于地球的板块漂移理论,通过大量研究,建立了不同纬度地区古地表温度随时间演化的变化曲线,并开发了相应软件模块,即只需输入沉积盆地现今所在地区(如中亚、东亚等)和具体纬度数值,就可以生成基于板块构造理论的该沉积盆地自 360Ma 以来的地表温度变化曲线。温度与水体深度的变化关系,一般通过经验公式来计算(如,Beardsmore and Cull,2001;Hantschel and Kauerauf,2009),认为不同纬度地区水体与水深之间关系不同,如对于低纬度地区,水体温度会在水平面以下几百米范围内快速变化,即从水体表面向下几百米水体温度会快速降低,随着水深再增大,水温会趋于定值(4℃),而对于中高纬度地区,水温在浅层的变化趋势没那么急剧,但最终都会趋于 4℃这一定值。因此,在明确了沉积盆地现今位置、纬度和古水深变化曲线,就可以计算出盆地在地质历史时期的沉积物与水体表面温度,对热史模拟的收敛性有重要影响。

下边界条件是指沉积盆地所在地区岩石圈底界温度(1333℃)或盆地的基底热流值(HF),在实际热史模拟过程中,一般用基底热流值参数。沉积盆地现今的热流值可以利用实测地层温度梯度和岩石热导率的结果计算得到,而对于地质历史时期热流值的恢复就比较困难了,常用的方法包括地球热力学法、地球化学法和结合法,这部分内容已在前述小节中简要阐述,此处不再赘述。

8. 盆地模型建立

在上述各关键参数确定的基础上,就可以建立盆地模拟的地质模型。如图 2.14 所示,分别展示了 1D 埋藏史与孔隙度演化史、2D 剖面岩相模型和 3D 现今构造与岩相模型。

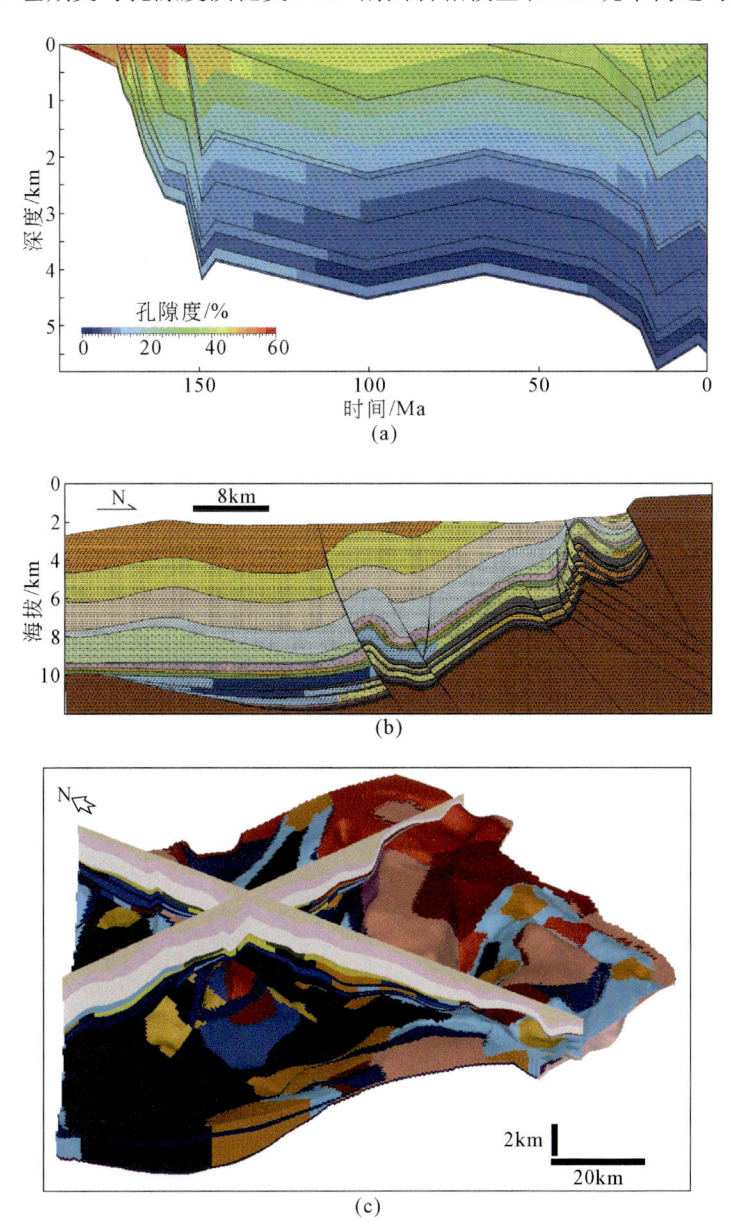

图 2.14 不同维度的盆地模拟模型建立

(a) 1D 埋藏史与孔隙度演化史;(b) 2D 剖面岩相模型;(c) 3D 现今构造与岩相模型

二、模拟过程与结果

在盆地模型建立的基础上，选择合适的专业软件，对盆地演化与油气生成、运移、聚集过程进行模拟。一般的专业软件都会提供众多的计算与输出结果选项，用户可根据研究需要选择计算模块和输出结果的类型。通常情况下，对于模型的初次模拟，最好只选择简单且必要的计算与输出选项，能够快速检验模型是否正常运行。在此基础上，尽量选择分散在工区范围内的单井，利用各单井实测的孔隙度、地层温度、镜质组反射率等数据，对模拟得到的地层压实过程、温度史与成熟度史进行合理性检验，若模拟结果与实测数据的吻合度较好，则可开展进一步的生烃史与油气运聚史模拟，而如果模拟结果与实测数据有较大差异，则需要对地质模型的地层岩性、热流值演化等参数在合理范围内调整，直到模拟与实测结果的匹配性达到合理误差范围。当地史与热史模拟结果合理之后，则可通过增加模型网格密度、选择更多运算模块和更高级的模拟算法，来模拟烃源岩的生烃和油气的运移、聚集与调整改造过程，得到精度较高的模拟结果，再将该结果与实际油气勘探发现的区域对比，验证模拟结果的合理性。模型的网格数越多、选择计算的模块越多，模拟所需的时间越长。

盆地与含油气系统模拟提供了大量的模拟结果类型，包括地层温度、压力（静水压力、静岩压力、孔隙压力等）、孔隙度、渗透率、地层应力、毛细管力、烃源岩成熟度、生烃转换率、生烃量（生油量、生气量）、含油气饱和度、油气聚集量等，几乎涵盖了盆地演化与油气系统分析的各个方面。基于三维盆地模拟结果，可以对工区范围内任意位置进行一维虚拟井提取，也可以对任意剖面进行二维模拟结果提取，用以对不同位置模拟结果的快速分析与对比。如图2.15所示，展示了中国中西部某盆地的三维模拟结果，分别为地层孔隙度［图2.15（a）］、烃源岩成熟度［图2.15（b）］、烃源岩生烃量［图2.15（c）］和油气聚集饱和度［图2.15（d）］的模拟结果，并任意选择了一口虚拟井和一条剖面，展示了各自埋藏史-热史［图2.15（e）］和现今剖面烃源岩成熟度［图2.15（f）］。

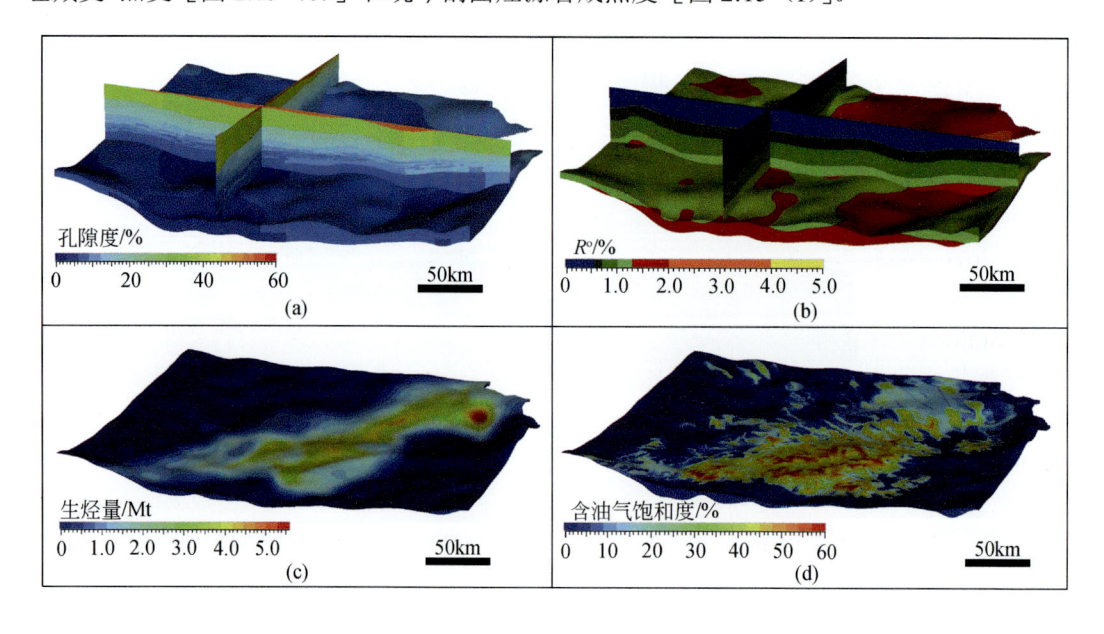

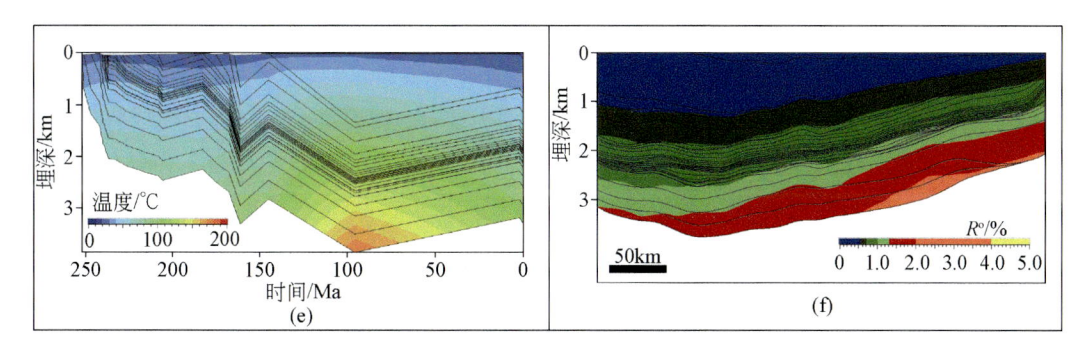

图 2.15　盆地模拟典型输出结果展示

（a）3D 地层孔隙度模型；（b）3D 烃源岩成熟度模型；（c）3D 烃源岩生烃量模型；（d）3D 油气聚集饱和度模型；（e）1D 虚拟井埋藏史-热史模型；（f）2D 虚拟井现今剖面烃源岩成熟度模型

第四节　盆地模拟软件发展与应用现状

一、模拟软件发展现状

盆地模拟技术兴起至今已有 40 多年的历史，目前国内外已研发出许多不同规模、各具特色的模拟软件。但近年来，新研发的盆模软件较少，主要是在原有较成熟的商品化软件基础上，通过改进模拟技术和增加新的模块等方法，来不断适应和满足油气勘探及地质科学发展的需求。

目前国内外应用较为广泛、认可度较高的盆模软件主要有斯伦贝谢公司的 PetroMod、Platte River 公司的 BasinMod、法国石油研究院的 TemisFlow 和 Zetaware 公司的 Trinity。除 BasinMod 外，这些软件都可以进行完整的 3D 盆地模拟，但又各具特色。

PetroMod 软件：①注重于"库概念"的建立，拥有最丰富的地质模板和经验参数，如生烃动力学模板和标准的岩性模板，使建模过程简单化；②具有高度集成、个性化的操作界面；③先进的油气运移算法，不仅提升了计算速度，而且更加贴近实际地质规律，如多相达西流法和侵入逾渗组合法（Darcy+Invasion Percolation）的提出，对非均质性较强的复杂岩相储集层以及网格数量庞大的模型都有较好的应用，可以对流体的充注、溢出及渗漏历史进行较好的模拟；④模拟精度较高，拥有局部网格加密技术，可进行多尺度（如盆地、凹陷和油藏）模拟；⑤可与 Petrel 平台衔接，建立完善的油气勘探、开发、生产一体化流程。

BasinMod 模拟软件：①注重与测井曲线的结合，不仅支持 LAS 格式文件的输入，还能进行测井孔隙度、剥蚀厚度的计算，直接为模型的建立提供参数；②具有"Bridge"功能模块，支持多种格式数据输入，能将产业标准的数据（如 Petra、IHS297 数据）直接输入盆模软件中，使模型的建立更加便捷、高效；③支持通过现今 TOC 值进行原始 TOC 的恢复计算。

TemisFlow 软件：①具有创新的数据管理方式，利用"方案树"的模式，可以处理连续多个模型，记录每个方案的工作，使各方案之间数据调用更加方便，并能够实现多个方案的对比；②使用生烃动力学连续反应方法，能够有效、准确地描述干酪根转化成石油的过程，预测早期或晚期天然气的生成，并准确地描述天然气的组分和湿度；③在油气运聚模拟方面，采用有限体积法，具有保证网块物质平衡、准确处理复杂边界和运算速度快的优点；④具有精细的局部网格加密技术；⑤能够与Dionisos沉积地层正演模拟软件很好地结合，将地层正演模拟的结果输入TemisFlow软件中，完成对目的层岩相的精细刻画，进行高精度的盆地模拟。

Trinity模拟软件：①具有使用便捷的特征，不仅能与几乎所有数据类型兼容，还能自动检测和选取合适的输入数据文件；②对不同的Scenarios（方案）能够进行快速的测试，优选出合适的方案或进行敏感性分析；③若一套厚层烃源岩中包含多套不同类型的烃源岩小层，可分别进行定义及赋值，选取不同的生烃动力学模型，而不是简单地将其混合平均后选取一个动力学模型，模拟结果更加接近实际地质；④提出一种利用地壳厚度和沉积速率来预测大地热流值的方法，优化了热史模型；⑤开发出油气运移滞后新模块，定量地建立起烃类生成、运移散失、圈闭大小以及流体性质之间的关系，对油气勘探风险评价和流体性质预测都具有重要的意义。

近十几年来，随着非常规油气勘探力度加大，上述四个软件公司都加大了盆地模拟技术在非常规油气领域应用的研究，推出了各自的"非常规油气"模拟模块，主要集中在对页岩气和煤层气的吸附气量模拟计算，个别软件还可以进行溶解气和游离气含量的计算（如Trinity）。

与国外软件相比，国内盆地模拟软件尽管在某些方面考虑得比国外周到，但整体上在数值方法、软件水平及商品化程度方面均存在一定的差距，而且大部分国内软件推出新版本的速度较慢。目前，由中国石油勘探开发研究院自主研制的BASIMS软件已在国内各大油田和研究机构应用，是应用最为广泛的国内盆模软件。BASIMS软件：①在地质模型构建方面比国外软件稍强，其考虑了多种复杂的地质现象，如断层和盆地类型等；②已开发了将"模拟结果"、"其他地质资料"及"地质家经验"三者结合起来的操作平台，在综合评价方面优于国外软件（石广仁，2004）。此外，TSM盆地模拟系统侧重于对复杂含油气盆地的数值模拟，通过对盆地形成过程中不同时期盆地原型和叠加关系的分析，得到原型盆地中烃源岩的分布预测以及多期叠加作用下烃源岩的演化和油气响应模型（徐旭辉等，2010），适用于对我国中西部叠合盆地的数值模拟。油气系统动力学模拟（PSDS）考虑到油气成藏过程的非线性特征，以及常规盆地模拟中普遍存在的缺陷，采用系统动力学的思路和方法，避开了尚存争议的一系列化学动力学和物理动力学问题，运用一些确定性的物理、化学定律，从总体上把握其中能量转化、物质转移和信息转移规律，进而实现对油气资源量和勘探目标的预测和评价（吴冲龙等，2000），是侧重于含油气系统的一种模拟方法。

二、模拟技术应用现状

盆地与含油气系统模拟在油气勘探和开发的多个方面都有应用，主要集中在以下8个方面。

（1）数据的质量控制：盆地模型建立的过程就是对输入数据进行质量控制的过程，一些错误的或不符合地质规律的数据不能输入盆模软件中或模拟出来的结果与实测数据相差较大，通过模拟的方法都可以识别出来，进而确保地质数据的真实可靠。

（2）勘探风险评价：通过对影响油气生成或聚集的几个关键参数进行正态、三角或二次分布的分析，利用概率为50%（P50）的值，对多个可能的油气聚集区进行勘探风险评级，进而指导油气勘探，还可以利用蒙特卡罗方法进行油气勘探风险的评价。

（3）参数敏感性分析：利用单变量分析的方法，即改变一个变量的值而保持其他输入参数不变，建立多个模拟方案，通过模拟结果与实测数据的校正来优选该变量最合适的值，并分析该变量的变化范围与模拟值的响应关系，进行敏感性分析，如对热流值和剥蚀厚度的敏感性分析（Nelskamp et al., 2008；Belaid et al., 2010）。

（4）油气成藏期和成藏过程定量分析：目前普遍认为盆地模拟中埋藏史、热史和生烃史模型较为完善，而在油气运移方面的研究较为薄弱。在实际应用中也可以看到，与油气运移相关的 2D 和 3D 模拟相对较少，而 1D 模拟相对较多，且主要应用于单井的热史和烃类成熟度史分析，再结合其他手段，如流体包裹体等，进行油气成藏期的定量确定。利用 2D 和 3D 的盆地模拟，还可以定量地分析油气成藏过程（Duran et al., 2013）。

（5）油气资源评价：盆地模拟是进行油气资源评价的重要方法之一，目前可进行 3D 和部分 2D/2.5D 盆地模拟的软件都可以定量地计算平面范围内油气的生、排、运、聚，进而对油气资源量定量评价。

（6）钻井施工过程中的应用：盆地模拟可以有效地预测地层压力，其预测的准确性在油气钻井施工过程中非常重要，准确的地层压力预测不仅能保障钻井施工过程中的安全性，还能节省钻井的时间和成本，并为后期试井及生产提供准确的压力参数。在非常规地层中，地层孔隙压力还对人工压裂和完井的成功起着非常重要的作用，也影响着非常规油气的生产速率及最终采收率。

（7）非常规油气勘探领域：盆地模拟技术已在非常规油气勘探的多方面开始应用，主要包括页岩气和煤层气中含气量的计算、地层压力的预测、致密油气和页岩油气聚集甜点区的优选、天然气水合物资源量评价、生物气的生成、运移及保存。此外，盆地模拟技术也开始在其他地质资源（如地热和二氧化碳存储）评价中应用。

（8）与其他软件相结合：对于一些复杂的地质问题，只利用盆地模拟技术往往很难准确地模拟出来，这就需要与其他软件相结合。目前，盆地模拟软件已成功与 Sedsim、Sedfill3D 和 Dionisos 等地层正演模拟软件结合起来，能够精细地定量表征烃源岩、储集层和盖层的沉积非均质性，可以较好地应用于深层、岩性和非常规油气领域（Liu et al., 2016, 2021；Arab et al., 2016；刘可禹和刘建良，2023）。对于挤压构造地区，盆地模拟还可以与构造恢复软件（如 Dynel）相结合，构建准确的地质模型。此外，盆地模拟软件还可以与 Petrel 软件整合，进行油气勘探开发一体化研究。

第五节　存在问题与发展趋势

一、存 在 问 题

虽然目前盆地与含油气系统模拟已在油气勘探开发的许多方面应用,但仍存在一些亟待解决问题和面临的挑战。吴冲龙等早在 20 世纪 90 年指出盆地动力学与油气成藏模拟当时普遍存在系统观念薄弱且对盆地系统及其各子系统之间的反馈控制机理重视不够;与盆地分析脱节导致概念模型过于简化,难以反映实际油气成藏过程;数学模型单一且偏于确定性,难以具体地描述油气成藏动力学过程的非线性特征。现今来看,这些问题依然没能很好地解决,许多模型还需进一步完善,如流体动力模型、断层封闭性模型、孔隙流体压力模型、成岩作用模型、构造模型等,而且软件研发者多侧重对单个模块的完善或添加新模块,也缺乏对各模块之间反馈的非线性关系研究。

三维空间内油气的运聚模拟被认为是世界级的技术难题,尽管有些软件产品的理论与算法比较全面和完善,但也都没有达到实用化的水平,大部分油气运聚模拟应用体现在理论性和探索性研究方面,缺乏实际指导价值。这是由于油气的运聚模拟需考虑多方面的问题,包含多个子模型,而部分子模型本身还需进一步完善:①地质模型,岩性的非均质性对油气的运移路径及聚集位置均具有控制作用,尤其在岩性和非常规油气中,但常规的盆地模拟在构建地质模型时很难考虑目的层在空间范围的岩性非均质性;②断层封闭性模型,断层在油气运移及聚集方面具有重要作用,但目前较为常用的方法是利用人工干预方法进行断层开启和封闭时间的设置,缺乏利用专业模型模拟的技术方法;③构造模型,目前的三维盆地模型还无法进行侧向构造运动的模拟,但是在构造复杂地区,侧向构造运动也是油气运移的关键因素之一;④流体动力模型,经典的油气运聚模式是基于浮力和毛细管力相互作用的,没有考虑复杂的多物理场(地温场、地压场、地应力场)作用下油气的运、聚模式。此外,对于非常规油气的流动状态也需要进一步研究,因为非常规油气的勘探和开发常常涉及纳米尺度(接近分子尺度)的孔喉,而在分子尺度下,许多在牛顿力学理论下的假设已不再成立,另外在纳米孔中分子流动存在滑移边界效应,即在流动边界流体速度不是零,因此需要在盆地与含油气系统模拟中增加分子动力学模块,以实现对非常规油气赋存状态、运移和聚集更准确的定量模拟。

成岩作用模拟也是目前盆地模拟中较薄弱的环节,一般通过人工干预的手段实现在某一时期孔隙的增减,没有建立在沉积微相、沉积间断和流体成分的基础上,是对水-岩相互作用下的岩石胶结、交代、溶蚀等成岩作用的正演模拟。

此外,对于深层-超深层这种资料匮乏且不确定性较大、地质认识程度相对较低的勘探领域,盆地与含油气系统数值模拟仍需在构建合理的、精细的地质模型(尤其是岩相模型)、选取合适的生烃动力学模型以及重建油气成藏全过程等方面加强相关技术与方法研发,为深层-超深层油气勘探提供有效技术手段。

二、发展趋势

随着计算机技术的不断进步，人们对地质理论认识的不断完善以及油气勘探需求正逐渐由浅层、常规、构造相对简单的油气藏，向深层、非常规、构造复杂地区的油气勘探领域发展，常规的一维、二维和简化的三维盆地模拟已无法满足人们对这些领域油气勘探的需求，这就促使着盆地模拟技术不断向更加精细以及更为接近和反映实际地质规律的方向发展。本节在跟踪和调研了国内外研究现状基础上，总结出目前盆地模拟的五个发展趋势。

（1）向三维、高精度和高计算速度方向发展

含油气盆地的勘探程度不同，宜采用的盆地模拟维数也不同。在勘探程度较高的盆地，由于钻井数量较多及地震覆盖面积较广，有充足的数据用于构建盆地模型并进行校正，可进行精细的三维盆地模拟；对于勘探程度中等的含油气盆地，适宜进行二维的盆地模拟；在勘探程度较低的盆地，由于井控数量少，可进行一维单井的埋藏史、热史和生烃史的模拟。一维盆地模拟又被称为成熟度史模拟，在油气勘探中应用最广，也最为成功。相比之下，二维和三维的盆地模拟更加侧重于剖面和空间范围的油气运移与聚集模拟，目前在油气勘探和资源评价中的应用也越来越多。

相对于一维和二维的盆地模拟，三维模拟具有以下三个明显的优势：①能够对盆地内各沉积单元的沉积量进行表征，对含油气系统中各要素的确定更为准确；②可以提供空间范围的古、今温度和热流场，对烃源岩成熟度演化史的模拟更为准确；③可以在三维空间内对油气的运移和聚集进行模拟。对含油气盆地进行三维模拟已经成为盆地模拟的一个主要发展趋势。

盆地模拟技术的发展在很大程度上依赖于计算机技术的进步，主要与其运算能力紧密相关。在对含油气盆地进行二维或三维模拟时，需要将地质模型划分成大量网格。一般地，网格数目越多，建立的地质模型就越精细，模拟结果也就更加接近于实际地质，但对计算机运行和存储能力的要求也就越高；反之亦然。近些年来，随着计算机技术突飞猛进的发展，人们已经有能力对几千万甚至上亿网格的地质模型进行盆地模拟运算。同时，计算速度也是人们关注的一个关键问题，如果网格分辨率较高的盆地模型在模拟运算时速度很慢，势必也不会在油气勘探中有广泛的应用。早在 1998 年，Waples 就提出盆地模拟软件将朝着操作简单、运行速度快的方向发展。斯伦贝谢公司也在其 2015 版 PetroMod 软件中，新增了"并行计算"模块，可对网格数目多、分辨率高的模型进行多核同时运算，大大提高了模拟运算的速度。

（2）各子模块中新方法的提出和新模块的加入

盆地模拟"五史"模块的每一个模块都包含着许多地质模型和数学运算方法，它们是构成盆地模拟的核心部分。但是，随着人们在实际勘探中遇到不同的问题以及对地质认识的不断深入，可能发现一些原来的地质模型不能准确地反映实际地质情况，或某些计算方法尚需改进，这些问题都不断地促使和激励着人们提出新方法、增加新模块，如近年来提出来的油气运移、孔隙度计算和压力预测的新方法以及油气运移滞后新模块。

(3) 静态地质要素定量表征精细化

在传统的三维盆地模拟中，烃源岩、储集层和盖层的岩相一般被赋予均一相，或从各自沉积相图、测井和地震资料解释中获取，这种岩相表征方式比较粗糙，一般不考虑沉积地层的非均质性或非均质性考虑得比较简单，这样的盆地模型对构造型圈闭发育的地区有一定的适用性，但却无法满足岩性和非常规油气的运移和聚集模拟。这是因为在岩性储集层中砂泥岩在空间范围内交互频繁、相互叠置，而在非常规油气勘探过程中，烃源岩和储集层经常混合在同一地层，难以分开，在空间上都表现出较强的沉积非均质性。随着油气勘探不断向岩性和非常规油气领域过渡，对这些静态地质要素进行精细的岩相和其他输入参数的定量表征，再进行三维盆地模拟，是有效预测油气勘探有利区及资源评价的重要手段，也是在传统的盆地模拟基础上前进了一步。目前，已有学者开始在这方面进行探索性研究，提出了利用地层正演模拟与盆地模拟相耦合的方法，在对三维空间内沉积非均质性定量表征的基础上，进行地史模型的构建及后续的热史、生烃史和油气运聚史模拟，如地层正演模拟软件 Sedsim、Sedfill3D 分别与 PetroMod 和 TemisFlow 相耦合（Liu et al., 2016, 2021；刘可禹和刘建良，2023），以及 Dionisos 与 TemisFlow 相耦合（Arab et al., 2016）。此外，地层正演模拟还可以输出沉积时古水深结果，进而可以建立古水深与烃源岩有机碳含量（TOC）之间的定量关系，这是烃源岩输入参数精细化的发展方向之一。

储层孔隙度演化曲线的恢复一般是在成岩演化序列建立的基础上，采用定性与半定量的方式，基于现今和关键时期孔隙度的约束，主观地建立孔隙度演化曲线。这种方式不能很好地解释储层所经历的成岩演化过程，即只约束了初始时刻、关键节点和现今状态，对于中期所发生的一切矿物-水-油气反应及其伴随的孔隙度变化过程不明确，制约了对储层成岩过程与有利储层发育的研究，也增加了盆地模拟过程中储层物性变化与油气聚集位置的不确定性，需要开展基于过程约束的储层成岩数值模拟工作，将其结果与盆地静态地质模型相结合，建立成岩-成藏耦合的模拟方法。

(4) 构造复杂地区的盆地模拟

对构造复杂条件下的含油气系统进行盆地模拟依然是一项复杂且富有挑战性的任务。在构造复杂地区，尤其是挤压断层和盐构造发育环境下，利用常规的回剥法进行地史恢复已不再适用，因为在地史恢复过程中，不仅要考虑垂向上地层的厚度变化，而且还要考虑水平方向上地层的缩减，可能会造成一套地层在垂向上多次钻遇，具有多个深度值的情况，而传统的盆模软件已不能有效地模拟这种类型盆地。

目前，一些学者尝试利用构造恢复与盆地模拟相结合的方法，对复杂构造地区进行二维盆地模拟，虽然该方法还存在一些不足，但也在墨西哥湾盐构造地区和阿尔巴尼亚挤压构造地区成功应用。利用 PetroMod 软件中的 TecLink 模块也可以对逆冲断层发育地区进行二维的盆地模拟，该方法需要将地层剖面划分成多个"Block"，但在构造演化过程中，仍保持其结构的完整性，通过对每一个"Block"的模拟，来实现对整个地层剖面的模拟。此外，考虑水平挤压应力作用下孔隙度的变化也是今后的一个研究方向，对构造挤压型盆地模拟的准确性会有较大的提高。法国石油研究院与道达尔能源公司共同提出将盆地模拟与地质力学相结合，来实现在垂向压实和水平挤压应力共同作用下，对地层孔隙度的计算。因此，完善构造复杂条件下的二维盆地模拟技术并发展三维模拟技术也是盆地模拟的发展方向之一。

(5) 非常规油气的盆地模拟

作为含油气盆地分析中广为应用和接受的方法之一，盆地模拟已经在常规油气勘探和资源评价中起到重要作用。随着非常规油气勘探成为热点，盆地模拟也已经开始在非常规油气领域应用，并且取得不错的应用效果。与常规油气系统模拟有所不同，对非常规含油气系统模拟时，还需考虑其他的一些地质因素，如烃类的吸附作用、有机质在热演化过程中的增孔作用、地层应力场分布以及沉积的非均质性等。整体上，盆地模拟在非常规油气勘探领域的应用尚处于尝试和初始阶段，但无论从油气勘探需要、学科发展还是软件功能完善的角度考虑，非常规油气领域都将成为盆地模拟发展的趋势之一。

第三章　沉积正演数值模拟

地质模型是盆地模拟的基础。由于受不同研究区勘探程度高低和地质资料多少的影响，盆地模拟地质模型建立的精细程度差异较大。一个合理且精细的地质模型，是后续热史、生烃史和油气运移、聚集史模拟的保障，决定了油气成藏模拟结果的好坏。岩相模型是地质模型的核心子模型之一，对孔隙度模型、热导率与热容模型、油气生成与运聚模型有重要影响。然而，在传统的三维盆地模拟地质模型建立过程中，关键成藏要素（烃源岩、储集层和盖层）的岩相模型一般有三种赋值方法：①被定义成单一岩相模型，即一套地层被赋值为一种岩相，该方法简单、易操作，但不考虑地层的沉积非均质性，尚可用作概念模型模拟或简单的盆地热史与生烃史模拟，不能用于油气运聚史模拟；②利用地层沉积相图，转换成地层岩相图，即根据沉积相来定义岩相，如将三角洲前缘亚相赋值为砂岩相、将半深湖相赋值为含少量粉砂岩的泥岩相等，该方法应用较广，可充分利用前人已总结得到的沉积相模型开展岩相定义，且有理有据，但不能充分考虑地层的沉积非均质性，即只能简单考虑横向的非均质性，不能考虑垂向沉积非均质性，尚可应用于构造型油气藏的运聚模拟，不能模拟岩性、地层、非常规甜点等油气藏的运聚模拟；③利用三维地震数据进行反演，得到地震属性的三维地质体模型，进而将地震属性转换成岩相或砂岩百分含量三维体模型，如依赖于砂岩含量越高、振幅属性越强等相关关系，能充分考虑地层的横向与垂向非均质性，可用于油气运聚史模式，但该方法应用范围较窄，因为相对于盆地或含油气系统而言，三维地震覆盖的区域一般较小，而且随着埋深增大，地震精度变差，反演结果的不确定性变大，不能与岩相建立起很好的相关关系，此外，地震反射的垂向分辨率在 30m 以上，不能有效地建立薄地层的岩相模型。

随着我国中浅层常规油气勘探程度越来越高，资源发现潜力降低，而深水、深层和非常规油气成为当前油气勘探的重点领域，具有资源潜力巨大、勘探程度较低的特征，是未来油气增储上产的重要领域（李阳等，2020；贾承造，2024）。深水、深层和非常规油气的勘探现状与面临的问题有：①由于勘探时间较短、地质情况复杂、钻探成本高、风险大，深水和深层油气领域的勘探地质资料相对较少，同时由于埋深大、地表情况复杂等因素，地震资料精度也比浅层差，增加了地质研究的难度；②非常规油气勘探领域的沉积非均质性强，寻找地质甜点难度大。传统的利用数据约束的地质统计方法、沉积相模型法和三维地震反演法来构建其三维岩相模型均存在一定的不足，因此，需要探索其他的资料匮乏地区、非均质性较强领域的沉积相-岩相三维建模方法。

基于过程约束的沉积地层正演数值模拟方法，是从正演角度出发，在明确沉积初始条件基础上，能够利用一系列数学、物理公式，正演模拟地层的沉积演化过程，并在模型合理性校验基础上，建立精细的三维沉积相-岩相地层模型，是资料匮乏地区和非均质性较强领域三维岩相建模的有效手段。

本章首先介绍了沉积正演数值模拟技术的发展与分类，然后重点介绍了基于水动力学的碎屑岩和基于模糊逻辑规则的碳酸盐岩沉积模拟的方法与原理，简单阐述了沉积模拟所需关键参数类型及其获取方式、模拟结果类型及地质意义，在此基础上，介绍了作者团队近年来研发的国内首款沉积数值模拟工业软件Sedfill3D。

第一节 沉积数值模拟简介、发展历程与分类

一、沉积数值模拟简介

沉积数值模拟可分为正演模拟和反演模拟两大类。

反演模拟是基于数据控制的模拟方法，具有随机性特征。它一般是用数字化程序从地质数据中提取影响沉积过程的相关参数，然后预测更为真实的地层剖面，这些相关参数包括堆积速率、水深和沉降速率、自源或外源压力机制的影响、气候特征、构造特征、物源及搬运方式的识别、推断的海平面升降和气候变化的方式等（Van Hinte，1978）。反演模拟也采用反复的正演模拟的结果与观测的剖面进行对比，从而评估其真实性和不确定性。地质现象是多因素、多种过程综合作用的产物，因此国外学者对地层反演模拟的可行性提出了质疑（Burton et al.，1987）。

正演模拟包括了随机性过程模拟和确定性过程模拟两种方式。随机性过程模拟的核心思想为"沉积地貌演变表现为周期性随机波动的特征"（Strauss and Sadler，1989；Schumer and Jerolmack，2009；Ganti et al.，2011），随机模型能够较好地反映多种沉积环境下这种复杂多变的地貌随机演化特征（Sadler and Strauss，1990；Pelletier and Turcotte，1997；Molchan and Turcotte，2002；Schlager，2010）。多位学者已尝试利用伯努利试验模型（Bernoulli trials）、布朗运动模型（Brownian motion）（Strauss and Sadler，1989；Paola et al.，2018）、一维随机游走模型（random walk）（Tipper，1983；Schumer et al.，2011）和连续时间随机游走模型（continuous time random walk，CTRW）（Schumer and Jerolmack，2009）来模拟地貌沉积与剥蚀的随机演化过程，并计算不同时间步长的沉积速率和地层完整性。但实际地质中地层的剥蚀、搬运与沉积过程受一系列确定性地质作用（如构造升降、海平面变化、水体能量、波浪作用和重力流沉积作用等）的影响，而随机模型无法模拟这些地质作用过程，因此不是严格意义上的地质过程数值模拟方法（Schumer and Jerolmack，2009）。确定性过程的沉积正演数值模拟是建立在假定过程参数（如海平面升降、构造升降、沉积物供给等）和地层响应之间相互依存基础上，并利用一系列确定性数学公式进行表达，进而通过设置一系列不同过程的地质参数，获取不同参数之间相互作用所产生的地层响应，来实现对地层、岩性和储层的模拟与预测（Shuster and Aiger，1994；Wendebourg，1994）。具有三方面优势：①能够直接、合理地反映沉积物对沉积环境变化的响应（Allen，2008；Romans et al.，2016）；②基于实际工区获取模拟参数，模拟结果可对比（Armitage et al.，2013）；③基于确定性数理公式，可准确、重复性地获取沉积模拟结果，避免了随机过程的不确定性（Duller et al.，2010；Watkins et al.，2018）。本章所介绍的沉积数值模拟都是指这种基于过程约束的确定性正演模拟方法。

二、发展历程与现状

沉积正演数值模拟自 20 世纪 60 年代发展至今，大致可分为三个阶段。

（1）1988 年以前：萌芽期

数值模拟的出现可追溯至 20 世纪 40 年代末期，当时气象学和核物理学领域开始使用计算机模型（Winsberg，2019）。计算机建模为地质学家提供了新的工具，它能将地球过程的叙述性描述与物理实验的观测相结合，使建模路径形成闭环。从 20 世纪 50 年代末的早期编程语言（如 COBOL 和 Fortran）到 20 世纪 60 年代中期的 BASIC（还有其他一些编程语言），再到今天的 Python 和 R，基于计算机的建模完成了概念模型、物理模型和计算模型这三种强大建模方法的组合。

沉积正演数值模拟在 20 世纪 60 年代中期至 70 年代初有了初步发展。第一个现代地层模型是由 Sloss（1962）提出的，该概念模型的核心假设是地层的沉积模式受四个变量控制，即向盆地输入的沉积物量、盆地相对于基准面的沉降速率、沉积体系内的沉积物通量分布以及沉积物的组成。虽然这个模型是概念性且不是定量的，但是它为定量模拟奠定了基础，随后 Schwarzacher（1966）通过一个一维沉积模型将其定量化，检验了沉积速率和水深之间的关系，这一结果为今后碳酸盐生长模拟奠定了基础。

这一时期具有代表性的学者为美国斯坦福大学的约翰·哈博（John Harbaugh）教授，他强调了利用计算机模拟沉积演化，开发了一个全面的数学模型，用于模拟基底沉降与沉积充填，比如在三维空间模拟了三角洲形成的顶积层、底积层和前积层结构等。由于三维沉积模拟所需的计算量很大，又受到当时计算机水平的限制，三维沉积模拟并未得到很好的发展。

（2）1988~2007 年：快速发展与成熟期

这一时期，随着计算机技术的快速发展，沉积模拟也进入了百家争鸣的时期，出现了众多沉积模拟算法、计算模块及模拟软件，且主要为国外学者所开发。不同学者针对不同目的、不同岩性和沉积环境，开发出了功能各异的模拟模块或软件，其中具有代表性的综合性模拟软件包括 Sedsim（Tetzlaff and Harbaugh，1989）、SedFlux（Syvitski and Hutton，2001）、Dionisos（Granjeon and Joseph，1999）等，能够进行三维空间、多种沉积环境下的碎屑岩和碳酸盐岩沉积正演模拟，已成为现今应用广泛的模拟软件。该时期的沉积模拟技术不仅应用在沉积学领域的理论探讨与假设检验等方面，还注重应用于油气勘探领域，为油气的有利储集相带预测提供科学依据。

（3）2007 年至今：深入发展期

2007 年，由美国科罗拉多矿业学院 Syvitski 教授发起成立了"地表动力学模拟系统联合体"（Community Surface Dynamics Modeling System，CSDMS），旨在建立网络公共网站，提供给全球从事沉积与地质过程模拟的科研人员一个发布成果、相互交流的平台。截至 2023 年，该网站上已发布的各类型模拟模块或软件已超过 230 个，主要为陆相沉积模拟模型、海岸带沉积模拟模型、水动力学模拟模型、海相沉积模拟模型和地球动力学模拟模型，还包括少量的生态模拟模型、气候模拟模型、生物作用的碳酸盐模拟模型和地球表面过程模拟模型。这一时期，国内外油气公司更加重视沉积模拟在油气勘探领域的应用，主流商业化软件更加专业化，同时一些新的模拟软件也不断被研发出来，且很多已经开始开源共享。

三、分 类

按照模拟对象的维度，可将沉积正演模拟划分成：一维模拟、二维模拟和三维模拟。一维模拟主要在沉积模拟发展的早期出现，且以碳酸盐生长模拟为主，后随着二维、三维模拟算法的成熟，基本不再被应用，然而在探讨碳酸盐生长的控制因素等方面，一维模拟由于其算法简单、模拟速度快等优势，依然可被应用，比如 Salles 等（2018）利用研发的一维碳酸盐生长模拟模块（pyReef-Core v1.0），对影响珊瑚礁生长的千年尺度的气候因素进行了定量探讨。二维模拟是一种快速且有效的地层剖面沉积过程恢复的数值模拟方法，尤其适用于层序地层学的模拟，可快速测试不同影响因素（如海平面升降、构造沉降、沉积物供给等）对层序地层发育样式的定量影响，还可通过与地震解释结果、露头观测数据等实际地质资料的直观校验，来快速检验模拟结果的合理性，进行被广泛应用于沉积概念模型的定量模拟与理论探讨，以及实际研究工区沉积地层影响因素的定量分析。常用的二维沉积数值模拟软件包括 Sedpak（Strobel et al.，1989）、CARBONATE（Bosence and Waltham，1990）、2D SedFlux（Syvitski and Hutton，2001）和 PHIL（Scheibner et al.，2003）。然而，二维模拟不能完全体现三维空间范围的沉积物搬运、沉积等物理过程，需要发展三维沉积模拟方法，使沉积学家能够更深入地分析沉积演化过程、动力学机制以及影响地层结构的控制因素等。目前国内外主流的学术性和商业性软件均为三维模拟方法，包括 Sedsim（Tetzlaff and Harbaugh，1989）、Dionisos（Granjeon and Joseph，1999）、FUZZIM（Nordlund，1999）、CarbSim（Duan et al.，2000）、CARB 3D（Warrlich et al.，2008）、SedFlux 3D（Hutton and Syvitski，2008）和 GPM（Hill et al.，2009）等。

根据不同的模拟算法，可将沉积正演数值模拟模型总结为以下几类：几何模型（如 Sedpak 软件）、扩散方程模型（如 Dionisos 软件）、基于规则的分析模型（如 Carbonate 3D、Carb3D+、Carbsim、GPM 软件）、模糊逻辑模型（如 Fuzzim 软件）和水动力学模型（如 Sedsim、SedFlux、Sedfill3D 软件）。

几何模型主要是运用几何学方程对沉积和剥蚀过程进行模拟，遵守质量守恒。Sedpak 是几何模型的代表，它是一个最早的二维层序地层正演模拟软件，由美国南卡罗来纳州大学 Strobel 领导的地层模拟研究组开发完成。该软件主要考虑了沉积物供应、海平面变化、构造沉降、盆地的几何形态和压实等地质因素，可以从盆地两侧（双向）来模拟碎屑岩和碳酸盐岩沉积物充填沉积盆地的过程（Strobel et al.，1989）。几何模型可以很好地模拟出实际地层形态与充填样式，但在二维剖面内对于沉积物搬运和沉积的模拟具有局限性（Griffiths and Hadler-Jacobsen，1995）。尽管也有一些几何模型是在三维地震解释的基础上进行的（如 Bowwan and Vail，1993），但是它们不能从根本上对侵蚀面之上由于河流迁移和分流作用所产生的一系列过程进行有效的三维模拟，因此这些几何模型本质上还是属于二维或伪三维模型（Bhattacharya，2011）。

扩散方程模型主要是基于物理势梯度的模型，通常使用菲克扩散定律来描述扩散作用。菲克第一定律是指在单位时间内通过垂直于扩散方向的单位截面积扩散物质流量与该截面处浓度梯度成正比，表达式为

$$J = -D\frac{\partial \varphi}{\partial x} \tag{3.1}$$

式中，J 为扩散通量；D 为扩散系数；x 为位置，坐标方向平行于流动和垂直于参考面。菲克第二定律是预测扩散作用会如何使浓度随时间进行变化，表达式为

$$\frac{\partial \varphi}{\partial t} = D\left[\frac{\partial^2 \varphi}{\partial x^2} + \frac{\partial^2 \varphi}{\partial y^2} + \frac{\partial^2 \varphi}{\partial z^2}\right] \tag{3.2}$$

扩散方程模型计算简单，并广泛适用于不同的沉积体系（Rivenaes，1992；Granjeon and Joseph，1999），但很难模拟不同类型沉积物的搬运，对于沉积相的预测也是基于沉积位置与物源的距离，这显然是不现实的，因此，使用扩散过程来模拟沉积物的搬运与沉积过程仍具有较大的争议（Paola，2000）。

基于规则的分析模型一般用于碳酸盐的生长与剥蚀过程的模拟。通过实地观测与统计调研，建立起不同类型碳酸盐的生长及剥蚀速率与关键影响因素（主要为水深，也可为水体能量、离岸距离等）之间的定量关系，进而模拟碳酸盐地层的沉积演化过程。例如，Duan 等（2006）建立了碳酸盐产量与水体能量及水深之间的定量关系，模拟了巴哈马台地碳酸盐岩的沉积演化过程，模拟结果与实际钻探结果有较高的吻合度。再如，Warrlich 等（2008）建立了水体深度与碳酸盐岩生长速率之间的定量关系，对加拿大 Judy Creek 油田的泥盆系孤立台地碳酸盐的生长过程进行了模拟。

模糊逻辑模型的原理主要是应用模糊集理论对地质数据进行描述和模拟。最早将模糊逻辑应用于地质的是 Nordlund and Silfversparre（1994）。随后许多学者也将模糊逻辑应用于地质建模中（如，Demicco and Klir，2001；El-Shahat et al.，2009）。模糊逻辑模型使用自然语言描述地质系统，显得更合理，计算效率较高（Perfilieva，2003）。然而，由于模糊逻辑模型是完全基于规则控制的，其结果模型是一个概念性的想法，而不是一个真正的地质模型。

水动力学模型主要是基于水动力学方程而建立的模型，主要应用于碎屑岩地层的沉积模拟，可以模拟沉积物的侵蚀、搬运和沉积作用，遵循质量守恒、动量守恒和能量守恒。相对于上述几种模型，水动力模型能够很真实地处理流体的运动，模拟流体的运动状态和所接触的地形（Paola，2000），是最为接近实际地质的一种正演模拟模型。它是以流体动力学方程为核心的代表性软件，使用网格标记法（即使用流体元素代替流体和沉积物在流体中运动），以及简化了的流体动力学方程，来对流体和沉积物的运动进行模拟，具有很大的优势。它主要是基于沉积过程的约束，遵从能质守恒原则，综合考虑古气候、古地貌、水动力等条件来预测沉积相的时空分布，可以进行多尺度的沉积模拟，具有比地震分辨率高的特征。

近年来，作者团队自主研发了基于过程约束的沉积正演模拟软件（Sedfill3D）。它是在美国斯坦福大学于 20 世纪 80 年代开发的 Sedsim3.0 版本基础上继续研发和完善而成，综合了基于水动力学的碎屑岩模拟算法和基于模糊逻辑规则的碳酸盐岩与有机质生长模拟算法，能够实现碎屑岩沉积、碳酸盐岩与有机质生长以及碎屑岩与碳酸盐岩（有机质）相互作用过程模拟，实现三维定量可视化展示，为沉积盆地充填过程恢复、构造-沉积响应机制分析、有效烃源岩与规模储集体时空分布预测等研究提供了一种高效定量研究工具。尤其

针对深水、深层和非常规油气勘探所面临的钻探资料少、地震精度差、沉积非均质性强的特点，能够在资料匮乏条件下建立精细的三维沉积相模型，为油气勘探有利区带优选提供直接支撑。下面的第二、三节重点介绍该软件的两个核心模拟方法，即基于水动力学的碎屑岩沉积数值模拟方法和基于模糊逻辑的碳酸盐岩沉积数值模拟方法。

第二节 基于水动力学的碎屑岩沉积数值模拟方法

基于水动力学的碎屑岩沉积数值模拟方法，综合考虑了影响地层发育的多种地质作用因素，包括构造沉降、均衡沉降、压实作用、海平面变化、波浪作用、滑塌作用以及沉积物剥蚀-搬运-沉积作用，在物质守恒、能量（动量）守恒的基本原理控制下，以简化的纳维-斯托克斯（N-S）方程为核心，采用"网格标记法"和等分时间间隔进行求解，正演模拟沉积物搬运、侵蚀和沉积过程，再现构造-沉积演化过程。核心的计算过程包括了流体动力学方程的建立、流体动力学方程的求解，以及沉积物的侵蚀、搬运和沉积过程数值计算。

一、流体动力学方程的建立

流体流动方程一般有两种形式：欧拉方程和拉格朗日方程。在欧拉方程中，流体速度、加速度和密度描述的是固定区域的值［图 3.1（a）］，流动方程可以利用有限差分或有限元的方法进行求解，但这种方法不能进行非稳定流的流体运动计算。拉格朗日方法不对流体进行区域固定，可以进行非稳定流的运动计算［图 3.1（b）］，但不能用有限差分或有限元的方法进行求解，而在对实际流体运动进行数值求解时，需要找到每个流体相对于其他流体的位置关系，但利用拉格朗日方法计算的是独立流体的运动轨迹，因此无法求解流体流动方程。在明确了上述两种方法各自的优势与局限性基础上，前人提出了利用"网格标记"（marker-in-cell）的方法进行流体运动状态的计算（Tetzlaff and Harbaugh，1989），该方法结合了欧拉方程和拉格朗日方法的优点，将变量参数赋值到流体元素和底形网格点处，流体元素中包含了流体速度和沉积物的信息，同时对沉积底形进行网格划分，并对每个网格点进行地形海拔和深度赋值，流体元素运动状态与地形海拔和深度信息相关［图 3.1（c）］。

N-S 方程能够对不规则河道形态下非稳定流体的流动状态进行全三维的计算，N-S 方程也是流体运动模拟的核心，但由于该方程数量少于未知数量，无法求取全解，因此需要对该方程进行简化。

N-S 方程由两部分组成：连续方程［式（3.3）］和动量方程［式（3.4）］。

$$\frac{\partial \rho}{\partial t} + \nabla \cdot \rho q = 0 \tag{3.3}$$

式中，ρ 为流体密度；t 为时间；∇ 为哈密顿算子；q 为流体速度向量。

$$\rho\left(\frac{\partial q}{\partial t} + (q \cdot \nabla) q\right) = -\nabla p + \nabla \cdot \mu U + \rho(g + \Omega q) \tag{3.4}$$

式中，p 为流体压力；μ 为流体黏度；U 为张量；Ω 为科里奥利力。

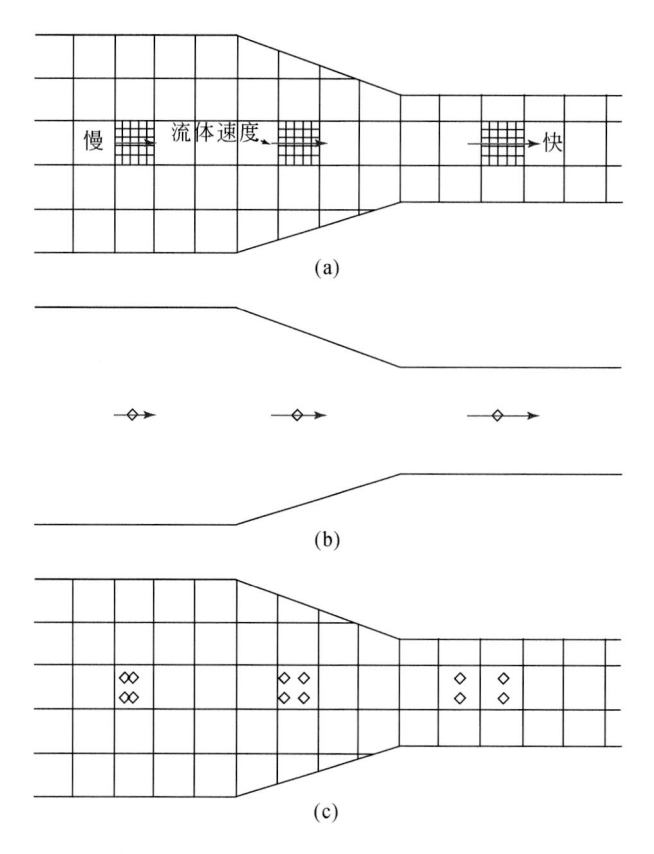

图 3.1　不同流体动力学方程计算的流体运动方式（Tetzlaff and Harbaugh，1989）
(a) 欧拉方程：适用于固定网格的稳态流体；(b) 拉格朗日方程：适用于变网格的非稳态流体；(c) 网格标记法：结合了欧拉方法与拉格朗日方程优点，利用流体元素代表非稳定流体和沉积物的运动状态

如果流体是均质的、不可压缩的，且保持恒定温度，那么就认为流体的密度和黏度是定值。科里奥利力是由地球自转而引起的力，值一般很小，可以忽略。在以上前提下，可以对流体连续方程和动量方程进行简化，分别为式（3.5）和式（3.6）：

$$\nabla q = 0 \tag{3.5}$$

$$\frac{\partial q}{\partial t} + (q \cdot \nabla)q = -\nabla \Phi + \vartheta \nabla^2 q + g \tag{3.6}$$

式中，Φ 为压力对恒定密度的比值；ϑ 为黏度动力学参数，为 $\frac{\mu}{\rho}$。

纳维-斯托克斯方程描述了自然条件下流体的运动状态，求解该方程需要两个条件，即边界条件和初始条件。

边界条件分为两种类型：一类是自由表面边界，描述了海（湖）平面与空气接触界面的边界状态[式（3.7）]；另一类是刚性边界条件，描述了流体在水体与基底接触面的状态，即流体无法穿过刚性界面[（式 3.8）]。流体运动和沉积物沉积均发生在这两个边界面之间。

$$\frac{\partial H}{\partial t} = w(H) - u(H)\frac{\partial H}{\partial x} - v(H)\frac{\partial H}{\partial y} \tag{3.7}$$

式中，H 为相对于海平面的自由表面海拔；u，v，w 为流体速度 q 在 x，y，z 轴方向上的分量。

$$w(Z) = u(Z)\frac{\partial Z}{\partial x} + v(Z)\frac{\partial Z}{\partial y} \quad (3.8)$$

式中，Z为相对于海平面的沉积底形海拔。

有了上述这些条件，就可以对连续性方程和N-S方程进行联立变形，得到简化后的待求解方程：

$$\frac{\partial h}{\partial t} = -\nabla \cdot (h\vec{Q}) \quad (3.9)$$

$$\frac{D\vec{Q}}{Dt} = -g\nabla H + \frac{c_2}{\rho}\nabla^2 \vec{Q} - c_1\frac{\vec{Q}|\vec{Q}|}{h} \quad (3.10)$$

式（3.9）确定了水深的变化状态，式（3.10）表达了流体动力的构成，右侧由三部分组成，分别为重力沿高度梯度方向的作用力、相邻流体元素之间的摩擦力和流体与基底之间的摩擦力，确定了水流速度的变化状态。

化简变形后的水动力方程组定解过程还需要盆地的初始状态条件，这些初始条件由盆地边界处的水动力状态、供源河流的水动力状态和滨岸处的水动力状态三部分组成：

（1）在盆地边界处，所有的流体元素均被运移出界，流体深度为0，即

$$h_b = 0 \quad (3.11)$$

（2）每个物源占据一小块区域，物源位置和流体速率的关系可以描述为

$$\nabla(h(x_{si}, y_{si})Q(x_{si}, y_{si})) + \frac{\partial h}{\partial t} = F_{si} \quad (3.12)$$

式中，x_{si}, y_{si}为物源点位置，si代表物源数量号；F_{si}为在每个物源处流体的流动速率。

（3）滨岸处，流体深度为0，即

$$h(x,y,t) = 0 \quad (3.13)$$

经过变换进而可以得到：

$$\overline{u_s}\frac{\partial h_s}{\partial x} + \overline{v_s}\frac{\partial h_s}{\partial y} + \frac{\partial h_s}{\partial t} = \frac{Dh_s}{Dt} = 0 \quad (3.14)$$

式中，$\overline{u_s}, \overline{v_s}$为岸线处速度的分量；$h_s$为岸线处流体流动深度；$D$为流体运动的导数。

由于N-S方程没有全解，为了求解方程，需要对其进行以下四方面的简化和假设：

（1）流体被限制在自由表面和刚性界面之间流动；
（2）流体在垂向上的速度保持均一；
（3）流体压力为静水压力；
（4）边界处的摩擦力与流体速度的平方成正比。

在四个假设的前提下，利用上述初始和边界条件，以及式（3.9）和式（3.10）即可确定沉积盆地的水体运动状态。

二、流体动力学方程的求解

在时间和空间维度，流体的运动都是连续的，很难求得其连续解，需要利用离散元和有限差分的方法，对其进行求解。利用离散的网格来表示空间的区域，通过求取各网格点

的变量值来代表空间上连续的值。连续的时间可以划分为多个时间间隔单元，通过迭代的方法求取每个时间间隔的变量参数值。

利用以下两种方法对前述的流体连续方程、动量方程以及边界条件和初始条件方程进行求解：

（1）流体的速度和位置变量参数用流动的流体元素来表示；

（2）流体速度、底形海拔和流体深度变量用固定的正方形网格点来表示。

对于每一个新的时间间隔：

（1）目标网格变量可以用邻近其他网格的变量值进行计算：

$$\nabla^2 Q = \frac{\frac{(Q_{i,j+1} + Q_{i,j-1} + Q_{i+1,j} + Q_{i-1,j})}{4} - Q_{i,j}}{(\Delta X)^2} \quad (3.15)$$

（2）网格点流体深度变量可以用式（3.16）进行计算：

$$h_{i,j} = \frac{V_e L_{i,j}}{A} \quad (3.16)$$

式中，$h_{i,j}$ 为网格点 i，j 处的流体流动深度；V_e 为一个流体元素的体积，单个流体元素的体积是固定的；$L_{i,j}$ 为在网格点 i，j 周围的流体元素的数量；A 为一个网格的面积。

网格点处流体速度可以用式（3.17）进行计算：

$$Q_{i,j} = \frac{1}{L} \sum Q_k \quad (3.17)$$

式中，$Q_{i,j}$ 为网格点 i，j 处的流体速度；L 为在网格点 i，j 周围的流体元素的数量；Q_k 为流体元素 k 的速度。

（3）流体元素变量的计算

每个流体元素的加速度可以表示为

$$\frac{DQ}{Dt} = \frac{\Delta Q}{\Delta t} = \frac{Q_{t+1} - Q_t}{\Delta T} \quad (3.18)$$

结合式（3.10），可以将式（3.18）转换为

$$\frac{Q_{k,t+1} - Q_{k,t}}{\Delta T} = gS_k - c_1 \frac{Q_k |Q_k|}{Z_k - H_k} + \frac{c_2}{\rho} \frac{\frac{(Q_{i,j+1} + Q_{i,j-1} + Q_{i+1,j} + Q_{i-1,j})}{4} - Q_{i,j}}{(\Delta X)^2} \quad (3.19)$$

式中，H_k 为流体元素 k 位置处水体表面的海拔；S_k 为流体元素 k 位置处水体表面坡度；Z_k 为流体元素 k 位置处沉积底形的海拔。

用 C 来代表式（3.19）中等式右边的多项式，则每个流体元素的速度可以表示为

$$Q_{k,t+1} = Q_{k,t} + C\Delta T \quad (3.20)$$

式（3.20）表明，每个流体元素的速度值，可以通过迭代的方式，先计算前一个时间间隔的速度值，再结合当前时间间隔的其他参数变量进行计算。

流体元素的位置可以通过式（3.21）进行计算：

$$X_{k,t+1} = X_{k,t} + \frac{Q_{k,t} + Q_{k,t+1}}{2}\Delta T \tag{3.21}$$

式中，$X_{k,t}$ 为流体元素 k 在 t 时刻的位置；$X_{k,t+1}$ 为流体元素 k 在 t+1 时刻的位置。

需要说明的是，在进行流体元素变量计算的过程中，需要对流体元素的位置进行精确计算，因此需要利用每个网格四个网格点的变量值，基于插值的方法，对该网格坡度进行计算，公式为式（3.22）和式（3.23）：

$$S_x(Z_1, Z_2, Z_3, Z_4, X, Y) = (Z_2 - Z_1)Y + (Z_3 - Z_4)(1 - Y) \tag{3.22}$$

$$S_y(Z_1, Z_2, Z_3, Z_4, X, Y) = (Z_3 - Z_1)X + (Z_4 - Z_2)(1 - X) \tag{3.23}$$

式中，S_x，S_y 分别为沿 X 和 Y 方向的垂向斜坡坡度。

因此，将连续方程表示为空间和时间上离散的方程组，能够实现对流体动力学方程的数值求解。

三、沉积物的侵蚀、搬运和沉积数值计算

上文所描述的流体动力学方程是对流体在三维空间运动状态的一种数值表达，但流体中并没有包含沉积物的信息，即没有描述沉积物的侵蚀、搬运和沉积的运动状态。在此基础上，扩展了流体动力学模型，在流体中增加了四种粒级的沉积物，同时计算流体和沉积物的运动状态。沉积物是以沉积物浓度的形式包含在流体元素中的，即流体元素和沉积物的运动速度一致，包含在流体元素中的沉积物会随着流体元素运动速度的增加、减小同步变化，并结合其他信息（如流体的有效搬运能力和与沉积基底之间的剪切力等），发生沉积物的剥蚀、沉积作用。

利用沉积物连续方程（即沉积物质量守恒方程）和沉积物搬运方程，能够有效表达沉积物的侵蚀、搬运和沉积过程。

（1）沉积物连续方程

该方程表示在一个时间间隔内，剥蚀的沉积物数量等于进入流体中的沉积物量，或者沉积下来的沉积物数量等于流体元素中沉积物的减少量。

沉积物连续方程可以表示为

$$(H-Z)\frac{Dl}{Dt} = -\frac{\partial Z}{\partial t} \tag{3.24}$$

式中，l 为沉积物体积浓度；H 为相对于海平面的流体表面海拔；Z 为相对于海平面的沉积底形海拔。

式（3.24）是针对一种粒级沉积物的连续方程形式，如果将碎屑岩沉积物用四种粒级进行表述（如粗砂、中砂、粉砂、泥），则式（3.24）可变为

$$(H-Z)\sum \frac{Dl_{K_s}}{Dt} = -\frac{\partial Z}{\partial t} \tag{3.25}$$

式中，l_{K_s} 为 K_s 类型沉积物的体积浓度，K_s 代表沉积物类型。

（2）沉积物搬运方程

该方程表示在给定的水动力条件下，有多少沉积物能够被剥蚀，进入流体元素中，以

及沉积物的沉积速率。

针对一种粒级沉积物，沉积物搬运方程可以表示为

$$(H-Z)\frac{Dl}{Dt} = \begin{cases} (\wedge - \wedge_e)f_2 & \text{if } \wedge - \dfrac{l}{f_1} < 0 \text{ or } \tau_0 \geqslant f_3 \\ 0 & \text{if } \tau_0 < f_3 \text{ and } \wedge - \dfrac{l}{f_1} \geqslant 0 \end{cases} \quad (3.26)$$

式中，$\wedge$ 为流体搬运能力，指在特定水动力条件下，流体元素所能够携带沉积物的最大值，可以利用式（3.27）来表示；$\wedge_e$ 为有效沉积物浓度，可以表示为 $\dfrac{l}{f_1}$；f_1 为沉积物的可搬运性；f_2 为剥蚀-沉积系数；f_3 为沉积物移动的临界剪切力，可以表示为 τ_c。

$$\wedge = c_t g \frac{n^2}{h^{\frac{4}{3}}} \rho |Q|^3 \quad (3.27)$$

式中，c_t 为搬运系数；n 为 Manning 系数。

对于四种粒级的沉积物，沉积物搬运方程可以转换为

$$(H-Z)\frac{Dl_{K_s}}{Dt} = \begin{cases} R & \text{if } R > 0 \text{ and } \tau_0 \geqslant f_{3,K_s} \text{ and } k(x,y,Z) = K_s \\ & \text{or } R < 0 \text{ and } K_s = 1 \text{ or } l_{K_s-1} = 0 \\ 0 & \text{otherwise} \end{cases} \quad (3.28)$$

式中，K_s 为沉积物类型；K_s-1 为下一个更粗的沉积物类型；R 可以用式（3.29）来表示：

$$R = (\wedge - \wedge_{em})f_{2,K_s} \quad (3.29)$$

式中，$\wedge_{em}$ 为流体元素中混合沉积物的有效浓度；f_{2,K_s} 为针对 K_s 类型沉积物的沉积-剥蚀速率系数，其中：

$$\wedge_{em} = \sum_{K_s} \frac{l_{K_s}}{f_{1,K_s}} \quad (3.30)$$

式中，l_{K_s} 为每种类型沉积物的浓度；f_{1,K_s} 为每种类型沉积物的可搬运性。

综上所述，碎屑岩沉积正演模拟的核心是对 N-S 方程的求解，建立流体运动的数学模型。基于四个基本假设，首先将 N-S 方程进行简化，建立简化后的流体运动连续方程和动量守恒方程，其次建立流体在自由表面和刚性基底界面的边界条件方程组，然后寻找流体在海岸线、物源位置以及工区边界处的初始条件，建立初始条件方程组，将这些方程组联立后，利用"网格标记"方法，分别对网格节点和流体元素进行赋值，计算在一次时间间隔内流体元素的运动状态，再采用迭代方法，将模拟时间划分为离散的时间间隔单元，进而计算下一个时间单元的流体运动状态。

沉积物剥蚀、搬运、沉积是通过沉积物质量守恒和沉积物搬运方程进行计算，进而建立其数学计算模型。一种或多种类型沉积物是以沉积物浓度的形式混合在流体元素中，沉积物的运动速度与流体元素的速度保持一致，当流体元素运动速度增大时，流体元素可携带沉积物的能力（流体搬运能力）增大，如果此时流体元素与基底的剪切力大于该类型颗粒临界剪切力时，侵蚀作用发生；反之，如果流体元素速度下降，或流体元素携带沉

积物浓度大于其搬运能力,则发生沉积物沉降作用,不管在哪个过程中,沉积物的质量保持守恒。

四、基于水动力学的碎屑岩沉积模拟应用

利用简化了的水动力学方程来计算流体与沉积物的运动状态,被认为是最接近实际地质的碎屑岩沉积数值模拟算法(Paola,2000)。它基本符合流体流动与沉积物运动的物理规律,即来自物源区的流体与沉积物组成的流体元素,自释放之后,运动状态完全受物理规律影响,如果流体元素运动速度较快,则可以对下覆沉积物进行剥蚀,运动轨迹受地形坡度控制,即由高势能向低势能区运动,势能转换成动能,然后到了平坦地区,流体速度由于底床和流体元素之间的摩擦力作用而降低,携带沉积物的能力下降,按照先沉积粗粒再沉积细粒的顺序将沉积物卸载,形成沉积体。

水动力学方法已被证实可广泛应用于多种碎屑岩沉积环境的数值模拟,以三角洲沉积环境模拟最为典型,此外还可应用于陆相河流沉积、海相碎屑岩沉积、滑塌重力流沉积、等深流沉积以及基于水槽物理实验的沉积数值模拟等。图 3.2 展示了鄂尔多斯盆地山西组河流-三角洲-湖盆沉积体系的沉积正演模拟结果,显示了平面上砂体主要分布在靠近物源方向的南北两侧,向盆地中部逐渐过渡为细粒的细砂和泥质沉积物,其中北部砂体的分布要比南部广;垂向上虽然北部以砂体发育为主,但在粒度相对较粗的粗砂和中砂之间也有薄的细砂和泥质存在,而在靠近湖盆中央的大套泥岩中间也有砂岩夹层发育,反映出山西组的沉积非均质性在横向和垂向上都存在,且横向的非均质为千米级的尺度,而垂向上的非均质则达到了米级的尺度。此外,还可以看出,山西组可划分为五个沉积旋回,其中下部的山 2 段随着湖平面的整体上升,发育三个"溯源退积"的沉积旋回,上部山 1 段发育两个沉积旋回。

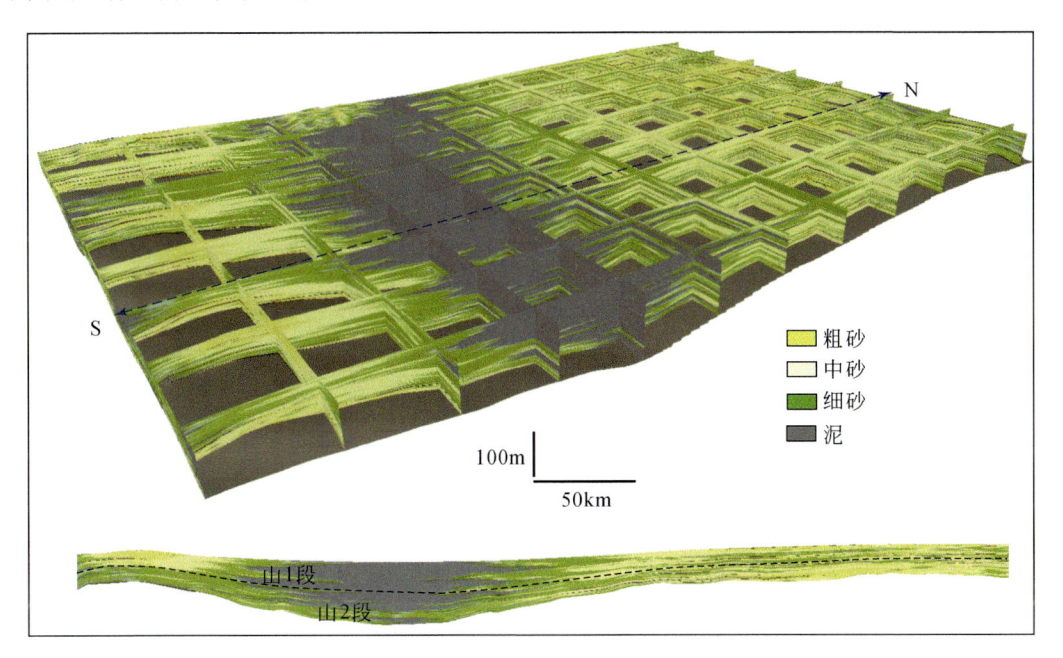

图 3.2 基于水动力学算法的碎屑岩沉积数值模拟结果(以鄂尔多斯盆地山西组为例)

第三节　基于模糊逻辑的碳酸盐岩沉积数值模拟方法

碳酸盐岩沉积物主要发育于海洋环境，少量见非海洋环境，自浅海至深海均有发育，但主要形成于温暖气候条件下的浅海环境。现代碳酸盐岩主要发育在南、北纬 30°之间，如加勒比海的巴哈马地区、孟加拉湾、澳大利亚大堡礁地区以及我国南海地区等。不同于碎屑岩的以机械作用为主（侵蚀、搬运）的成因机制，碳酸盐主要形成于化学作用、生物作用以及有机械作用参与的化学或生物作用，属于以原地生长（沉积）为主的沉积岩类型，因此基于水动力学的碎屑岩沉积模拟算法无法应用于碳酸盐岩的沉积模拟。

目前，针对碳酸盐岩的沉积正演模拟方法主要有：几何模型法（如 Sedpak 软件）、随机模型法（如 CarboCAT 软件）、基于规则分析模型法（如 CARBOANTE 3D、CarbSim 软件）和模糊逻辑法（fuzzy logic，如 FUZZIM、Sedsim、FUZZYREEF 软件）。各种方法均有其适用性与优缺点，本节主要介绍基于模糊逻辑规则的碳酸盐岩沉积模拟方法，该方法能够将通俗的定性描述语言定量化表示，且能充分考虑多种影响碳酸盐生长与剥蚀的地质因素，在众多模拟算法中属于相对灵活且计算高效的方法（Perfilieva，2003）。

一、模糊逻辑规则

模糊逻辑法是建立在多值逻辑基础上，运用模糊集合的方法来研究模糊性思维、语言形式及其规律的方法。所谓的模糊性主要是指客观事物差异中间过渡界限的"不明确性"。由于事物间差异的模糊性，在描述它们的特征时，所用变量也是模糊的，即各变量的内部分级没有明显的界限。地质作用、沉积过程等是复杂的，对其产生的地质现象有些可以采用定量的方法来度量，有些则不能用定量的数值来表达，而只能用客观模糊或主观模糊的准则进行推断或识别。

模糊逻辑在 20 世纪 60 年代由 Zadeh（1965）第一次正式描述，但直到 20 世纪 80 年代才广为人知并得到应用。与传统逻辑不同，模糊逻辑可以处理非随机不确定性问题（模糊、歧义、不精确），对定性数据的定量分析很有用，它还为复杂非线性函数的建模提供了有效方法。这些特点使其适合于地层学和沉积学领域的模拟应用，因为大多数沉积过程及其影响因素是以定性语言的方式表达，而模糊逻辑规则尤其适合对定性描述语言的定量化表达，此外它还具有同时考虑因素多、模拟方法灵活和计算效率高的特点。相对而言，在沉积学中，碎屑岩的沉积过程可以很好地用水动力学方程及其条件方程联合表达，而碳酸盐岩和有机质的生长及剥蚀过程更易于被定性语言表达，如碳酸盐适宜在浅水、温暖、盐度正常、水动力较强的水体环境中生长，因此模糊逻辑方法适合对碳酸盐岩和有机质的生长过程模拟。

关于模糊逻辑的方法原理以及在地质学中的应用可详见 Demicco 和 Klir（2004）。模糊逻辑的基本思想是，一个对象既可以是逻辑合集的部分成员，也可以是完全成员。例如，在传统的"清晰"逻辑中，1m 的水深可以被认为是逻辑集"浅"的成员，而 1000m 的深度以类似的方式可以被认为是逻辑集"深"的成员。但对于 100m 的水深，它是"浅水"还是"深水"？从某种意义上认为，两者都是，但不完全是。如果我们假设 1.0 意味着完全属于一个合集，认为 0.0 是完全不属于，那么我们可以说 100m 的深度属于"浅水"集合的程度为 0.7，属于"深水"集合的程度是 0.3（图 3.3）。因此，我们可以将一个对象称为在模糊集中具有"隶属度"的对象。需要注意的是，模糊集是首先需要研究者根据实际情况自己定义的，比如 10m 的水深在海洋中就很浅，但在游泳池中就很深了，因此在表达一个深度属于"深水"还是"浅水"时，需要先确定研究对象的背景，再定义完全属于和完全不属于两个端元。对于其他的定性变量，可利用相同的方式得到其隶属函数。

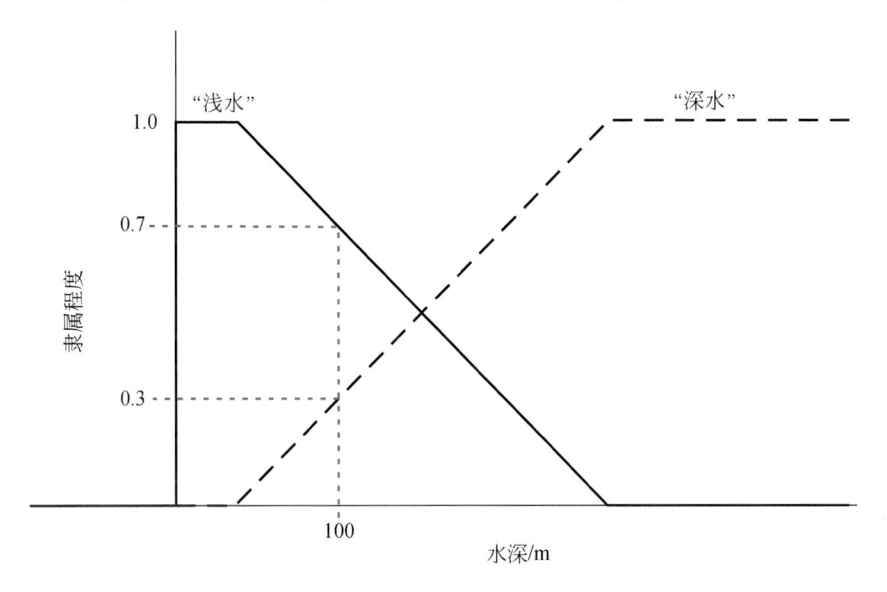

图 3.3 "浅水"和"深水"集合的隶属函数

模糊规则是在前提和结论中使用模糊集代替传统清晰集的逻辑，采用的是 if≫ then 规则。在前提中有两个条件的模糊规则的一般形式是："如果条件 1 和条件 2，则得出结论"。例如，在沉积学中，一般认为"如果水深不太浅，且到河流的距离短，那么沉积物累积率就高"，其中"太浅"、"距离短"和"高"都是模糊集。首先利用模糊规则分别对三个定性变量进行定量化表达，明确各自的隶属函数，然后利用 if≫ then 规则进行沉积模拟过程表达：自模拟开始，针对每个时间节点，依次检查模拟网格点的水体深度和距河流的距离，给定各自的隶属函数值，如果两者中有一个变量的函数值为 0，则沉积物堆积率就为 0，如果两者均不为 0，则沉积物堆积速率就为最大堆积速率与两个隶属函数值的连乘。以此计算各个时间节点、各个网格点的沉积物堆积速率，得到沉积模拟结果。

二、碳酸盐岩沉积模拟的变量与表达形式

影响碳酸盐岩生长的变量有多个，包括水体深度、温度、盐度、陆源碎屑物输入（距河口距离、外来沉积物沉积速率）、离岸距离、与已暴露碳酸盐岩的距离、潮汐作用、波浪作用等，影响碳酸盐岩剥蚀的变量有水深、暴露时间等。这些变量控制着碳酸盐的生长或剥蚀过程，也称为自变量，均可以利用模糊逻辑方法进行表达，建立起各自的模糊逻辑函数集，进而表达碳酸盐岩的生长与剥蚀过程。针对不同地区，一般选择其中几个变量来约

束碳酸盐岩的生长或剥蚀过程，变量之间为"和"关系，即一个条件不满足，生长或剥蚀速率为零。

利用上述不同自变量的组合，设置各自的模糊逻辑函数，可以模拟计算碳酸盐的生长、剥蚀过程，以及沉积时期地层孔隙度和硬度的变化，得到精细的三维沉积地质体，用以定量刻画沉积演化过程与沉积相时空展布，预测有利储层发育等。

模糊逻辑函数的表达以分段折线线性函数为主。建立多个变量的模糊逻辑函数，共同表达碳酸盐岩的生长或剥蚀变化过程。以碳酸盐岩台缘相为例，台缘相微生物碳酸盐岩适宜生长在浅水（水深<20m 且以小于 6m 最为合适）、温暖（水温在 20~31℃最合适）、盐度适中（30‰~36‰最合适）和水体干净（碎屑输入量少）的沉积环境内，只有当 4 个条件同时满足时（即关联函数值均为 1），台缘相的微生物碳酸盐岩的生长速率最大，若其中一个条件完全不满足（即关联函数值为 0）则碳酸盐岩停止生长，若均满足条件但关联函数值不为 1（即关联函数值介于 0~1），则碳酸盐岩的生长速率正比于各关联函数值的连乘 [图 3.4（a）]。当碳酸盐沉积物暴露地表，即水深在 0m 以上时，碳酸盐剥蚀速率在一定时间范围内正比于暴露时间，后剥蚀速率趋于定值 [图 3.4（b）]。

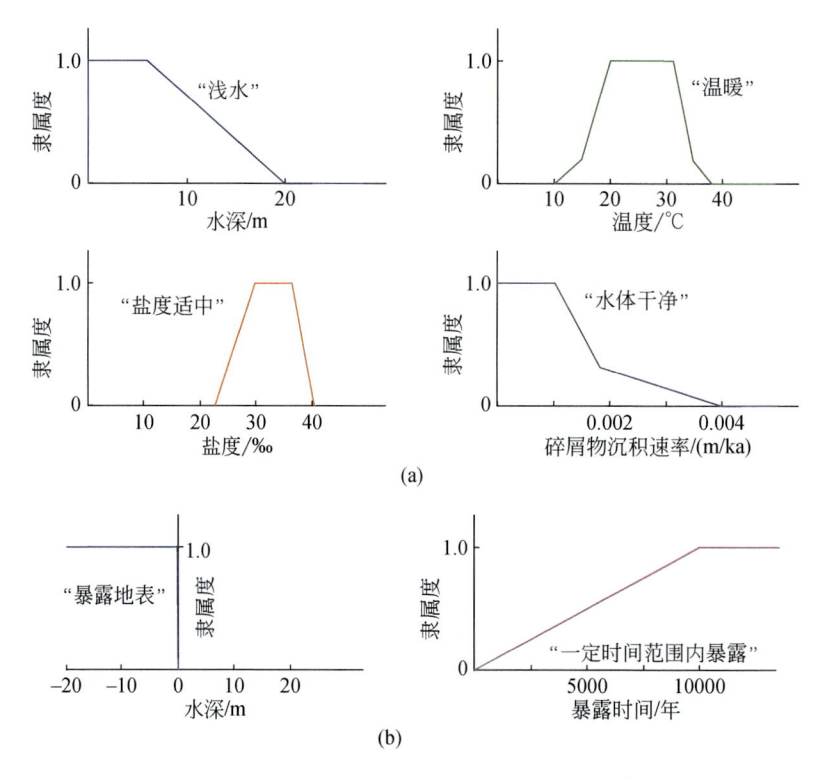

图 3.4　影响台缘带微生物碳酸盐生长（a）与剥蚀（b）的关键因素的模糊逻辑函数集

三、基于模糊逻辑的碳酸盐岩沉积模拟应用

目前，利用模糊数学算法的碳酸盐岩沉积数值模拟技术已趋于成熟，可以实现现代、古代各类型碳酸盐岩的沉积数值模拟，为定量探讨碳酸盐岩发育机制与控制因素、预测有

利储层发育提供了有效的定量化手段。例如，黄秀（2012）模拟了澳大利亚鲨鱼湾地区现代微生物岩的发育过程，建立了微生物席的沉积非均质模型（图3.5），定量探讨了影响微生物岩发育的环境因素，认为气候变暖引起的海平面上升和陆源沉积物的快速供给，将导致微生物岩的消亡。刘建良和刘可禹（2021）利用模糊逻辑算法模拟了碳酸盐岩台地-斜坡-盆地相沉积演化过程，建立三维模拟模型（图3.6），定量探讨了海平面升降幅度与频率、构造沉降样式、碳酸盐生长速率等因素对碳酸盐地层发育样式和地层完整性的影响。Cantrell等（2015）模拟了沙特阿拉伯地区沙伊巴地层碳酸盐岩储层发育的时空分布，为有效储层预测提供了技术支撑。

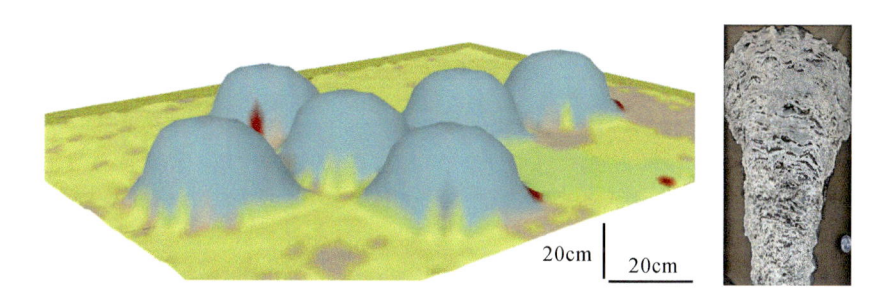

图3.5　基于模糊逻辑算法的微生物岩生长模拟（以澳大利亚鲨鱼湾为例）

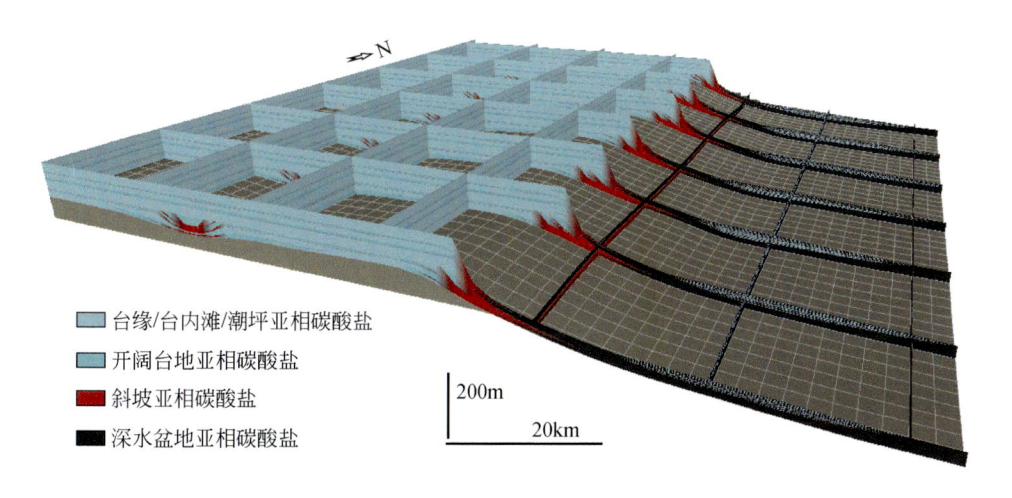

图3.6　基于模糊逻辑算法的碳酸盐岩台地-斜坡-盆地相沉积演化过程数值模拟

第四节　关键参数与模拟结果

虽然碎屑岩与碳酸盐岩在核心模拟算法方面存在差异，但两者在关键模拟参数需求和模拟结果类型与呈现形式方面基本一致。本节首先介绍了沉积模拟的一般方法流程，然后重点介绍了模拟所需的关键输入参数及其获取方式和模拟结果类型，最后强调了沉积模拟方法的必要性和应用广泛性。

一、沉积正演模拟的一般流程

沉积正演数值模拟一般流程如图 3.7 所示。在选定研究工区与目的层的基础上，首先通过区域地质分析与类比等方法，建立研究区目的层构造-沉积演化的概念模型，明确沉积模拟的目的及意义；然后通过综合地质研究、分析测试、文献调研及专家交流等方式，获取沉积模拟的关键地质参数，包括沉积古地貌、沉降量、海/湖平面变化、沉积物源方向与大小、碳酸盐岩发育类型与速率等；在此基础上，依据质量守恒和动量守恒基本原理，利用选定的沉积模拟算法（如碎屑岩采用水动力学方法、碳酸盐岩采用模糊逻辑方法），综合考虑多种地质作用过程，模拟碎屑岩沉积物的侵蚀、搬运和沉积过程或碳酸盐岩的生长、剥蚀演化过程，得到三维沉积模拟模型；在此基础上，将模拟结果与研究区实际勘探的地质资料（如单井资料、地震解释成果、沉积相认识、岩相序列和地层厚度等）进行对比，从沉积物充填程度、沉积样式、岩性组合、沉积规律性认识等方面充分检验模型的合理性，如果模拟结果与实际地质认识存在较大差异，则在地质概念模型不变的情况下，调整输入中不确定因素较大的地质参数，重复上述步骤，直到模拟结果与实际地质认识的误差在合理接受范围内为止，最终得到包含精细沉积非均质性结果的合理三维地层正演模拟模型。

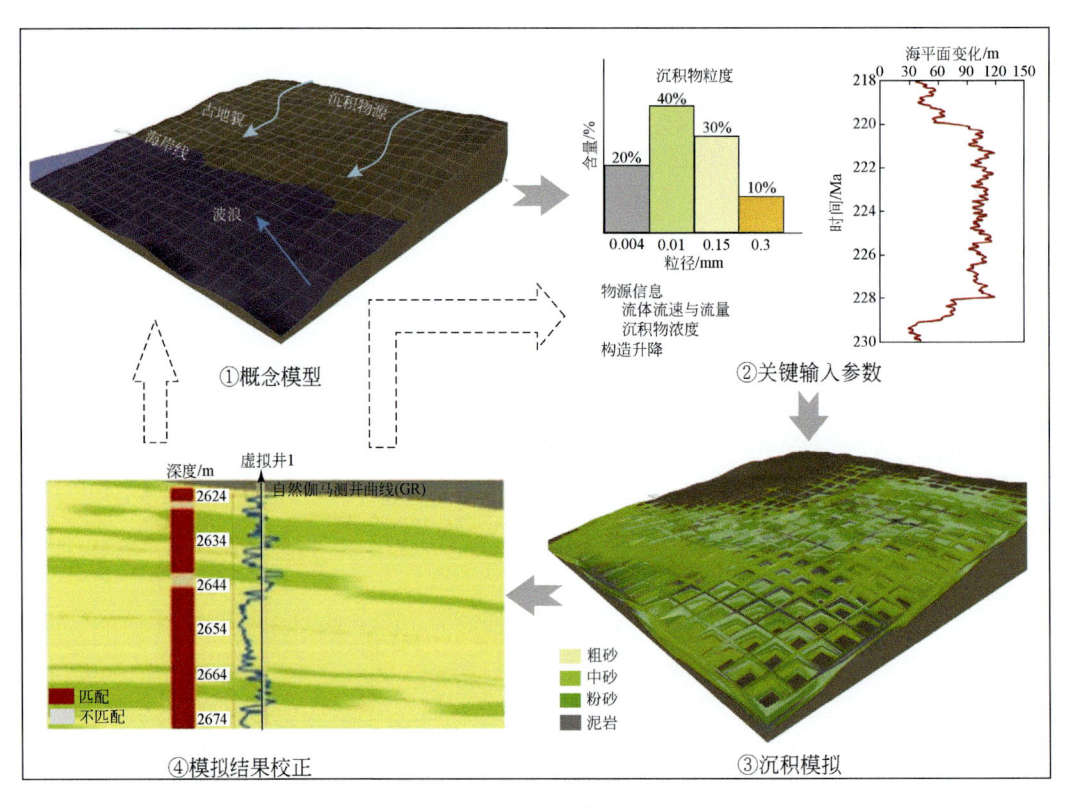

图 3.7 沉积正演数值模拟一般流程

二、关键输入参数

合理且精细的沉积模拟需要大量的输入参数支撑。本小节只介绍了沉积模拟的几种关键必要参数，对于其他参数，读者可通过查阅相关文献进行了解。

（一）模拟时间与工区范围

模拟时间是指所要模拟地层的发育时间，即该套地层从开始沉积至沉积结束的时间，跨度可为几小时至几百万年。时间的确定主要依据国际地层年代表、已发表的文献、地层古生物或放射性同位素年代学信息等。在确定了模拟时间范围之后，需要将其细分成多个时间步长（Δt），来将连续的时间离散化，一个时间步长，代表一次模拟计算，划分成的时间步长数量越多，时间分辨率就越高，模拟结果越精细。时间步长或步长数量的确定根据整个模拟时间范围以及模拟目的来确定。

工区的确定也是模拟工作的前提，需要研究者根据研究目的来确定。一般模拟工区需要为规则的长方形或正方形，大小可为米级至百公里级别，对于盆地级别的模拟工区，需要利用大地坐标表示工区的范围，以方便后续物源等位置的定义。工区范围确定好之后，需要对其进行平面小网格划分，即确定其平面网格分辨率。小网格一般为正方形，且边长必须能被工区的长、宽整除，即小网格的数量须为整数，也有部分软件利用的是三角网格，即小网格为等边三角形。小网格数量越多，工区的平面分辨率越高，模拟精度越高，但所需的模拟时间也越高。然而，部分模拟软件可支持同时开展大网格（低分辨率）的全工区模拟和小网格（高分辨率）的目标小工区的嵌套模拟，既节省了时间，也能对目标小工区进行精细模拟，大大提高了模拟效率。

（二）初始底形

初始底形是指研究目的层沉积初期的地形形态，是沉积模拟的关键参数之一，对沉积物的沉积过程与展布形态有重要影响。初始底形的恢复方法一般有三种：①利用三维地震资料，通过去压实校正后，将目的层顶面拉平，得到其底面形态，再利用沉积初期与末期古水深校正，获得沉积初期的古地形形态，这种方法恢复的古地形比较合理，但受三维地震资料的限制，不能广泛应用；②在与下覆地层保持连续沉积的前提下，可以用下覆地层的沉积相模型来代表研究目的层的初始古地形，将沉积相所代表的水深进行半定量赋值，即可得到初始古地貌形态；③Wendebourg和Harbaugh（1997）提出，在缺乏三维地震资料的情况下，可以用目的层的厚度图进行古地形恢复，具体为：首先将目的层现今的地层厚度进行去压实校正，得到沉积时的古厚度，然后将古厚度进行顶面拉平，再进行沉积初始与末期古水深校正，即可得到其沉积初期的古地形。例如，利用地层等厚图的方法，恢复了鄂尔多斯盆地山西组沉积初期的古地形［图3.8（a）］。

（三）沉降量

沉降量与海平面变化共同控制了沉积物的可容空间，影响着汇水区能有多大的空间充填沉积物。沉降量包括构造沉降量和负载沉降量，分别是指由构造活动引起的基底升降和由沉积物的负载引起的基底均衡沉降,前者是外力作用的结果,而后者是沉积物自身重力作用的结果。沉降量可以利用现今地层厚度进行回剥确定,具体方法为:首先确定地层是否存在剥蚀不整合,如果不存在,则需要在考虑地层岩相的前提下,对其进行回剥,得到沉积末期的地层古厚度,然后结合古水深校正,即考虑沉积初期与沉积末期的古水深差异,最终得到目的层在沉积时期的总沉降量;如果地层存在剥蚀,则首先对剥蚀量进行恢复,与残余地层厚度加和,得到地层总厚度,然后再进行回剥、古水深校正,得到地层总沉降量。此外,部分软件(如 Sedsim、Sedfill3D)添加了地壳均衡计算模块,即根据模拟得到的地层厚度,考虑基底变形,实时计算不同网格处的负载沉降量,此时只需要将构造沉降量数据输入模拟软件中即可,模拟过程中会自动考虑负载沉降量,得到的总沉降量更合理。例如,利用地层厚度与古水深相结合的方法,恢复了鄂尔多斯盆地山西组的总沉降量[图3.8(b)]。

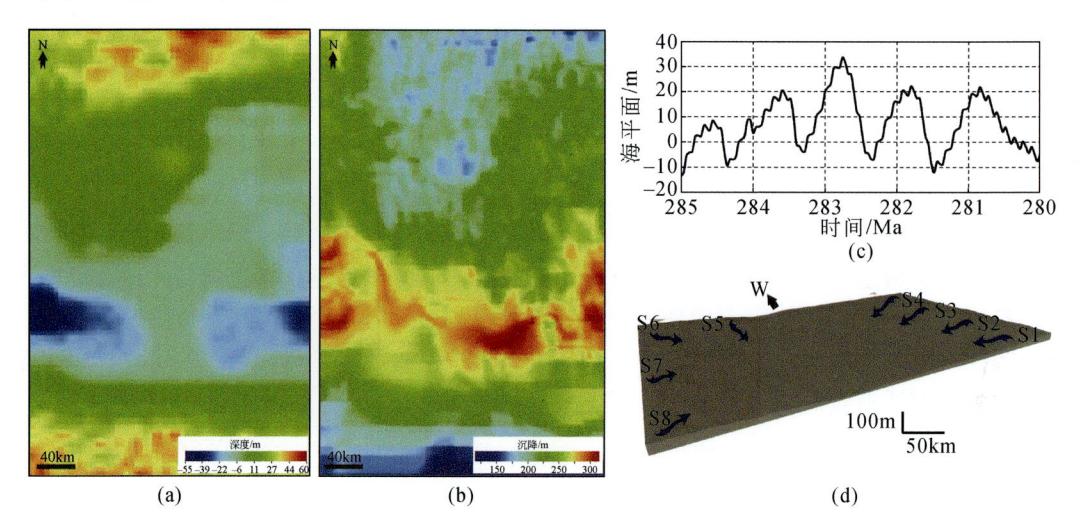

图3.8 沉积模拟关键输入参数
(a)沉积底形;(b)构造沉降;(c)海平面升降;(d)物源输入

(四)海(湖)平面变化

海(湖)平面变化是指沉积水体的水平面随时间的升降变化。对于海相沉积,水平面即为海平面,其变化遵循全球海平面变化规律。前人已对全球海平面变化曲线进行了详细研究(Miller et al.,2005;Wright et al.,2020),具有代表性的曲线为 Haq 等(1987)、Haq 和 Schutter(2008)的研究成果,得到了古生代以来的全球海平面变化曲线,以三级低频周期为主,在此基础上,可以叠加米兰科维奇高频海平面变化振幅与周期,得到高频的全球海平面变化曲线,需要注意的是,在地质历史的"温室"和"冰室"时期,米兰科维奇旋回引起的高频海平面振荡幅度有差异,一般冰室时期的变化幅度更大(Burgess,2001;Miller et al.,2005)。对于陆相湖相沉积,全球海平面变化曲线不再适用,则需要在高分辨率层序地层分析的基础上,获取基准面变化旋回,进而推测湖平面变化曲线,叠加由米兰科维奇旋回引起的气候因素影响,得到高频湖平面变化曲线,显然,推测得到的湖平面变化曲线不一定能代表真实的湖平面升降变化，随着资料分析的深入可能会发生调整，也需要研究者根据实际地质资料对模拟结果进行校验。例如，根据基准面升降变化曲线，再叠加米兰科维奇高频湖平面振荡周期与幅度，得到鄂尔多斯盆地山西组的湖平面变化曲线[图3.8（c）]。

（五）沉积物源与供给速率

沉积物源是指模拟时期对工区内的沉积物充填进行供源的物源，包括物源方向、大小、沉积物组分等信息。物源方向的确定需要在系统性的文献调研的基础上，结合研究区沉积物锆石年代学、重矿物等分析结果，厘定沉积物来源[图3.8（d）]。物源大小又包括了源区水流流量、流速和所含沉积物浓度信息，需要结合现代类比、目的层沉积相分析等信息来确定。源区沉积物组分是指每个时间间隔所释放的沉积物中粗粒、中粒、细粒和泥四组分所占的比例，也是由单井、沉积相、前人成果综合分析来获取。在初步明确了上述物源信息的基础上，可以首先进行一次快速模拟，即降低网格分辨率，判断沉积物的输入是过量还是不饱和，进而对物源信息进行调整，然后提高网格分辨率，重新进行模拟，利用实际资料对模拟结果进行校验，得到合理的模拟模型。

（六）碳酸盐岩生长、剥蚀和滑塌作用参数

在现代碳酸盐岩沉积调研基础上，总结、归类影响碳酸盐岩生长、剥蚀的系列控制因素，利用模糊逻辑原理，建立碳酸盐岩生长与水深、温度、盐度、波浪强度、碎屑沉积物输入等控制因素之间关系的模糊逻辑函数集，建立碳酸盐岩剥蚀与暴露时间关系的模糊逻辑函数集。调研现代和古代碳酸盐岩滑塌重力流产生时的碳酸盐岩岩性和对应的斜坡角度范围，建立知识库，利用岩性类比法，选取研究区碳酸盐岩沉积模拟过程中滑塌重力流产生时最有可能的斜坡角度范围，作为重力流产生时的临界角度参数。

三、模 拟 结 果

在关键模拟参数确定的基础上，对目标区地层进行沉积正演数值模拟，然后利用实际地质数据对模拟结果进行反复校验，最终得到合理的模拟模型，获得多种类型三维地质体数据，综合分析目的层沉积相、岩相、沉积过程、非均质性等地质特征。下面介绍几种常用且重要的三维沉积模拟输出结果。

（一）三维输出结果

（1）岩相模型

大多数的沉积模拟软件可以模拟多种类型沉积物，如粗、中、细砂岩和泥岩，以及台地边缘相、局限台地相、斜坡相和盆地相碳酸盐岩等。岩相模型是沉积模拟最直接的输出结果之一，记录了不同时刻不同类型岩相的空间叠置关系，具有较高的空间分辨率，能够直接用来分析地层沉积非均质性、有利砂体分布等[图3.9（a）]。

（2）孔隙度模型

沉积模拟可以输出两种类型的孔隙度模型，一种为地层沉积时期的孔隙度模型，即

原始孔隙度模型，此时地层未经历后期上覆地层的压实作用，一般具有较高的孔隙度，且与砂岩相比，泥岩（细粒沉积）具有相对较高的原始孔隙度［图3.9（b）］；另一种为地层现今孔隙度模型，需要在目标地层沉积模拟结束之后，再叠加一套上覆地层，该地层厚度与目的层现今的上覆地层厚度一致，通过快速沉积该套地层，模拟目的层的后期压实作用，得到目的层经历机械压实作用后的孔隙度模型，结果对有利储层预测具有重要意义。

（3）沉积环境模型

沉积模拟结果中包含大量原始数据，通过对相关数据的综合分析，可以得到新的地质模型。例如，通过对古水深、沉积物离岸距离的综合分析，可以得到沉积环境模型［图3.9（c）］，用以描述沉积时刻的环境亚相，分析沉积环境随时间的变迁，再与传统方法恢复的沉积相模型相互对比与检验，能更加合理地认识目的层沉积过程。

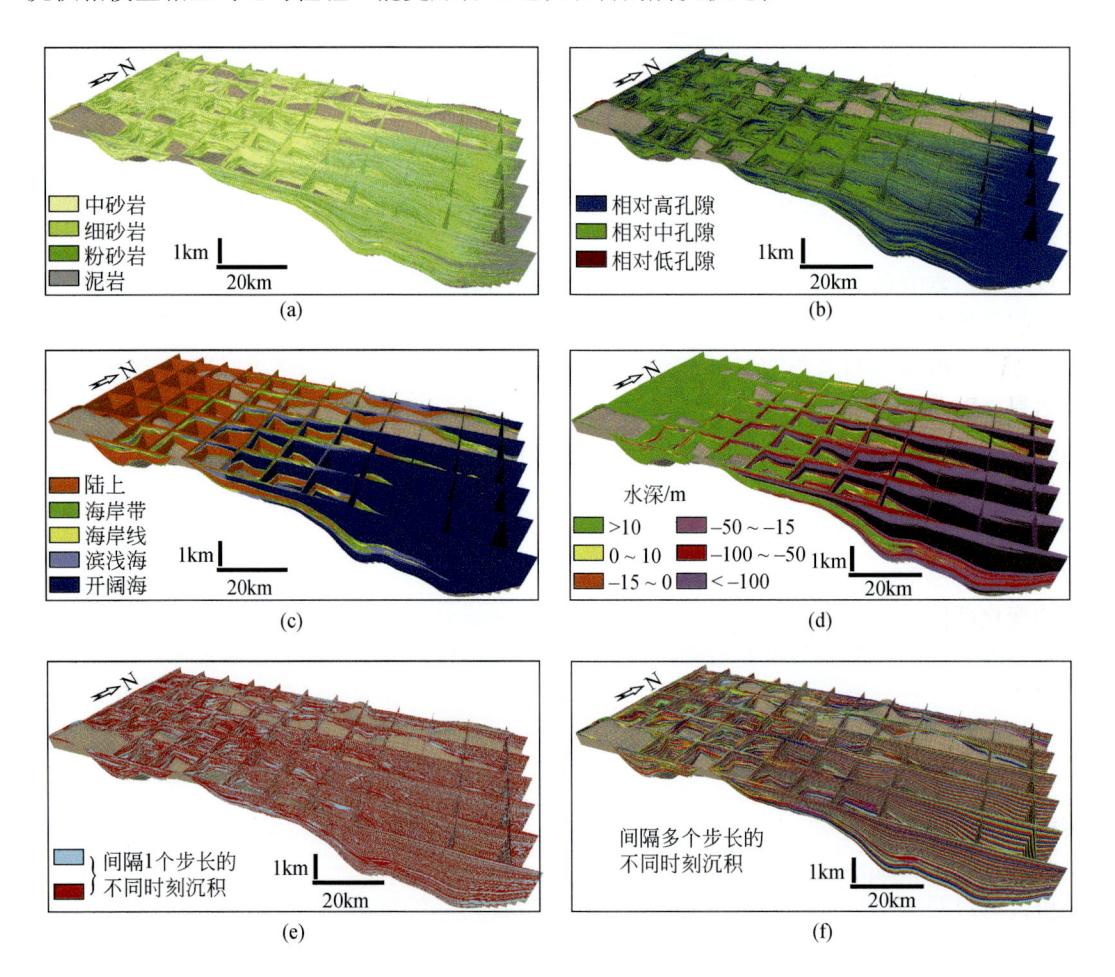

图3.9　三维沉积数值模拟输出结果类型

（a）岩相模型；（b）沉积期孔隙度模型；（c）沉积环境模型；（d）古水深模型；（e）高频的伪地震模型；（f）相对低频的伪地震模型（一个彩色颜色旋回表示一个时间周期）

（4）古水深模型

古水深模型是指沉积时刻地层不同位置的水体深度，能直观地描述沉积环境的变化特征，对沉积相研究具有重要作用［图 3.9（d）］。此外，古水深还对盆地模拟过程中的热史模型有重要影响。通过沉积模拟，得到合理的古水深模型，为盆地模拟中热史上边界条件的确定提供了有效参数。

（5）伪地震模型

伪地震，即假地震，并非指真实通过地震勘探得到的地震解释模型，而是基于对沉积模拟的等时地层分析，建立的不同时刻地层空间叠置关系，再用两色线［图 3.9（e）］或彩虹线组［图 3.9（f）］来直观表示，两者的区别在于表示不同时刻地层变化的频率，两色线频繁地表示等时地层变化，精度高，彩虹线组能更直观地呈现等时地层的空间变化。由于伪地震模型记录的是等时地层格架特征，对层序地层学研究有重要作用，可以用来定量分析等时地层叠置样式、不同体系域和准层序组的分布以及地层是否发生下切谷侵蚀、抬升剥蚀、重力流滑塌等地质过程。

（二）扩展输出结果

上述五种类型模型可认为是模拟软件直接生成的模拟结果。除此之外，还可通过对模拟结果三维地质体数据的进一步分析，得到其他扩展模拟结果，对深入理解目的层沉积演化过程与机理、预测烃源岩和储集层发育等研究有重要意义。

（1）单井垂向上砂-泥岩变化特征

基于三维沉积模拟结果，可以提取任意位置点的单井岩相、古水深、沉积相、孔隙度等信息，对其开展数据分析，能得到单井垂向上的岩相变化特征。例如，针对碎屑岩模拟结果，可获得单井垂向上不同时间段（步长）的沉积物厚度以及各种岩性所占比例，进而生成伪自然伽马（GR）变化曲线，定量地分析垂向上砂岩含量变化规律，同时也方便与实测 GR 曲线对比进行合理性检验［图 3.10（a）］。生成伪 GR 曲线的步骤为：首先计算各时间段沉积地层的泥岩含量，认为泥岩含量越高、GR 值越大，然后通过分析实钻井实测 GR 值的变化范围，将 GR 最大值作为 100% 泥岩含量的伪 GR 值、GR 最小值作为 0% 泥岩含量的伪 GR 值，再利用两个端值，根据泥岩含量，计算各时间段地层的伪 GR 值，生成伪 GR 曲线。

（2）砂岩（或高能相带碳酸盐岩）含量平面分布特征

在油气地质中，一般认为砂岩和高能相带碳酸盐岩是规模储集体发育的有利岩相，但传统的基于井、震资料预测方法不能广泛应用于深层、深水和非常规地层，地质资料的限制和强非均质性地层制约了传统方法在该领域的应用。基于三维沉积模拟结果，通过数据分析，可以获得目的层砂岩百分含量或高能相带碳酸盐岩含量的时空分布特征，为研究区有利储集相带预测提供新思路。图 3.10（b）为海陆过渡相河流-三角洲沉积体系的砂岩含量平面分布图，可以看出在河流入海处，由于携沙水流的水体能量变弱，砂体快速沉积在河流入海口，形成三角洲砂体，为有效储集体发育的有利相带。

（3）烃源岩有机碳含量（TOC）预测

一般认为，烃源岩有机质发育受陆源碎屑物输入、沉积物岩性、水体深度、氧化还原条件等因素影响。一方面可以直接将这些要素结合到沉积模拟过程中，开发新的模拟算法，直接模拟得到有机碳含量的时空分布特征，另一方面由于沉积模拟记录了沉积演化的全过程，可以通过对模拟结果的数据分析，建立有机质发育与关键地质因素之间的相关关系，

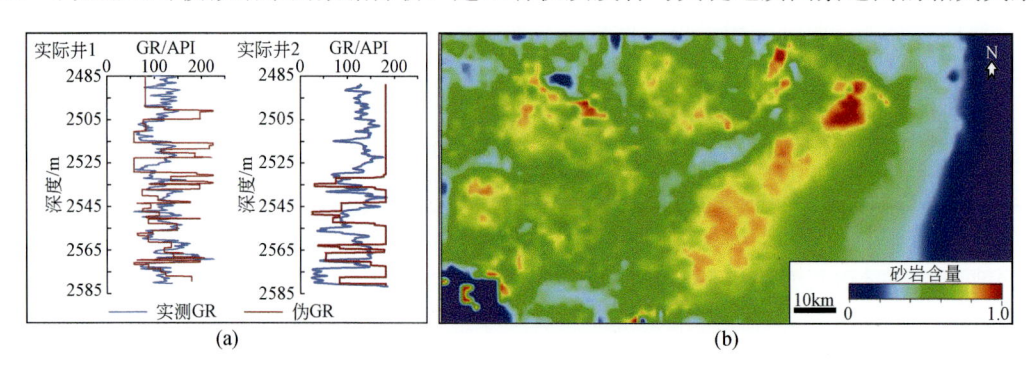

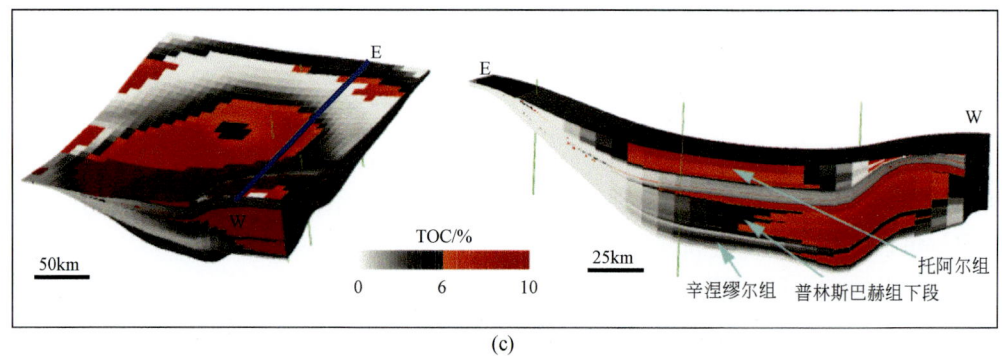

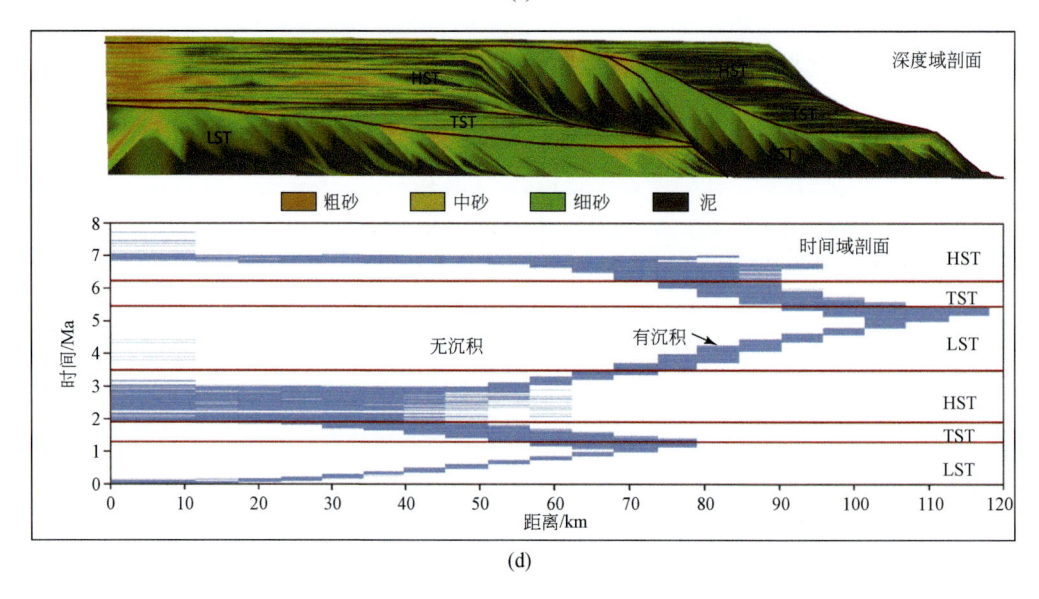

图 3.10　三维沉积数值模拟的部分间接输出结果

（a）单井实测自然伽马（GR）和基于模拟结果的单井伪 GR 曲线对比；（b）地层砂岩百分含量；（c）模拟得到的烃源岩 TOC 空间与剖面分布（据 Bruneau et al., 2018，修改）；（d）基于模拟结果的相同位置的深度域和时间域剖面

间接生成沉积地层中 TOC 的时空分布三维数据体，为有机碳含量预测提供新的技术方法，对油气勘探有重要意义。例如，Bruneau 等（2018）利用沉积模拟的方法，对葡萄牙 Lusitanian 盆地中多套地层的 TOC 分布进行了定量预测［图 3.10（c）］，探讨了有机质发育的控制因素，也为盆地模拟提供了关键参数。

（4）时间域内地层沉积过程及层序地层特征

沉积学分析一般侧重于对深度域地层的研究，即根据所观测到的地层序列，从底部到顶部（或反方向）描述地层的沉积特征、形成过程、影响因素和成因机制等，只关注规模较大的几次不整合事件，对整个沉积时期不同位置在哪些时间段发生沉积、哪些时间段存在沉积间断或地层剥蚀等内容关注较少，即在时间域内研究地层沉积演化规律，或缺乏有效的技术手段来对其深入研究。沉积模拟为在时间域内分析地层沉积过程及层序特征提供了有效技术手段。如图 3.10（d），是三角洲沉积模拟结果的一个自陆向海方向的剖面，上半部分为典型的三角洲沉积地层特征，记录了两期层序地层旋回，每一期中都包含了低位体系域（LST）、海侵体系域（TST）和高位体系域（HST）三种沉积样式，但无法明确不同位置沉积物是什么时间沉积的，沉积所用时间占整个模拟时间的百分比，即地层完整性。通过将其转换成时间域地层剖面［图 3.10（d）］，可以明显看出，地层沉积所用时间（蓝色区域）只占整个模拟时间的较小比例，而且不同位置发生沉积的时间段不同，沉积物首先在近物源方向发生沉积，进而再向远物源处沉积，为层序地层学研究提供了很好的分析对象。

第五节　Sedfill3D 沉积正演数值模拟软件

Sedfill3D 是一款三维沉积地层模拟软件，是作者团队在美国斯坦福大学于 20 世纪 80 年代开发的 Sedsim3.0 版本（Tetzlaff and Harbaugh，1989）的基础上继续研发和完善而成，能够实现碎屑岩沉积、碳酸盐岩与有机质生长以及碎屑岩与碳酸盐岩（有机质）相互作用过程模拟，实现三维定量可视化展示。Sedfill3D 利用简化的 N-S 方程模拟碎屑岩沉积过程，能够较为真实地处理流体所接触地形和运动状态，模拟沉积物的侵蚀、搬运和沉积过程；利用模糊逻辑算法（Nordlund，1999）模拟碳酸盐岩和有机质的生长过程，能同时考虑影响碳酸盐岩和有机质生长、剥蚀的多种地质因素，能同时进行碎屑岩和碳酸盐岩（有机质）相互作用过程的数值模拟。该软件在地质学学科发展、学术研究、油气勘探、现代沉积模拟及教学辅助等方面具有较高的应用价值，适合于石油、地质类高等院校、科研机构以及各大石油公司进行科学研究、生产指导及教育教学使用，具有广阔的应用前景。

下面简要对 Sedfill3D 软件的主界面、输入参数、模拟运行与结果界面进行展示。

Sedfill3D 软件的主界面较为简洁（图 3.11），通过"创建项目"选项可以开始模拟工作，所创建的项目均在任务管理界面呈现（图 3.12）。软件的模拟参数输入部分是核心，包括了主要参数、可选参数和默认参数三大类，其中主要参数是指模拟所必需的参数，缺失后将不能进行模拟或模拟效果较差，如海平面变化曲线（图 3.13）、沉积初始底形（图 3.14）、构造沉降量（图 3.15）等，可选参数包括较多内容，是针对具体功能或具体地质场景的应用，如波浪作用参数（图 3.16）、碳酸盐与有机质参数（图 3.17），默认参数是保证模拟正常运行的计算参数，一般为默认值，也可根据研究者的认识进行调整，如控制水体流动方式的曼宁系数（图 3.18）。

图 3.11　Sedfill3D 软件主界面

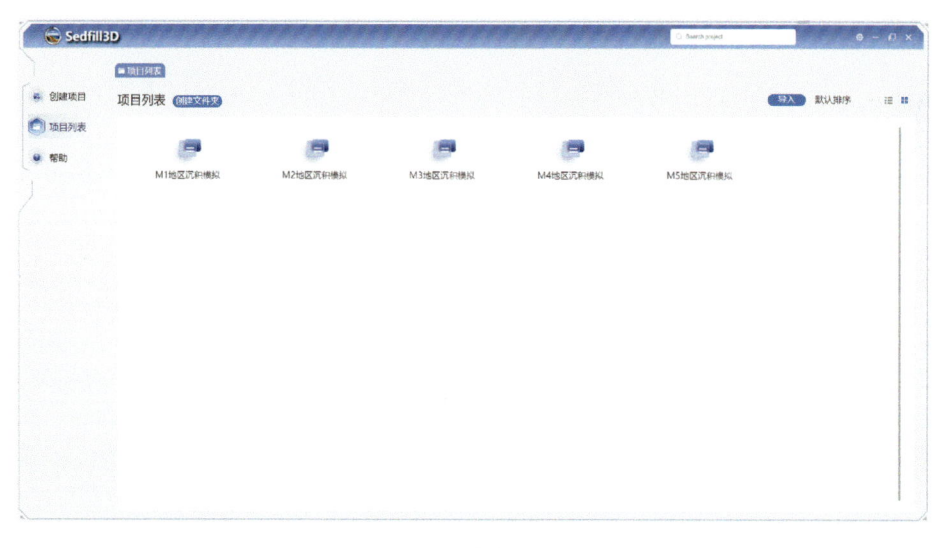

图 3.12　任务管理界面

在上述模型创建于参数输入的基础上，就可以开展沉积数值模拟。Sedfill3D 软件能实时显示模拟进度和关键的模拟运行与结果参数（图 3.19），便于研究人员实时掌握模拟进程。在完成模拟之后，除了可以生成三维沉积数值模拟输出结果（图 3.9）之外，还可以利用多个结果后处理小程序，对沉积模拟原始结果进行数据分析，获取各种类型模拟结果，如生成目的层砂岩等厚图（图 3.20）等，从多个方面为沉积过程研究与有利储层预测提供定量参考。

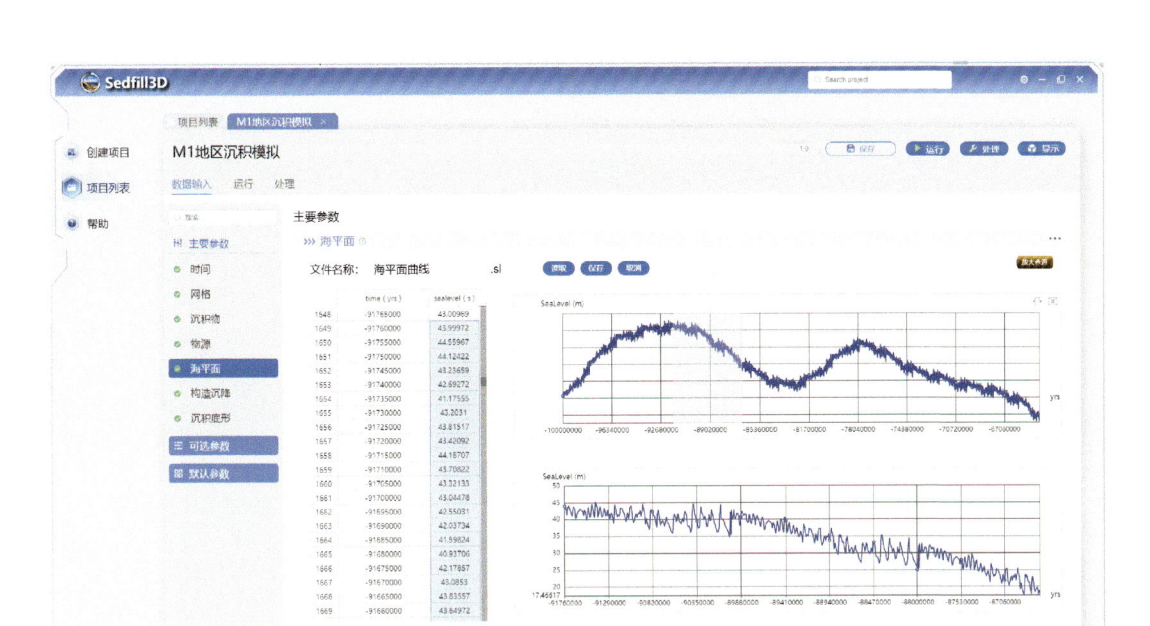

图3.13　主要参数——海平面变化曲线输入界面

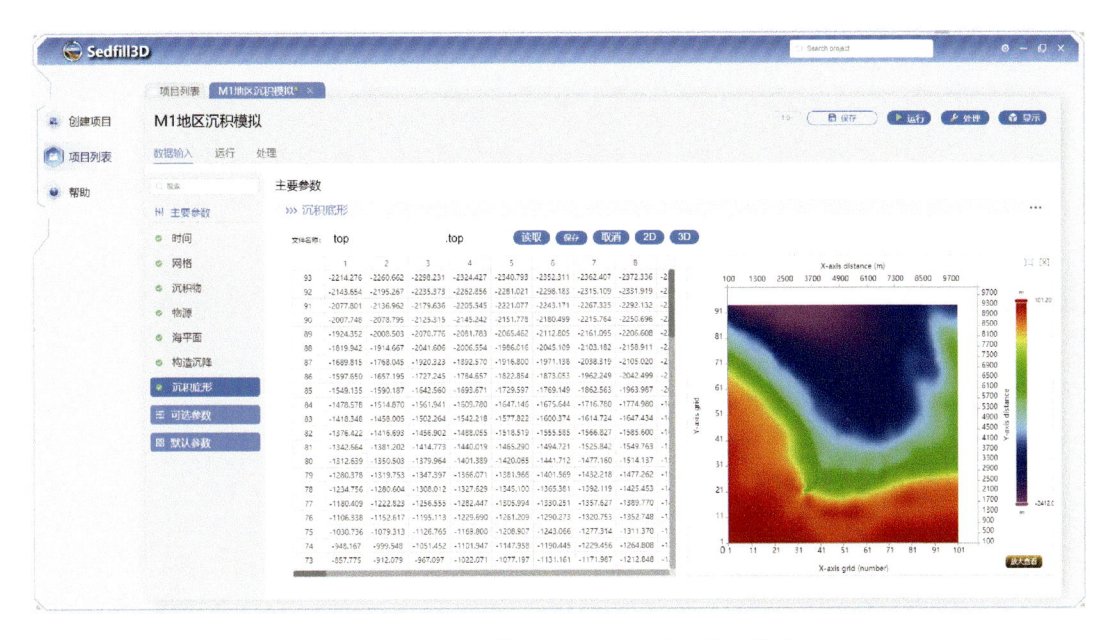

图3.14　主要参数——沉积初始底形输入界面

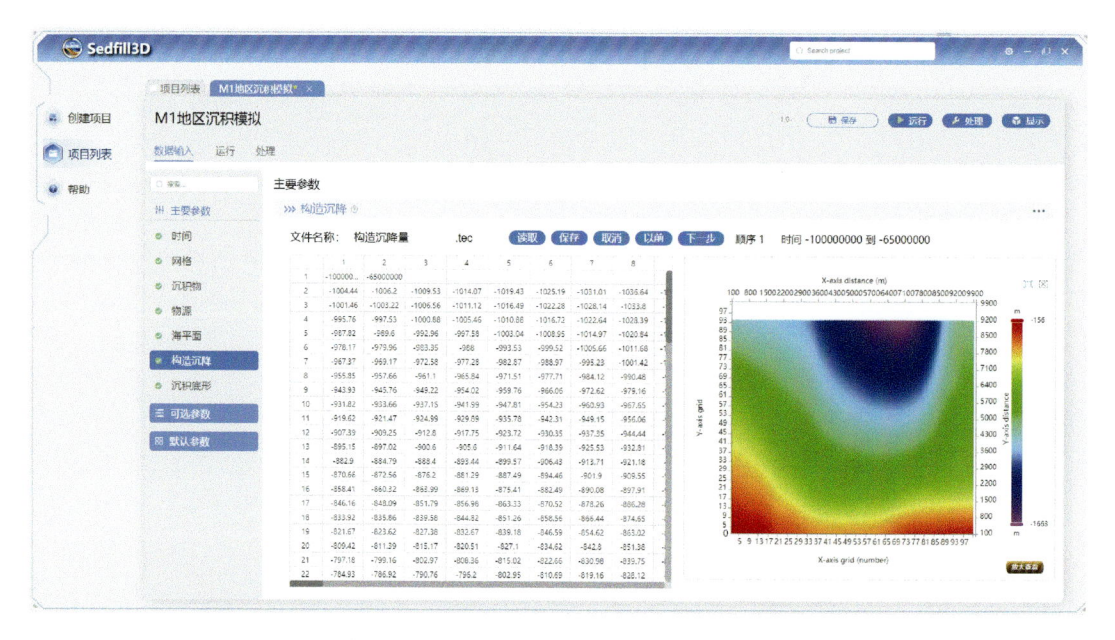

图3.15 主要参数——构造沉降量输入界面

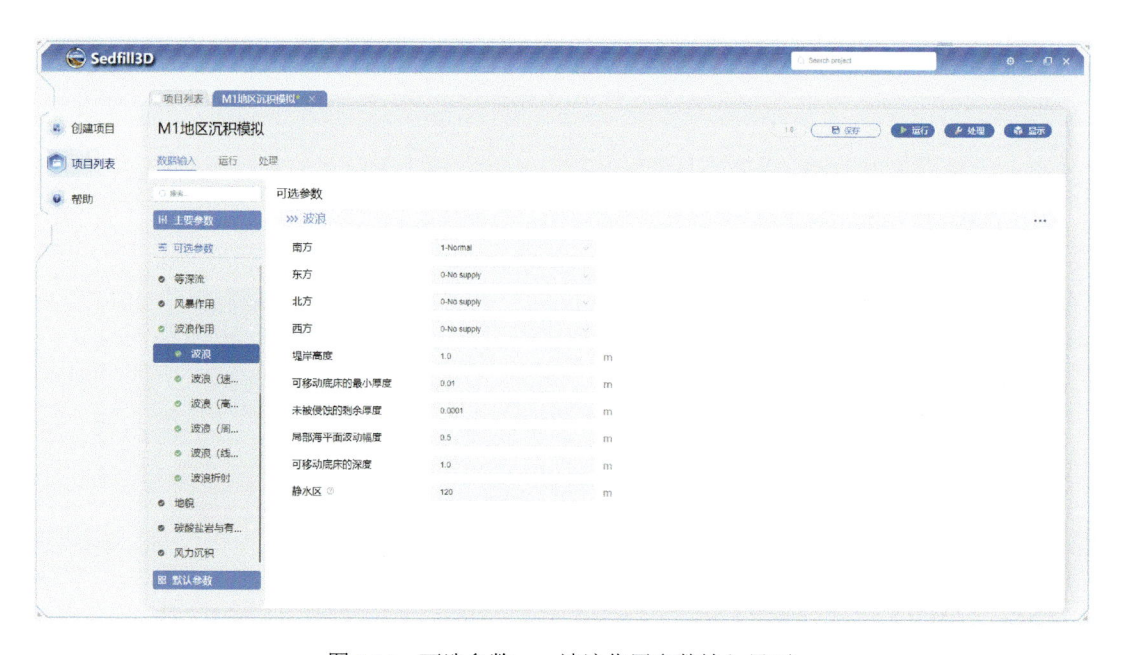

图3.16 可选参数——波浪作用参数输入界面

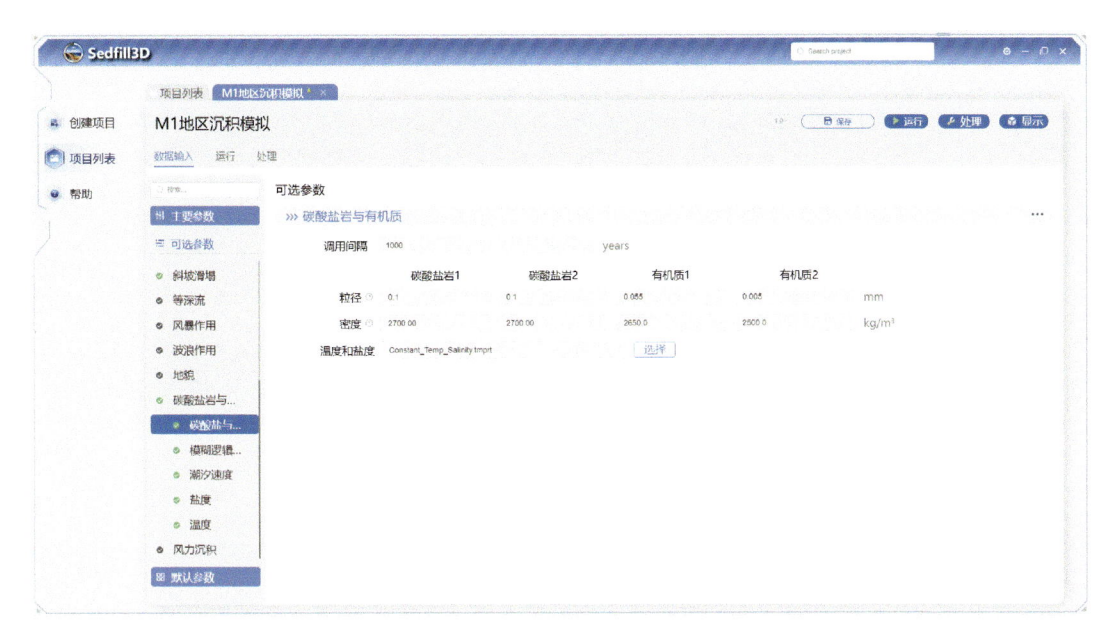

图 3.17　可选参数——碳酸盐与有机质参数输入界面

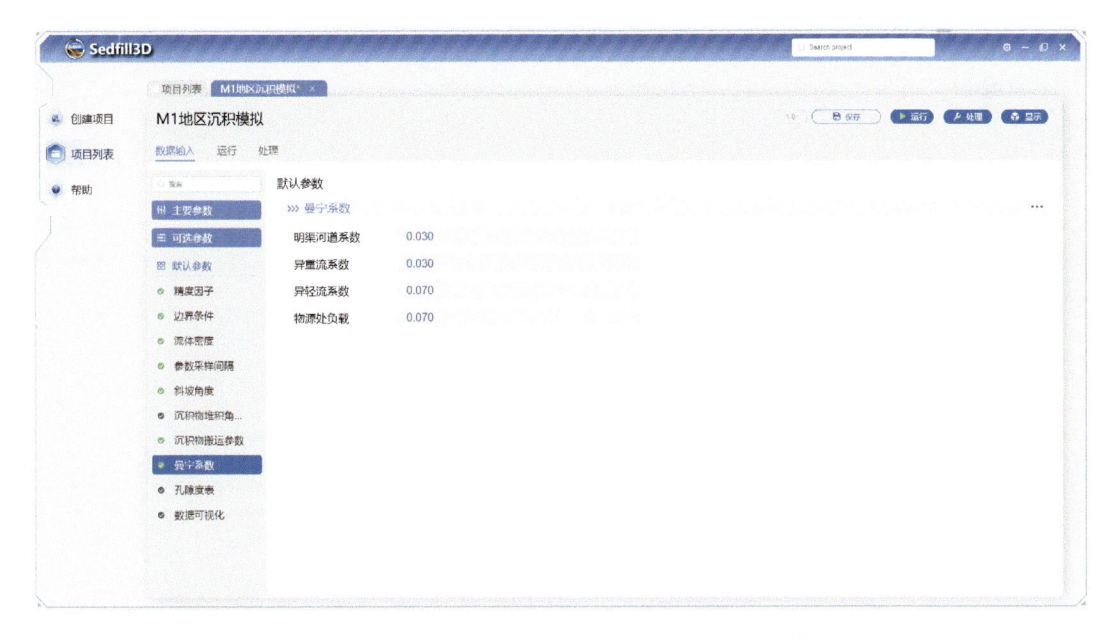

图 3.18　默认参数——控制水体流动方式的曼宁系数输入界面

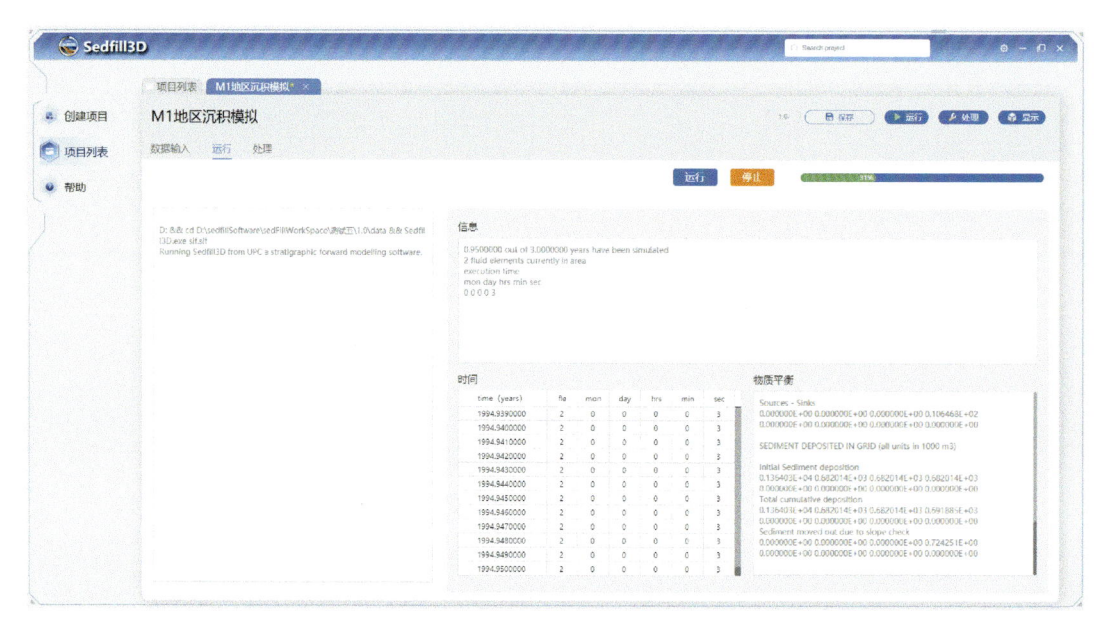

图 3.19　软件模拟运行过程界面

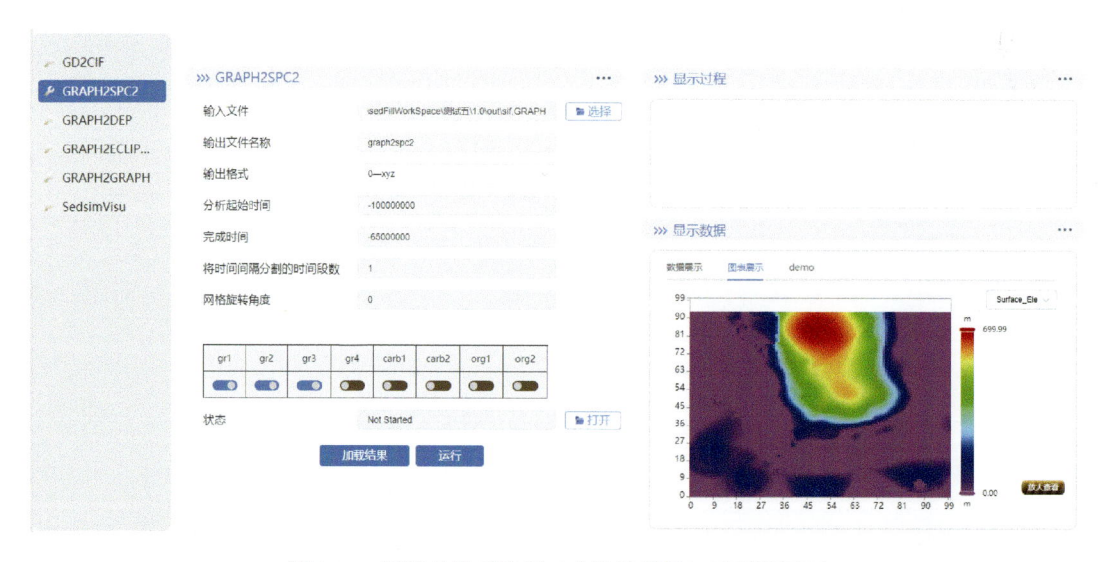

图 3.20　模拟结果后处理（砂岩等厚图）平面图界面

第四章 成岩作用数值模拟

孔隙度模型是盆地模拟地史模型的关键子模型之一，控制着地层埋藏过程中孔隙度的变化规律，进而影响着油气的运移与聚集过程。准确恢复地层的孔隙度变化是比较困难的，一般情况下，可利用以下三种方式建立孔隙度变化曲线：①不考虑化学成岩作用，只简单考虑机械压实的减孔效应，这类孔隙度变化曲线只与地层岩性相关，一般地，砂岩具有相对低的原始孔隙度和缓慢的中浅层减孔速率，而泥岩具有相对高的原始孔隙度和较快的中浅层减孔速率；②在机械压实作用基础上，根据经验公式，叠加埋藏过程中砂岩或碳酸盐岩的胶结减孔作用（Schneider et al.，1996；Walderhaug，2000），考虑简单的化学压实作用；③基于成岩作用类型和序列分析，定性、半定量地建立储层孔隙度演化曲线，但具有人为干预作用较大的不足。

基于过程约束的成岩作用数值模拟是在针对特定储层岩石学测试分析、定性概括成岩过程和厘定成岩序列的基础之上，定量模拟成岩过程中矿物溶蚀、胶结和交代等作用，计算孔隙度渗透率的改变，建立过程和要素控制、现今孔隙度约束的成岩过程数值模拟和孔隙度定量恢复的方法。成岩数值模拟可建立更为合理的孔隙度随时间的演化曲线，将其转换成孔隙度随深度变化曲线，再输入盆地模拟模型中，可得到某种岩相更为合理的孔隙度模型。本章首先在明确沉积盆地成岩作用类型基础上，阐述了成岩过程中水-岩相互作用研究现状与进展，介绍了成岩作用定量研究方法，重点介绍了成岩模拟过程中反映溶质运移的核心理论与模拟程序，最后以一维和二维成岩数值模拟实例为基础，介绍了模拟过程与结果。

第一节 沉积盆地储层成岩作用

一、储层成岩演化过程

沉积盆地的储层演化可分为两个阶段。一是沉积作用，指沉积物自物源区形成后，在水介质条件下搬运至汇水区沉积下来的过程，或在适宜的温度、盐度等水体条件下，由于化学、生物作用形成的成层性地层，该过程决定了储层的原始物性。二是成岩作用，包含了沉积之后储层变化的全部过程。广义的成岩作用是指在沉积物形成之后，至遭受风化或者变质前，沉积物组分和环境水介质之间所发生的所有物理、化学及生物作用；狭义的定义主要包括压实和压溶作用、胶结作用、溶蚀作用、重结晶作用及交代作用等，它们之间相互影响，其综合效应影响和控制砂岩储层的发育及物性特征。在成岩初期，沉积物埋藏较浅，接受地表水淋滤、大气降水补给等作用，埋藏较浅处发生一定的溶蚀和胶结作用，可能产生方解石胶结物、早期硬石膏胶结物、同沉积期泥晶碳酸盐岩胶结物等。成岩中期，随着上覆沉积物不断加厚，在重力影响下发生压实作用，沉积地层中孔隙水排出，体积减小,密度增加,孔隙度降低,该时期由于地层温压条件升高,可发生一系列胶结、溶蚀和重结晶等成岩作用。成岩中-后期,伴随油气充注或深部热液注入,可发生矿物溶蚀与沉淀、重结晶或白云岩化等成岩作用,成岩过程复杂化。总之,沉积作用时间较短,过程简单,决定了储层的原始物性,而成岩作用时间漫长,过程复杂,涉及的成岩类型较多,决定着储层的整个演化过程。

二、储层成岩作用类型

下面简要介绍几种普遍存在且对储层发育有重要影响的成岩作用类型。

(一)机械压实作用

机械压实作用,是指在上覆沉积物、水体压力或构造应力的作用下,岩石内体积减小、密度增加和孔隙减少的过程。压实作用是一个物理过程,所导致的孔隙度改变不可逆转,因此,压实作用对储层是一种破坏性成岩作用。压实作用使沉积物内部容易发生颗粒滑动、位移及破裂,致使颗粒重新排列,或者某些结构构造发生改变。岩石中矿物成分及性质的不同,将造成压实的结果不同,刚性组分如石英、长石等矿物的抗压实能力通常较强,而云母、岩屑等塑性组分的抗压实能力相对较弱。

(二)压 溶 作 用

压溶作用,又叫溶解蠕变,是指在压力条件影响下,沉积物中的某些颗粒,如方解石、石英等,在高压应力区内溶解,然后通过流体迁移至低压应力区内沉淀,从而导致塑性变形的过程。压溶作用是沉积岩中有流体参与的塑性变形的过程,通常可以产生缝合线等结构构造现象。

(三)胶 结 作 用

胶结作用,是指矿物质从溶液中沉淀出来,形成胶结物的过程。胶结作用既包括石英次生加大、方解石胶结和硬石膏胶结,也包括碳酸盐岩胶结和高岭石胶结等。胶结作用可发生于成岩作用的各个阶段,通常致使松散的沉积物固结为坚硬的岩石,对砂体的储集性能有多重作用。①破坏作用:沉积盆地储层的孔隙度与胶结物的含量通常具有较强的负相关性,如高碳酸盐岩胶结物含量带一般对应着低孔隙度发育带(钟大康等,2003)。②加强作用:一方面,早期生成的胶结物可以抵抗压实作用,在后期成岩演化过程中成为易溶物质,易形成次生孔隙带;另一方面,在深埋藏条件下,作为环边衬里的自生矿物存在,如绿泥石,能够保存孔隙,这时孔隙度和该类型矿物之间常表现为正相关关系(黄思静等,2004)。③保持作用:胶结物发生在早成岩阶段,且相对分散,当时粒间孔隙体积较大,胶结物占据孔隙,如早期硅质胶结,可增加岩石的抗压实性,对原生孔隙度具有保持作用。因此,胶结作用对储层孔隙度的影响,不仅取决于胶结量,而且与胶结物的形态也密切相关。

（四）交代作用

交代作用，是指沉积物或沉积岩中某种矿物被化学成分不同的另一种矿物所取代的现象，如钙长石和钾长石的钠长石化，分别是钠交代了矿物中的钙和钾：

$$CaAl_2Si_2O_8（钙长石）+Na^++H_4SiO_4 \rightarrow NaAlSi_3O_8（钠长石）+Ca^{2+}+H_2O \quad (4.1)$$

$$KAlSi_3O_8（钾长石）+Na^++H_4SiO_4 \rightarrow NaAlSi_3O_8（钠长石）+K^++H_2O \quad (4.2)$$

交代作用主要发生在成岩过程的中后期，种类较多，既包括晚期胶结物对早期胶结物的交代，也包括胶结物对碎屑颗粒物的交代。在沉积演化过程中，经过交代作用，岩石矿物成分变化显著，但由于交代作用往往伴随着一种矿物（被交代矿物）的溶解和另一种矿物（交代矿物）的沉淀，总体对储层孔隙度、渗透率的影响并不大。

（五）溶解作用

溶解作用，是指在一定的成岩条件下，胶结物、矿物质及碎屑颗粒等发生溶解并释放离子的过程。溶解作用发生在成岩过程中的各个阶段，通常是一种建设性的成岩作用，导致储层的孔隙度增加，是储层砂岩中最重要的有利储层发育的成岩作用类型。溶解作用对储层最重要的改造就是在酸性条件下，导致次生孔隙的形成，次生孔隙是油气富集过程极其重要的储集空间类型之一。砂岩中的次生孔隙被普遍认为是由长石碎屑骨架颗粒或早期形成的胶结物发生溶解作用而形成的。目前，次生孔隙的研究已成为寻找有利储层的主要方向之一，因此，溶解作用对油气聚集具有重要的意义。

（六）重结晶作用

重结晶作用，又称为"再结晶作用"，是指晶体电离后再次形成新的晶体，或者晶体在温度、压力等条件的影响下，颗粒大小改变，发生再结晶的过程，如早期的微晶方解石重结晶为连晶式的亮晶方解石，非晶质氧化硅转化为石英颗粒等，新形成的晶体矿物等化学成分可与原岩相同，也可不同。重结晶作用常常发生在碎屑岩胶结物中，可能导致储层孔隙度和连通性变差，是一种破坏性的成岩作用。

（七）构造破裂作用

构造破裂作用，是指岩石在地壳内部动力作用下，沿着一定方向，发生机械破裂，产生裂缝，从而失去其自身连续性、整体性的现象。裂缝通常能沟通粒间和粒内溶孔，改善储层物性。在破裂作用的影响下，后期的溶蚀作用将向更有利于孔隙度、渗透率发育的方向发展，对油气运移具有积极作用。

第二节 成岩过程中的水岩反应

20 世纪 50 年代，苏联地球化学家奥夫钦尼科夫提出水岩相互作用（water-rock interaction，WRI）的概念（沈照理和王焰新，2002）。水岩相互作用系统通常由两部分组成："水"和"岩"，"水"是指各种各样的流体，而"岩"是指各种固相物质（矿物和岩石），因此，在地表和地下深处进行的各种地球化学过程都属于水岩相互作用（刘峰，2010）。

水岩相互作用的研究范围除了包括传统的沉积盆地流体、地热、变质环境、稳定同位素及放射性同位素、热液矿床及地球化学模拟等方面的内容，也包括热力学、动力学、有机地球化学与微生物地球化学、地质灾害、环境污染与全球变化等研究内容。水岩相互作用的研究对象不局限于单纯的水岩相互作用，而矿物表面的吸附作用，矿物骨架颗粒的溶蚀作用，氧气、硫化氢和二氧化碳等气体的成岩效应也被列入研究范围，因此，目前水岩相互作用的研究内容已经扩展为水-岩-气-微生物-有机物-无机物及人类活动之间的相互作用。

沉积盆地中水岩相互作用的主要研究内容包括：有机酸的来源和分布及其对矿物溶解、沉淀的影响、地层水的成因及演化、烃类与岩石间的氧化还原反应及储层物性的变化等（蔡春芳，1996）。水岩相互作用贯穿整个成岩演化过程，决定了储层孔隙度的演化，因此在油气勘探中越来越受重视。已有许多学者研究了砂岩储层的成岩作用，其水岩反应主要包括石英胶结作用（Oelkers et al.，2000；Makowitz et al.，2006；Gier et al.，2008）、白云石化作用（Whitaker and Xiao，2010；Garcia-Fresca et al.，2012；Rivers et al.，2012）、伊利石增生（Franks and Zwingmann，2010；Lander and Bonnell，2010）及海水入侵作用（Mohsen-Nia et al.，2005）、热对流驱动（Jones and Xiao，2005）和 CO_2 影响（Chang et al.，2013）下的其他矿物溶解和沉淀作用。

沉积盆地地质环境及成岩过程复杂，在解释过去或预测未来的水岩作用研究时，往往较为困难，因此，必须要综合应用多学科的知识，将多种方法相结合。传统的热力学计算依然是研究水岩反应机理的可靠方法之一，随着成岩研究的发展和要求的提高，开展成岩过程中水岩相互作用的室内实验、热力学计算及数值模拟研究，是成岩作用研究的重要趋势。

目前，成岩过程的水岩相互作用研究已成为油气勘探领域的重点方向之一，查明在漫长成岩演化过程中储层孔隙度的演变过程，从而为储层质量的评价和预测提供有价值的基础资料。然而，成岩过程是极其漫长且复杂的地质过程，成岩前的岩石结构和组成，成岩过程中的温度、压力、水溶液性质、构造运动、外界流体的侵入、矿物组分的改变等众多因素均影响水岩相互作用，因此，成岩过程水岩相互作用的研究十分困难，还存在很多问题。水岩相互作用研究在目前和今后都将是解决地下岩石孔隙度分布和储层质量预测的重要手段，在今后一定能获得进一步的发展。

第三节　成岩数值模拟原理与软件

一、成岩作用数值模拟介绍

成岩作用数值模拟是在储层成岩作用类型和成岩演化序列解析的基础上，综合考虑沉积物初始矿物成分、初始地层水特征以及不同成岩作用阶段的成岩矿物、流体特征和温度、压力特征，从正演模拟角度出发，在遵循物质守恒、化学平衡的基本原理下，定量恢复储层的水-岩反应过程、成岩作用过程以及孔隙度演化。

近年来，随着油气勘探及开发的深入发展，对于成岩作用，无论是在理论研究，还是在实际勘探中，均取得了大幅度的进展。数值模拟作为一种行之有效而又经济的技术方法，已成为成岩作用研究的重要手段和工具，由纯粹的岩相学反演模拟，到考虑水岩相互作用影响的复杂模拟，经历了从无到有、从简单到复杂、从单一到综合的阶段。目前，成岩作用的数值模拟方法可分为两类：作用模拟和效应模拟。作用模拟是基于各类物理化学作用，模拟各种具体的、典型的成岩作用，主要用于单项成岩作用的研究，如石英胶结、伊利石化和白云石化等，不能从整体上反映成岩作用对储层的改造程度，对沉积盆地储层的评价和预测贡献不大；效应模拟则忽略了具体的单个成岩作用过程，只考虑各种典型成岩作用的综合结果，回避了很多不确定因素，重在评价和预测储层的综合效果，而不是单一的成岩作用机理研究，对实际油气勘探开发具有更直接的意义。

成岩作用的数值模拟过程一般包括：首先，明确成岩作用特征，在此基础之上，选择研究区成岩阶段的划分标准，借助盆地岩石学测试分析技术，建立成岩演化史，模拟各个重要成岩参数的分布，从而判断成岩阶段。目前，成岩作用的数值模拟技术所应用的方面主要有：①模拟成岩史；②预测成岩阶段的空间分布；③预测次生孔隙发育带的空间分布；④评价和预测有利储层的分布；⑤研究孔隙演化的主控因素。

成岩作用数值模拟技术已有几十年的发展历史，取得了一系列突出的科学成就，一方面，随着计算机技术的迅速发展，极大地提高了人们对更大尺度、更复杂的成岩问题的认知能力，另一方面，不断提出的油气勘探要求对现有的技术提出挑战，形成了该领域发展的强大推动力。成岩作用数值模拟技术有以下两方面的发展趋势：①对成岩作用复杂规律更全面、更深刻的认识。成岩过程涉及的空间和时间尺度大，过程复杂且具有隐蔽性，建立正确的数值模型的前提是明确成岩条件和过程。②与其他学科相结合。成岩过程中涉及物理、化学和热等多个过程，相互之间密切联系，将盆地模拟、力学模拟和地球化学模拟等多学科的内容相结合，更有意义。

二、成岩数值模拟基本原理

成岩过程中的流体流动、矿物转化和元素迁移等复杂过程，都需要一个关于物质流动和化学运移的整合方法来描述，而地下多组分反应溶质运移模拟（reactive transport modeling，RTM）是刻画地下诸多耦合过程（地球化学、微生物和物理过程等）的重要工具（许天福等，2012），包括了化学反应与反应后的溶质运移与沉淀过程，能较好地模拟地层条件下长时期的储层成岩演化过程。

（一）化学反应

化学反应包括一系列平衡或动力学控制的过程，主要为气-液相互作用、矿物表面络合反应、阳离子交换作用、矿物的溶解/沉淀以及反应对孔隙度和渗透率的影响等。

1. 气-液相互作用

液相和气相的反应通常假设平衡，根据质量守恒定律，表示为式（4.3）(Xu et al., 2012)：

$$P_f \varGamma_f K_f = \prod_{i=1}^{N_c} c_i^{v_{fi}} \gamma_i^{v_{fi}} \tag{4.3}$$

式中，f 为气体指标；P 为分压（bar）；Γ 为气体逸度系数，低压条件下假定为1，高压条件下根据温度和压力进行校正，假设 H_2O 和 CO_2 为混合理想气体，校正公式为式（4.4）；γ 为活度系数，当溶液中离子强度较低时，CO_2 的活度系数假定为1，当溶液中离子强度较高时，校正公式为式（4.5）。

$$\ln\Gamma = \left(\frac{a}{T^2} + \frac{b}{T} + c\right)P + \left(\frac{d}{T^2} + \frac{e}{T} + f\right)\frac{P^2}{2} \quad (4.4)$$

式中，P 为总气压（蒸汽和 CO_2）；T 为绝对温度；a，b，c，d 和 e 均为校正系数。

$$\ln\gamma = \left(C + FT + \frac{G}{T}\right)I - (E + HT)\left(\frac{I}{I+1}\right) \quad (4.5)$$

式中，T 为绝对温度；I 为离子强度，计算方法为式（4.6）；C，F，G，E 和 H 为常数，其中 $C=-1.0312$，$F=0.0012806$，$G=255.9$，$E=0.4445$，$H=-0.001606$。

$$I = \frac{1}{2}\sum_i c_i Z_i^2 \quad (4.6)$$

式中，c_i 为第 i 个液相组分的浓度（mol/kg·H_2O）；Z_i 为第 i 个液相组分化学价。

2. 表面络合作用

当前众多反应溶质运移模拟程序对表面络合过程的处理基本一致，均考虑化学条件变量的影响，认为表面吸附物质拥有官能团，从而形成络合物，类似于溶液中的液相组分，包括质子交换、配位体交换等（Xu et al.，2012；Steefel et al.，2014）：

$$XOH + M^{Z+} = XOM^{Z+1} + H^+ \quad (4.7)$$

式中，XOH 表示某种用于反应的化学溶液；XOM 表示反应交换后形成的化学产物；$z+$ 表示 M 的化学价。

在平衡状态下，根据质量守恒定律，平衡式为

$$K_{eq} = \frac{[XOM^{Z+1}][H^+]}{[XOH][M^{Z+}]} \quad (4.8)$$

式中，[ ] 代表活度；K_{eq} 为平衡常数，取决于表面离子化的程度。

然而，平衡学处理方式往往无法精确描述岩石表面金属或天然含水层中的某些污染物缓慢释放的过程，因此，动力学处理方式越来越常用。

3. 阳离子交换作用

阳离子交换作用的一般表达式为式（4.9），S_i 交换了 $\left(X_{\upsilon_j} - S_j\right)$ 中的 S_j，形成 $\left(X_{\upsilon_i} - S_i\right)$，平衡常数的计算方法如式（4.10）所示。

$$\frac{1}{\upsilon_i}S_i + \frac{1}{\upsilon_j}\left(X_{\upsilon_j} - S_j\right) \Leftrightarrow \frac{1}{\upsilon_i}\left(X_{\upsilon_i} - S_i\right) + \frac{1}{\upsilon_j}S_j \quad (4.9)$$

$$K_{ij}^* = \frac{w_i^{1/\upsilon_i} \cdot a_j^{1/\upsilon_j}}{w_j^{1/\upsilon_j} \cdot a_i^{1/\upsilon_i}} \quad (4.10)$$

式中，a_i 和 a_j 分别为 S_i 或 S_j 的活度；w_i 和 w_j 分别为 $\left(X_{\upsilon_i} - S_i\right)$ 和 $\left(X_{\upsilon_j} - S_j\right)$ 的活度。

4. 矿物的溶解/沉淀

（1）平衡控制

通过矿物的饱和指数（SI）可以判断矿物的溶解或沉淀状态及趋势，SI 为正值代表矿物沉淀，负值代表溶解，等于 0 时则代表平衡状态。SI 的计算方法如式（4.11）所示（Xu et al.，2012）。

$$\text{SI}_m = \log_{10}\Omega_m = 0 \tag{4.11}$$

式中，SI_m 为第 m 个矿物的饱和指数；Ω_m 为第 m 个矿物的饱和度，计算方法如式（4.12）所示。

$$\Omega_m = K_m^{-1}\prod_{j=1}^{N_c} c_j^{\upsilon_{mj}}\gamma_j^{\upsilon_{mj}} \quad m = 1,\cdots,N_p \tag{4.12}$$

式中，K_m 为平衡常数；c_j 为第 j 个基本组分的物质的量浓度；γ_j 为第 j 个基本组分的热力学活度系数，其他参数同前。

（2）动力学控制

热力学只能解决（近）平衡态和可逆过程中的问题，而地球化学反应的速率往往非常慢，难以达到平衡状态，并且不是可逆的过程。

当系统远离平衡状态时，则必须基于动力学控制的理论进行研究，矿物溶解或沉淀的一般方程为式（4.13）（Xu et al.，2012）。

$$r_n = f\left(c_1, c_2, \cdots, c_{N_c}\right) = \pm k_n A_n \left|1 - \Omega_n^{\theta}\right|^{\eta} \quad n = 1,\cdots,N_q \tag{4.13}$$

式中，r_n 为正值代表溶解，负值代表沉淀；k_n 为速率常数；A_n 为反应比表面积；Ω_n 为动力学矿物饱和度；参数 θ 和 η 通常取 1。

动力学速率常数 k，往往由中性、酸性和碱性机制共同控制，计算方法如式（4.14）所示（Xu et al.，2012）。

$$\begin{aligned}k = &k_{25}^{\text{nu}}\exp\left[\frac{-E_a^{\text{nu}}}{R}\left(\frac{1}{T}-\frac{1}{298.15}\right)\right] + k_{25}^{\text{H}}\exp\left[\frac{-E_a^{\text{H}}}{R}\left(\frac{1}{T}-\frac{1}{298.15}\right)\right]a_{\text{H}}^{n_{\text{H}}} \\ &+ k_{25}^{\text{OH}}\exp\left[\frac{-E_a^{\text{OH}}}{R}\left(\frac{1}{T}-\frac{1}{298.15}\right)\right]a_{\text{OH}}^{n_{\text{OH}}}\end{aligned} \tag{4.14}$$

式中，上标 nu、H 和 OH 分别代表中性、酸性和碱性机制；E_a 为活化能；其他参数同前。

5. 孔隙度和渗透率

孔隙度和渗透率随时间的变化，以及由矿物溶解和沉淀造成的非饱和水文参数会对渗流路径造成一定的影响。孔隙度的变化主要受矿物溶解和沉淀作用的影响，当沉淀量大于溶解量时，孔隙度减小，相反，孔隙度则增加。孔隙度 φ 可由矿物体积分数的改变计算而得

$$\varphi = 1 - \sum_{m=1}^{nm} fr_m - fr_u \tag{4.15}$$

式中，nm 为矿物种类；fr_m 为第 m 种矿物的体积分数；fr_u 为不反应的岩石的体积分数。

在实际地质体中，孔隙度和渗透率的关系非常复杂，主要受孔隙的大小和形状、孔隙的分布及连通性等多种因素影响。几种常用的计算渗透率的模型包括：①忽略粒径、弯曲度和比表

面积，基于 Kozeny-Carman 关系，通过孔隙度计算；②基于改进的 Hagen-Poiseuille 定律，结合孔隙分布、孔隙大小和孔隙类型进行计算；③简单的立方体定律和 Kozeny-Carman 孔渗方程，考虑孔隙的几何特征及矿物的沉淀位置和渗透率的关系（Xu et al., 2012）。

（二）反应溶质运移

1. 多相流动

可变饱和流可以用全套的多相流守恒方程描述，如式（4.16）所示；当忽略滞后效应时，也可以用 Richards 方程描述，如式（4.17）所示（Steefel et al., 2014）。

$$\frac{\partial\left[\varphi\sum_{\alpha}\rho_{\alpha}S_{\alpha}Y_{j\alpha}\right]}{\partial t}=\nabla\cdot\left[-\sum_{\alpha}\rho_{\alpha}Y_{j\alpha}\frac{k_{r\alpha}k_{sat}}{\mu}\left(\nabla P-\rho_{\alpha}ge_{s}\right)\right]+\rho_{\alpha}Q_{j} \quad (4.16)$$

式中，φ 为孔隙度；ρ_{α} 为密度；S_{α} 为 α 相饱和度；$Y_{j\alpha}$ 为第 j 组分在 α 相的质量分数；t 为时间；∇ 为散度算子；$k_{r\alpha}$ 为相对渗透率；k_{sat} 为饱和条件渗透率；∇P 为流体压力梯度；g 为重力加速度；e_{s} 为垂向单位的量；Q_{j} 为体积源项。

$$S_{\alpha}S_{s}\frac{\partial h}{\partial t}+\varphi\frac{\partial S_{\alpha}}{\partial t}=\nabla\cdot\left[k_{m}K\nabla h\right]+Q_{\alpha} \quad (4.17)$$

式中，S_{α} 为液相饱和度；S_{s} 为比容；h 为流体势能的度量；k_{m} 为相对渗透率；K 为绝对渗透率；其他参数同式（4.16）。

单相流作为多相流的特殊情况，其连续方程可以表示为

$$\frac{\partial\left[\varphi\rho_{f}\right]}{\partial t}=\nabla\cdot\left[\rho_{f}q\right]+\rho_{f}Q_{\alpha} \quad (4.18)$$

式中，q 为水的达西流量，计算方法如式（4.19）所示；其他参数同式（4.16）和式（4.17）。

$$q=\varphi v=-\frac{k_{sat}}{\mu}\left[\nabla P-\rho_{f}ge_{s}\right] \quad (4.19)$$

式中，v 为单孔速率；其他参数同式（4.16）～式（4.18）。

2. 溶质运移

分子扩散最简单的处理方法是 Fick 第一定律，即溶液中每一种类的扩散流量与浓度梯度呈比例关系，如式（4.20）所示（Steefel et al., 2014）。在一定体积范围内，扩散流量表示为式（4.21），即 Fick 第二定律。

$$J_{j}=-D_{j}\nabla C_{j} \quad (4.20)$$

式中，J_{j} 为扩散流量；D_{j} 为扩散系数；C_{j} 为浓度。

$$\frac{\partial C_{j}}{\partial t}=-\nabla\cdot\left[J_{j}\right]=\nabla\cdot\left[D_{j}\nabla C_{j}\right] \quad (4.21)$$

在孔隙介质中，还需要考虑弯曲系数，计算方法如式（4.22）所示。

$$T_{L}=\left(L/L_{e}\right)^{2} \quad (4.22)$$

式中，L 为单独水中溶质的运移路径长度；L_{e} 为孔隙介质中溶质的弯曲路径长度。

机械弥散 D 为弥散系数 α 和流体速率 V 的乘积：

$$D=\alpha\cdot V \quad (4.23)$$

3. 反应运移

反应运移的求解包括顺序迭代法和顺序非迭代法。在顺序迭代法中，质量运移方程和化学反应方程是两个独立的子系统，分别迭代求解，直到满足迭代收敛标准。如果假定液相中的反应处于局部平衡，那么质量运移方程可以仅由溶解组分的浓度表达，液体中多组分反应运移可以表示为（Xu et al.，2012）：

$$\frac{\Delta t}{V_n}\sum_m A_{nm}\left[u_{nm}^{k+1}C_{nm}^{(j),k+1,s+1/2} + D_{nm}\frac{C_m^{(j),k+1,s+1/2} - C_n^{(j),k+1,s+1/2}}{d_{nm}}\right]$$
$$= \Delta M_n^{(j),k+1} - q_n^{(j),k+1}\Delta t - R_n^{(j),k+1,s}\Delta t$$
$$j = 1, 2, \cdots, N_e \quad (4.24)$$

式中，n 为网格代号；m 为 n 相邻的网格代号；j 为化学组分代号；N_e 为化学组分数量；k 为时间步长代号；s 为运移-化学迭代，一个运移-化学迭代分两部分，$s+1/2$ 代表运移，$s+1$ 代表化学；u_{nm} 为达西速率；D_{nm} 为有效扩散系数；$C_m^{(j),k+1,s+1/2}$ 为总溶解组分浓度；d_{nm} 为节点距离；$R_n^{(j),k+1,s}$ 为总的化学反应源汇项。

顺序迭代法的关键是求解两套独立的方程：运移方程和化学方程，其中，运移方程通过逐个组分求解，而化学方程通过逐个网格求解，两者通过更新化学源汇项进行耦合。顺序非迭代法将运移方程和化学方程一次求解，其准确性取决于 Courant 数和化学过程，当 Courant 数小于 1 时，顺序迭代和顺序非迭代法的区别很小（Xu et al.，2012）。

三、成岩数值模拟软件

目前反应溶质运移的模拟软件很多，均基于有限差分或有限元，所运用数学公式的核心思想都是质量守恒和能量守恒定律。不同软件之间最大的差异是适用条件不同，也就是所能概化的物理场及概化方式不同。例如，流体在层流中的运动可以用达西定律描述，而在湍流中就不再适合，需要用动量守恒定律。描述流体运移的传热需要用热对流，而固体之间是热传导。

目前应用比较广泛的反应溶质运移模拟软件包括 EQ3/6、PHREEQC、SOILCHEM、UNSATCHE、MT3DMS、RT3D、PHT3D、NETPATH、WATERQ4F、PHAST、HPx、OpenGeoSys（OGS）、HYTEC、eSTOMP、HYDROGEOCHEM、MIN3P、PFLOTRAN、TOUGH 系列和 TOUGHREACT 软件等。

（一）常用的反应溶质运移模拟软件

EQ3/6 可模拟反应路径和某些矿物溶解、沉淀反应的动力学问题；PHREEQC 可以处理两种水的混合和水溶液与矿物相平衡的问题，已由单网格的计算扩展到了反演模拟和 1D 运移模拟；SOILCHEM 可以模拟土壤水化学成分的变化过程（Sposito et al.，1988）；UNSATCHE 可以描述 1D 饱和或非饱和多组分土壤溶质反应运移过程；MT3DMS 可描述 3D 多组分溶质运移，包括地下水中污染物的扩散、弥散和平流过程；RT3D 是基于 MODFLOW 的溶质运移模拟程序，源于 MT3DMS，可以模拟 3D 多组分的地下水中化学组分的反应运移；PHT3D 是一个基于 MT3DMS 和 PHREEQC 的 3D 多组分反应溶质运移模拟软件，目前经前后处理已被整合为可视化软件 PMWIN；NETPATH 可以进行反向地球化学模拟，能够描述在同一路径上不同位置的地球化学反应；WATERQ4F 是基于程序 WATEQ，将温度、压力、水化学分析测试结果等作为输入，计算液相组分的分布、离子活度和矿物饱和度等，其结果可用于 BALANCE 和 PHREEQE；PHAST 由美国地质调查局（USGS）开发，能模拟 3D 饱和地下水系统中多组分反应溶质运移，适用于从室内实验到区域场地等各种规模的自然或污染状态下的地下水系统研究；HPx（HP1，HP2，HP3）是 HYDRUS 和 PHREEQC 的缩写，它将流体及溶质运移软件 HYDRUS 和 PHREEQC 联合，最初开发是针对 1D 流体运移，目前已可以解决可变饱和流体中多维的流体及运移问题；OpenGeoSys（OGS）是一个孔隙或裂隙介质中水力场-温度场-力学场-化学耦合的模拟软件，可用于环境科学、污染水文学、垃圾储存、地热等领域，目前通过与其他软件耦合，形成了众多解决地球化学或生物化学问题的软件，如 PHREEQC/IPhreeqc、GEMS 和 BRNS；HYTEC 是一个可用于不同尺度、支持双孔隙度、两相流非饱和可变边界条件及源汇项的反应溶质运移模拟软件；eSTOMP 是多相溶质运移软件 STOMP 的并行程序，能够处理地下非均质介质中可变饱和水流、运移和反应的问题；HYDROGEOCHEM 是一个耦合了水力场-温度场-力学场-化学场的反应运移模拟软件，已成功解决了放射性污染物处置和氧化还原带的运移等问题；MIN3P 是一个专门用于模拟可变饱和介质中的多相流体和化学溶质运移的软件，衍生了 MIN3P-DUAL、MIN3P-BUBBLE、MIN3P-DUSTY、MIN3P-DENS 等，目前，基于 MIN3P，加入了温度场-水力场-化学场，开发了 MIN3P-THCm；PFLOTRAN 是一个并行处理器，能够求解孔隙介质中非等温多相流、生物化学运移和地质力学问题的非线性偏微分方程系统（Steefel et al.，2014）。

（二）TOUGH 系列软件

TOUGH（transport of unsaturated groundwater and heat）是一套用于孔隙或裂隙介质中非等温、多相流、多组分反应溶质运移方面的模拟软件，模拟水、气、不可压缩气体和热的耦合运移（Pruess et al.，1999）。TOUGH 系列软件由美国劳伦斯伯克利国家实验室（LBNL）开发，于 1987 年公开发布，1991 年升级为 TOUGH2 版本。TOUGH2 采用标准的 FORTRAN77 语言编写，程序源代码公开，便于软件推广和再开发，它可以在任意平台上运行。20 世纪 80 年代初，主要用于地热储层工程，现在被广泛应用于核废料处置、环境修复和地热、油气储层相关的能源生产、天然气水合物储层、CO_2 地质储存、包气带水文学，以及其他耦合热学、水文学、地球化学和力学等众多过程的研究（Oldenburg and Pruess，1995；Battistelli et al.，1997；Xu et al.，2006；Pruess and Spycher，2007；Pau et al.，2010；Lee and Ni，2015）。

针对拟解决的不同问题，TOUGH 包含多个 EOS（equation-of-state）模块，随着软件的不断更新，EOS 模块也不断被开发，且不断有后续程序出现。EOS1（水，含示踪剂的水）是一个最基础的模块，提供了在液、气及两相状态下纯水的描述，可以模拟水或具有示踪性质的水的运动，最高模拟温度为 350℃。EOS2（水，CO_2）是一个于 1985 年开发的升级版模块，用于含 CO_2 气体较多的地热储层，CO_2 气体的质量分数可达 80%以上，采用 Battistelli 等（1997）开发的子程序，最高温度为 350℃。EOS3（水，空气）是 TOUGH 前两种 EOS 的改进版本，完善了热物理模型，把气体近似当作理想气体，假定气体和蒸汽在气相中的分压具有可加性。EOS4（水，空气，具备蒸汽压降低功能）与 EOS3 在热物理方面的区别仅在于 EOS4 考虑了蒸汽压降低的影响，在 EOS4 的新版本中已经添加了问题的初始化功能，而且能在单一组分（只有水）模式时运行。EOS5（水，氢气）的开发主要用于研究含有氢气的地下水系统，尤其是废物处置的过程。EOS3 和 EOS5 的主要热力学变量相同，区别在于次级系数不同。EOS7（水，盐水，空气）作为 EOS3 模块的扩展，可模拟纯水和卤水的混合流动，有效地计算盐度未饱和的水流问题。EOS7R（水，盐水，放射性核素1，放射性核素2，空气）是 EOS7 的一个增强型版本，加入了两个新的质量组分 Rn1 和 Rn2，分别作为母代和子代放射性核素，EOS7R 只能处理具有水溶性和挥发性放射性核素，无法模拟放射性核素不溶于水、以单独相态存在的情况。EOS7C 模拟多组分气体（CH_4-CO_2、CH_4-N_2 等）的混合系统，成分为水、海水、不可压缩性气体、示踪气体、甲烷和热，EOS7C 不能模拟过渡到液态或固态的过程（Oldenburg et al.，2004）。EOS8（水，空气，油）是一个增强版的 EOS3，增加了第三个非挥发性、非溶解的组分-油，能够简单地模拟三相流（气相、液相和油相），油指的是重油，没有挥发性和可溶性组分，与水互不混溶，在模型中作为单独相态考虑。EOS9（饱和-非饱和流动）能够描述非饱和流动，只有一个单独的初始热动力变量，考虑了单液相饱和流，完全由一个单水组分组成，每个网格仅一个水质量方程即可。EOS9nT 用于模拟地下水流和任意数量的非挥发性示踪剂（溶质或胶质）的运移，能够解决非常规 3D 网格，并且在水流域稳定之后能对运移方程的 Laplace 空间公式进行选择。EWASG（水，NaCl，不可凝气体）的开发是为了用盐水流体和非压缩性气体（NCG）模拟地热储存，非压缩气体包括 CO_2，空气，CH_4，H_2，N_2。ECO2N（水，盐水，CO_2），主要用于 CO_2 在咸水含水层的储存。它包括 H_2O-NaCl-CO_2 混合物热物理和热动力属性的综合描述，在大范围温度、压力和盐度条件下（10℃≤T≤110℃；P≤600bar；盐度达到完全岩盐的饱和度），能再现流体属性。2015 年初，ECO2N V2.0 已经公布，最高模拟温度由原先的 110℃增至 300℃，更加全面、综合地描述了 H_2O-NaCl-CO_2 混合物的热力学和热物理学性质，可用于增强型地热储层的模拟。ECO2M 是基于 ECO2N 开发的增强型版本，在 ECO2N 的基础上考虑了 CO_2 不同相态之间的转化，目前已实现了水相-CO_2 气相-CO_2 液相-水、CO_2 气两相-水、CO_2 液两相-CO_2 气、液两相-水、CO_2 气、液三相，共七相之间的相态转化，可用于 CO_2 泄漏的模拟。T2VOC 于 1995 年发布，是多维非均质孔隙介质中水、气和挥发性有机化合物（NAPLs）的三相、三组分、非等温流体的数值模拟模块，用于模拟各种裂隙介质中的非水相污染液体迁移、土壤气相萃取、非饱和带中的化学气体蒸发和扩散、原位空气曝气、污染地下水抽取等过程（Falta et al.，1995）。TMVOC 于 2002 年发布，适用于多孔介质中的水-气-挥发性有机物等混合物三相共存条件下的水热模拟，可用于处理饱和或非饱和介质中，有机溶剂或碳氢燃料泄漏所导致的污染问题，既可以在"自然"状态下模拟污染物的运移，也可以模拟在土壤气相萃取、地下水抽取等条件下污染物的状态。

除了以上基本模块，目前还有众多基于 TOUGH 进行补充和改写的模块，如 TOUGH+HYDRATE（Moridis et al.，2008）、TOUGH+Air H_2O、TOUGH+CO_2、TOUGH2-MP（Zhang et al.，2008）、iTOUGH2（Finsterle，2007）、TOUGH-FLAC、T2WELL 等，已广泛应用于 CO_2 地质储存、水合物开采、地热开发等领域。

（三）TOUGHREACT 软件

TOUGHREACT 是在 TOUGH2 的基础上，引入地球化学反应模块耦合而成，在原有的温度场（T）、水力场（H）基础上，增加了化学场（C），实现了 T-H-C 多场耦合，是一个相对完善的非等温、多相流体反应地球化学运移模拟软件，可用于饱和或非饱和介质中，能够模拟 1D、2D 和 3D 的孔隙或裂隙介质中水流、热量、多组分溶质运移和地球化学过程（Xu et al.，2006，2011）。TOUGHREACT 的第一版由美国能源部能源科学和技术软件中心（ESTSC）于 2004 年 8 月正式发布，目前已被广泛应用于 CO_2 地质储存、核废料地质处置、地热能开发利用、成岩作用、污染物运移及修复、地下水水质评价、生物地球化学、油气开发等反应流体和地球化学问题（Xu et al.，2005；Taron et al.，2009；Yang et al.，2023）。

TOUGHREACT 可模拟的温度和压力范围较大，数据库的温度为 0～300℃，并且通过完善数据库即可实现温压范围的扩展。液体的饱和度同样具有较高的灵活度，程序可完成含水层从饱水到完全疏干所经历的整个化学反应过程的模拟。模拟能够处理的离子强度范围为稀溶液到中等咸水（对于 NaCl 为主的溶液），离子强度约为 2～4mol/L。与 TOUGH2 一样，针对拟解决的问题，TOUGHREACT 也包含了多个 EOS 子模块，其功能和使用条件与 TOUGH2 相应的模块一致。

TOUGHREACT 模拟的核心包括多场耦合过程及其求解方法两部分。

1. 多场耦合过程

温度场-水力场-化学场（T-H-C）的耦合过程可分为 3 个相对独立的反应过程：多相流动，传热、溶质运移，化学反应。基于质量和能量守恒定律，用达西定律、Fick 定律和质量作用定律分别描述这 3 个过程，建立热-水动力-化学的数学模型，它们具有相同的结构（Xu et al.，2006，2012）。

对于多相流动及传热过程，主要包含 4 个部分：①流体在压力、黏度和重力的驱动下在液相或气相中的流动；②以特征曲线（相对渗透率和毛细压力）表示的各流动相态间的相互作用；③热的对流传导和平流传导；④水蒸气和空气的扩散。在计算热物理和地球化学性质时，将流体（气体和液体）的密度、黏度、矿物-水-气反应的热力学及动力学数据等均当作温度的函数来计算，在液相和气相中，均考虑水相离子和气相组分运移时的对流及分子扩散。在计算机内存和 CPU 允许的情况下，系统可以包含任意数量的液、气、固相。当假设局部平衡时，考虑了水相离子的络合作用、酸碱中和作用、氧化还原作用、气体的溶解及阳离子交换作用。矿物的溶解与沉淀作用既可以在局部平衡的条件下进行，也可以在动力学条件下进行。

2. 求解方法

为表征地球化学反应系统，选择了 N_c 个水溶物种类作为基本组分（主要组成种类），其他组分称为次要组分，表示为基本组分的线性组合[式（4.25）]，共建立 N_c 个质量守恒方程和 1 个能量守恒方程。

$$S_i = \sum_{j=1}^{N_c} v_{ij} S_j \quad i = 1, \cdots, N_R \tag{4.25}$$

式中，S_i 为次要组分；S_j 为主要组分；N_R 为次要组分的个数；v_{ij} 为第 j 个基本组分在第 i

个反应中的化学计量系数。

耦合了非等温多相流动、溶质运移和化学反应的 TOUGHREACT 计算流程如图 4.1 所示。多相流体流动和热传递的数值计算，在空间上采用了离散的积分有限差方法（integral finite difference，IFD），这种方法能避免影响坐标整体系统，可以处理不规则网格问题，模拟 1D、2D 和 3D 非均质或裂隙介质中的流动、运移等问题。化学运移方程和流动、热传方程都是由质量守恒和能量守恒定律推导而来，具有相同的结构，因此化学运移方程可以用相同的方法求解。时间离散用向后一阶全隐式有限差法，能够有效避免多相流动过程中求解时间步长限制不合理的情况。积分有限差的离散方法中，任意区域 V_n 质量和能量守恒方程如式（4.26）所示。

$$\left| V_n \frac{\Delta M_n}{\Delta t} = \sum_m A_{nm} F_{nm} + V_n q_n \right| \tag{4.26}$$

式中，n 为模型中任一网格；m 为任一与 n 相邻的网格；Δt 为时间步长；M_n 为网格 n 中的质量或能量。

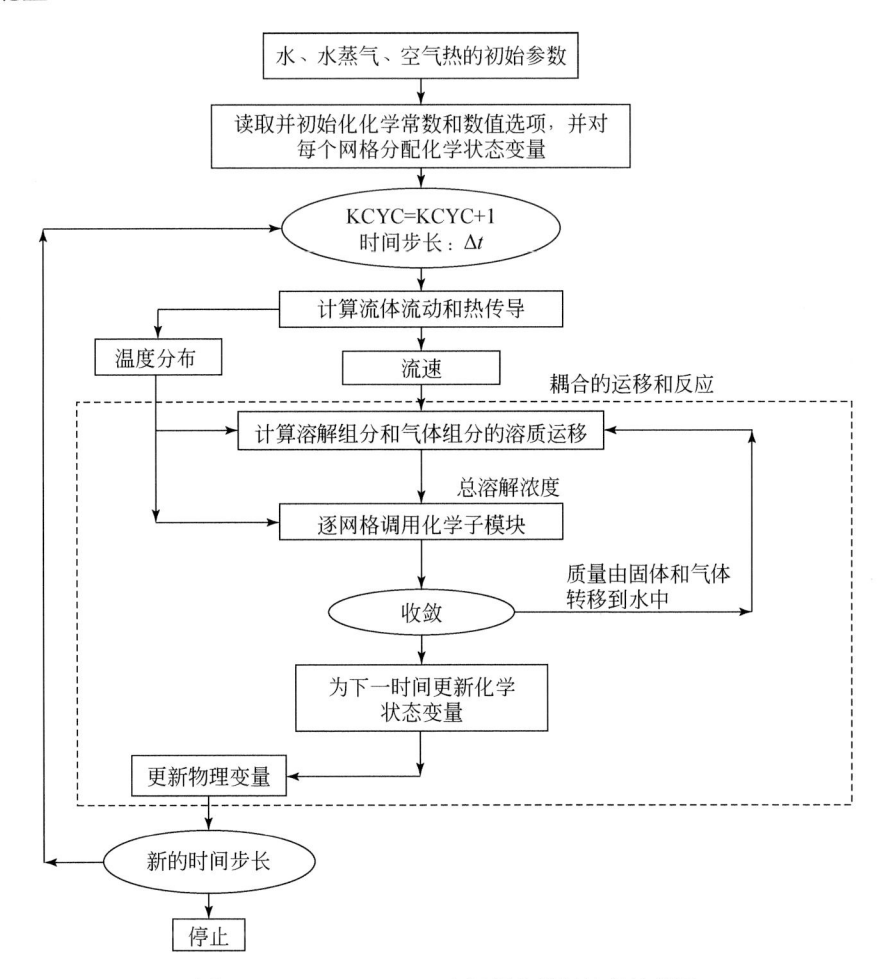

图 4.1 TOUGHREACT 多场耦合模拟计算流程图

耦合过程中，温度场和水力场为全耦合，化学场为部分耦合。在一个时间步长内，先利用状态方程实现温度场和水力场的全耦合，计算水热流动过程，传递温度场和水力场的信息，用于反应性溶质运移的计算，计算完成之后，把由化学反应导致的各组分改变量及由矿物反应导致的孔渗改变反馈给水热流动过程，由此来实现水-热-化学的多场耦合。反应过程主要包括两部分：一是溶质运移，二是化学反应，在程序中，两部分作为两个相对独立的子系统，可以用顺序迭代法（SIA）或顺序非迭代法（SNIA）求解。

第四节　成岩数值模拟应用实例

前人研究表明，沉积时期受地层频繁暴露和大气淡水淋滤影响，碳酸盐岩地层发育多层小规模不整合，不整合面之下溶蚀孔洞发育，是后期深埋后优质储层发育的关键因素（杨磊磊等，2020；何治亮等，2021；Yang et al.，2023），对深层-超深层油气勘探有重要研究意义。

本节以两个概念模型为例，重点介绍一维和二维成岩数值模拟的基本步骤、关键参数和模拟结果表现形式。这两个概念模型具有相似性，都是为了研究碳酸盐岩地层在沉积时期受大气淡水淋滤作用而发生的矿物溶蚀、沉淀、转化和孔隙度变化特征，为沉积期碳酸盐岩孔隙发育模式提供一定理论指导，对深层-超深层碳酸盐岩储层预测和油气勘探有一定参考价值。

一、大气淡水淋滤对不同类型碳酸盐岩矿物转化与孔隙变化的影响

（一）成岩模拟模型建立

在文献调研的基础上，首先建立一个 1D 的碳酸盐岩地层受大气降水淋滤的成岩模拟概念模型，然后对模型的初始条件、边界条件进行赋值，最后设定大气淡水淋滤时间，建立成岩模拟的一维模型。

1. 概念模型

建立垂向一维模型，如图 4.2 所示。垂向 Z 方向上总长度为 500m，均匀剖分为 100 个网格，每个网格 5m。顶端为地表面，埋深为 0m，底端埋深为-500m。X 方向宽 10m，Y 方向厚 10m，因此，模型共包括 100 个 10m×10m×5m 的网格。

在网格剖分的基础上，需要对模型进行温度、压力设定。假设模型的顶端温度为 25℃，压力为 0.1MPa，按照 3℃/100m 的地温梯度、0.98MPa/100m 的压力梯度计算，得到模型底部（500m）的温度为 40℃，压力为 5.0MPa（图 4.2）。

2. 初始条件

在碳酸盐岩地层沉积时期，未经历上覆地层压实且胶结程度差，具有相对较高的初始孔隙度。根据前人对塔里木盆地塔中地区奥陶系碳酸盐岩建立的埋深与孔隙度变化关系（陈金勇和李振鹏，2010），设定该碳酸盐岩概念模型的初始孔隙度为 28%、渗透率为 13mD[①]，初始地层是均质的，其他物性相关参数如表 4.1 所示。

---

① 1D=0.986923×10^{-12}m^2。

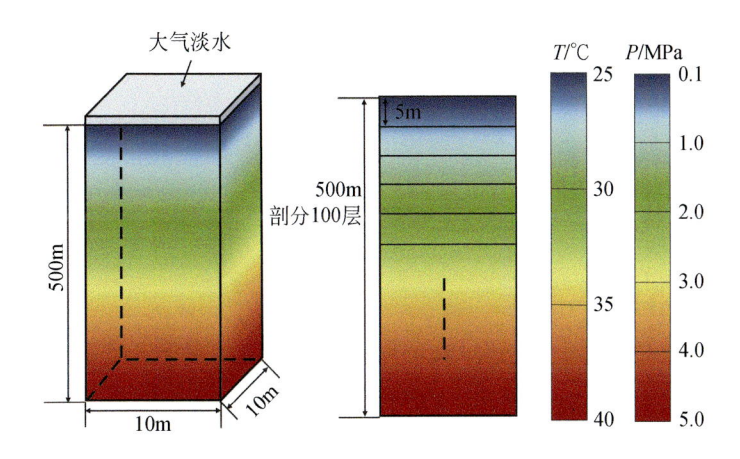

图 4.2 碳酸盐岩地层受大气淡水淋滤作用的一维温度、压力分布概念模型

表 4.1 概念模型中地层物性相关参数设定

参数	取值
孔隙度/%	28
水平渗透率/mD	13
垂直渗透率/mD	13
压缩系数/Pa^{-1}	4.5×10^{-10}
岩石密度/(kg/m^3)	2710
导热系数/[W/(m·℃)]	2.20
岩石颗粒比热/[J/(kg·℃)]	852

初始水化学参数是成岩数值模拟的关键参数，其获取难度较大。一般可先根据研究工区现今地层水化学特征，结合沉积初期该地区古地理环境分析并与现今相似沉积环境地区进行类比，给定初始水化学参数，然后利用成岩模拟软件进行岩石矿物平衡，得到相对合理的初始水化学参数。本概念模型中的水化学参数，是在上述方法下，结合塔里木盆地塔中奥陶系现今地层水化学特征进行赋值。水化学离子种类和浓度参数设定如表 4.2 所示。

表 4.2 概念模型中水化学离子种类和浓度参数设定　　（单位：mol/L）

离子种类	地层水	大气淡水
Ca^{2+}	1.0593×10^{-2}	4.2840×10^{-5}
Mg^{2+}	1.0299×10^{-3}	2.4679×10^{-5}
K^+	0.5363×10^{-4}	2.5269×10^{-5}
Na^+	0.9721×10^{-4}	2.3237×10^{-4}
Cl^-	0.1961×10^{-3}	2.2840×10^{-4}
HCO_3^-	0.4896×10^{-2}	5.0820×10^{-5}
SO_4^{2-}	0.5150×10^{-1}	2.8220×10^{-5}

由于碳酸盐岩的岩溶发育受其成分影响较强,概念模型中设置了 4 种碳酸盐岩类型,分别为:纯灰岩、纯白云岩、80%灰岩+20%白云岩、25%灰岩+75%白云岩。

3. 边界条件

模型的顶部为定速淋滤边界,底部为定压力边界,压力、离子浓度等所有物理化学条件均不随时间改变,不仅起到疏散系统内部压力的作用,也避免了系统边界对流体流动的限制。

实际地层的水文地质条件复杂,地下水天然流场分布不均,补给和排泄条件各异,大气淡水在地层水中的流动速率难以测得,因此本模型采用估算值设定大气淡水的淋滤速度。依据现今赤道附近年降雨量观测数据,全年平均降雨量为 1600~2000mm/a(Fattore et al.,2014)、年平均蒸发量约为 1000~1500mm/a(苏涛和封国林,2015)。地层补充水流量近似为全年平均降雨量与年平均蒸发量之差,即约为 100~500mm/a,同时考虑到地表植物蒸腾等作用影响,故本模型选取 90mm/a、300mm/a、450mm/a 三种大气淡水淋滤速率。

4. 淋滤时间

暴露淋滤时间的长短会极大地影响矿物反应的程度和规模。肖笛(2017)研究认为,暴露时间小于 0.05Ma 主要是对基质孔的改造,准同生-同生期岩溶的暴露时间一般小于 0.8Ma,早表生期岩溶暴露时间约为 0.8~3Ma。大气淡水淋滤主要发生在沉积期、准同生期和表生期,本模型选取了 2Ma、1Ma、0.1Ma 三种淋滤时间。

(二)模拟方案设置

针对 4 种类型碳酸盐,设置了多种大气淡水淋滤方案,对应不同的淋滤时间和下渗速率,共包含 12 个模型,研究不同的淋滤时间和下渗速率条件下,碳酸盐岩矿物的溶蚀、沉淀和转化规律及引发的孔隙度变化。模拟方案参数设置如表 4.3 所示。

表 4.3 模拟方案参数设置

模型	岩石类型	淋滤速度/(mm/a)	淋滤时间/Ma
模型 1	纯灰岩	90	0~2
模型 2	纯灰岩	300	0~2
模型 3	纯灰岩	450	0~2
模型 4	纯白云岩	90	0~2
模型 5	纯白云岩	300	0~2
模型 6	纯白云岩	450	0~2
模型 7	80%灰岩+20%白云岩	90	0~2
模型 8	80%灰岩+20%白云岩	300	0~2
模型 9	80%灰岩+20%白云岩	450	0~2
模型 10	25%灰岩+75%白云岩	90	0~2
模型 11	25%灰岩+75%白云岩	300	0~2
模型 12	25%灰岩+75%白云岩	450	0~2

（三）模 拟 结 果

1. 不同类型碳酸盐岩的矿物转换与孔隙变化

大气淡水的离子浓度远低于地层水中离子浓度，两者混合后使得地层水与岩石之间的溶解-沉淀平衡状态被打破，发生水-岩化学反应。本次研究探讨了模拟时间为 2Ma、大气淡水淋滤速度为 300mm/a 条件下的不同类型碳酸盐岩矿物含量和孔隙度变化情况。需要注意的是，模型中每个网格是将矿物与孔隙的体积之和定义为 1（或 100%），图 4.3 中所表示的增加或减小量均为考虑了孔隙体积占比的结果。

模拟结果表明（图 4.3），在大气淡水淋滤环境下，纯白云岩未发生溶蚀现象，在不考虑压实作用前提下，孔隙度保存完好，而其他三种类型碳酸盐岩的矿物含量和孔隙度均发生了明显的变化，且随深度变化幅度不同。厚度约 100m 的纯灰岩（方解石）被完全溶蚀，即在 2Ma 的时间范围内，大气淡水对纯灰岩的影响能达到 100m，随着深度增加，影响变小，且没有发生白云石化作用，孔隙度保持了初始值［图 4.3（a）］；80%灰岩+20%白云岩储层上部厚 110m 的灰岩组分全部被溶蚀，孔隙度增大至 86%左右，随着深度增加，溶蚀影响变小，但在 300m 以下存在方解石的白云岩化作用，相对于初始值，白云石含量最高增加了 1.5%［图 4.3（b）］；25%灰岩+75%白云岩储层受大气淡水淋滤作用影响深度较大，上部厚约 300m 的灰岩组分全部被溶蚀，孔隙度也增大至 46%左右，随着深度增加，溶蚀影响变小，这种类型碳酸盐岩在 200m 以下同样存在方解石的白云岩化现象，相对于初始

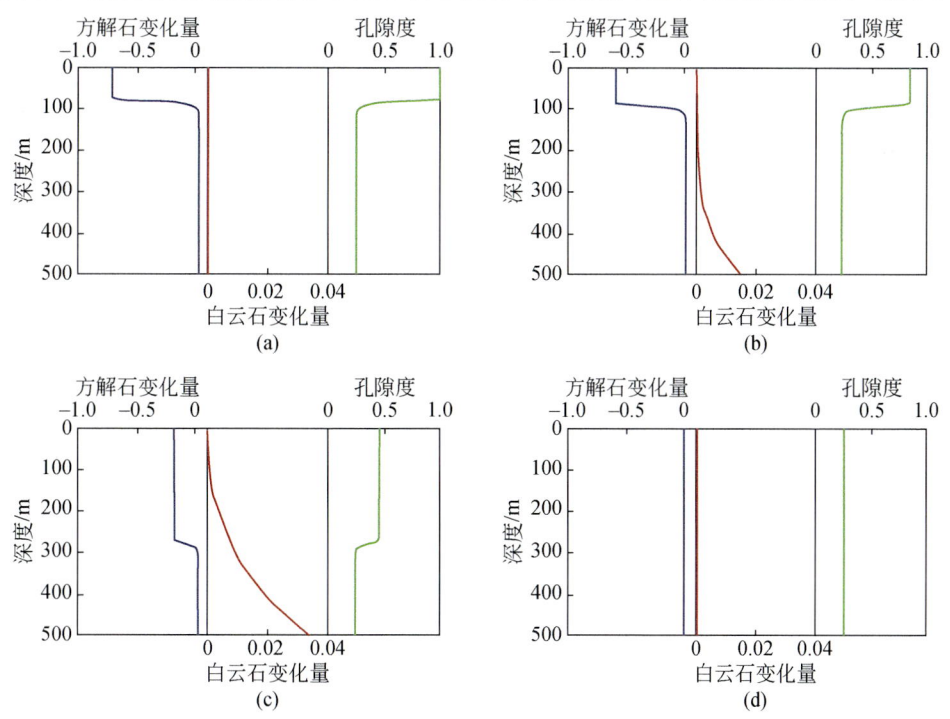

图 4.3　不同类型碳酸盐岩的矿物含量和孔隙度变化（矿物变化量由模拟的实时值与初始值的差值计算而得，正值表示沉淀，负值表示溶解）

（a）纯灰岩；（b）80%灰岩+20%白云岩；（c）25%灰岩+75%白云岩；（d）纯白云岩

值,白云石含量最高增加了 3.3%[图 4.3(c)];纯白云岩由于矿物稳定,在常温、常压下较难发生溶蚀和矿物转化,因此在大气水淋滤作用下,500m 厚度的地层未发生明显的矿物溶蚀和孔隙变化[图 4.3(d)]。

2. 不同淋滤时间下的碳酸盐岩矿物转化

模拟结果表明(图 4.4),在模拟时间为 0.1Ma 时,纯灰岩、80%灰岩和 25%灰岩三种类型碳酸盐岩中的方解石均出现明显的溶蚀现象,其中,纯灰岩和 80%灰岩碳酸盐岩在地表的方解石溶蚀量均达到 30%,而 25%灰岩的碳酸盐岩在地表方解石溶蚀量为 18%,溶蚀作用影响深度在 10m 左右,随着模拟时间的增加,方解石的溶蚀量逐渐增加,地表方解石全部溶蚀后,溶蚀作用影响深度增大。

与之相对应的,纯灰岩、80%灰岩和 25%灰岩三种类型碳酸盐岩均发生了不同程度的白云石化作用,其中纯灰岩[图 4.4(a)]中白云石沉淀量非常少,白云石化现象不明显,而含 80%灰岩[图 4.4(b)]和含 25%灰岩[图 4.4(c)]的碳酸盐岩则表现出明显的白云石沉淀现象,且随模拟时间增加、埋藏深度增大,白云石的沉淀量均呈现逐渐增加的趋势。

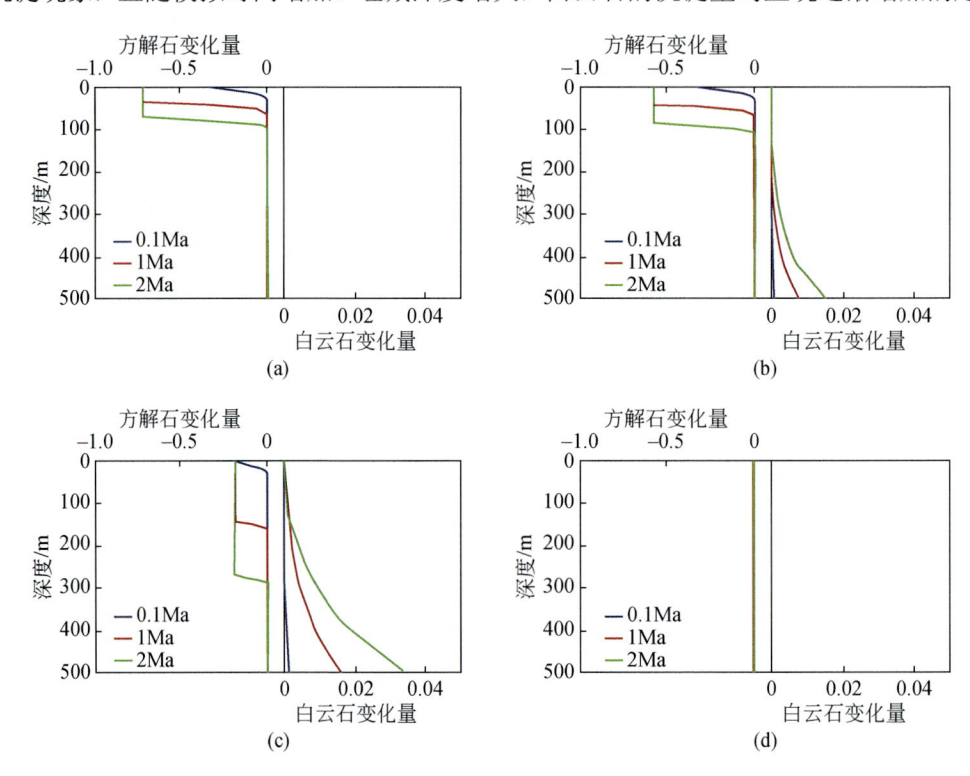

图 4.4　不同淋滤时间下的不同类型碳酸盐岩矿物转化
(a)纯灰岩;(b)80%灰岩+20%白云岩;(c)25%灰岩+75%白云岩;(d)纯白云岩

3. 不同淋滤速度下的碳酸盐岩矿物转化与孔隙度变化

碳酸盐岩矿物的转化关系与水溶液中 Ca^{2+}、Mg^{2+} 的离子浓度密切相关,同等时长内,不同的淋滤速度对应不同的淋滤量,从而对应不同的 Ca^{2+}、Mg^{2+} 离子浓度,进而影响碳酸盐岩的矿物转化和孔隙度改变。模拟结果表明,在 2Ma 时间范围内,90mm/a 的淋滤速度条件下，纯灰岩、含80%灰岩和含25%灰岩三种类型碳酸盐岩中的方解石均发生了溶蚀现象，溶蚀作用影响深度分别为48m、52m和108m；随着淋滤速度增加，溶蚀作用影响深度也逐渐加深，到了450mm/a的淋滤速度条件下，纯灰岩、含80%灰岩和含25%灰岩三种类型碳酸盐岩的溶蚀作用影响深度已分别达到了130m、156m和410m［图4.5（a）（d）（g）］。

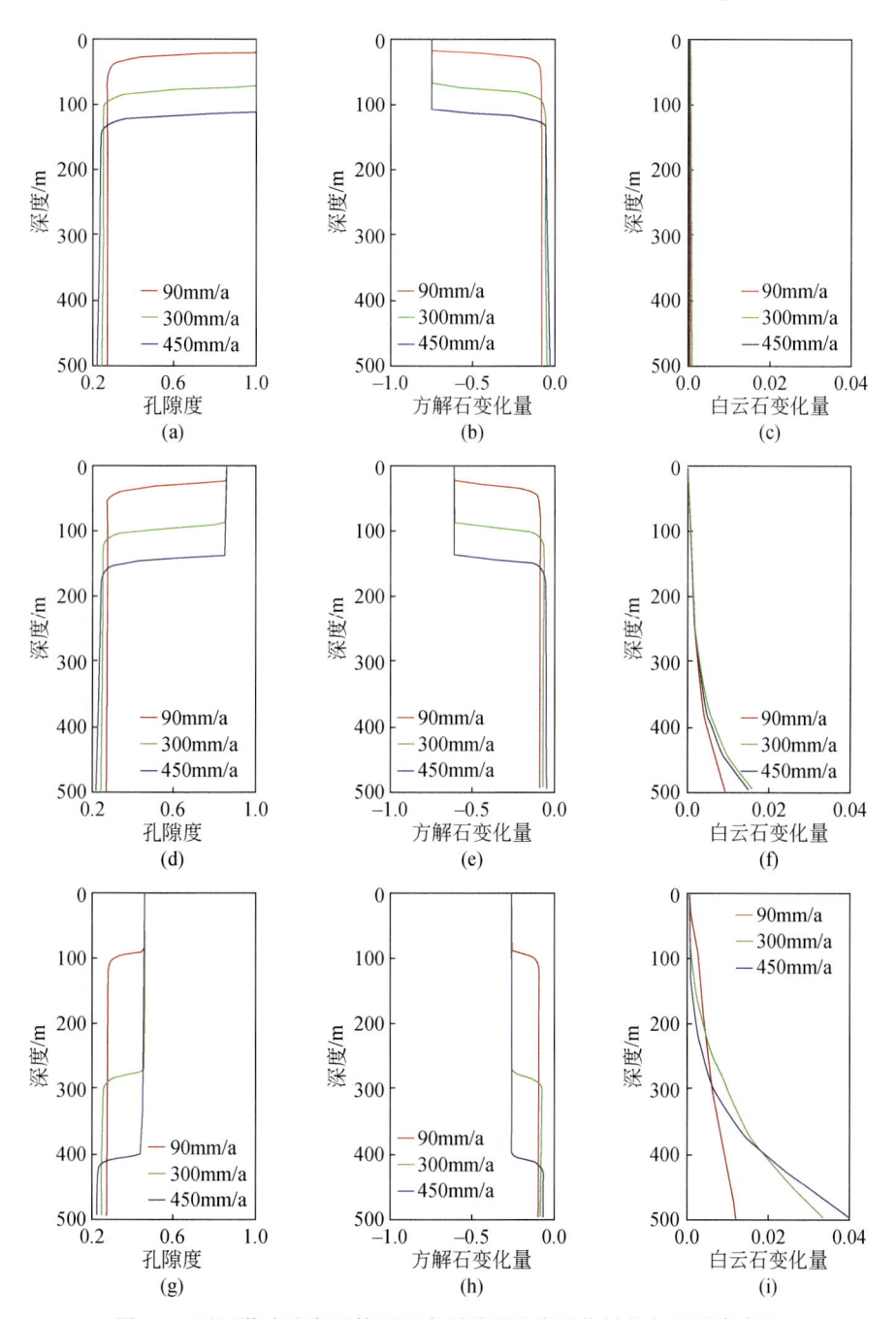

图4.5 不同淋滤速度下的不同类型碳酸盐岩矿物转化与孔隙度变化

（a）～（c）纯灰岩；（d）～（f）80%灰岩+20%白云岩；（g）～（i）25%灰岩+75%白云岩

在 90mm/a 的淋滤速度条件下，纯灰岩、含 80%灰岩和含 25%灰岩三种类型碳酸盐岩在模型底部（500m）的方解石沉淀量分别为 1.13%、0.3%、0.1%，而到了 450mm/a 的淋滤速度条件下，上述三种类型碳酸盐岩在模型底部的方解石沉淀量则分别达到了 5.65%、4.23%和 1.79%［图 4.5（b）（e）（h）］，表明淋滤速度的增加导致方解石溶蚀程度增强，地层中 Ca^{2+} 富集量增加，后期方解石的沉淀量也随着增加。

白云石的沉淀量受地层水中 Ca^{2+} 和 Mg^{2+} 浓度和碳酸盐岩岩性的双重影响。纯灰岩在大气淡水环境下形成的白云石沉淀量非常少［图 4.5（c）］。含 80%灰岩的碳酸盐岩在模型底部有明显的白云石沉淀生成［图 4.5（f）］。含 25%灰岩的碳酸盐岩在（近）地表处的白云石沉淀量，表现为随淋滤速度的增加而减小；而到了深度＞400m 时，白云石的沉淀量又表现为随淋滤速度的增加而增加［图 4.5（i）］，表明（近）地表处的水-岩比增大，Ca^{2+} 和 Mg^{2+} 浓度随淋滤速度增加而减小，在到达一定深度后，由于方解石的溶蚀使得地层中 Ca^{2+} 和 Mg^{2+} 富集，浓度随淋滤速度的增加而增加。

二、频繁暴露条件下大气淡水淋滤对非均质碳酸盐岩储层的影响

首先建立一个存在物性非均质性和多期暴露的碳酸盐岩地层二维概念模型，然后对模型进行持续时间、初始矿物组分、孔渗特征、初始地层水化学特征赋值，模拟同沉积期碳酸盐岩地层暴露条件下的大气淡水淋滤作用对地层孔隙度、矿物转化的影响，从二维角度探讨沉积期频繁暴露对碳酸盐岩储层发育的影响，同时了解二维成岩数值模拟的基本步骤和成果表现。

（一）模型建立与参数设定

建立 XZ 方向上的二维概念模型，如图 4.6 所示。模型共分为 4 个Ⅲ级层序，自下而上分别为 S1、S2、S3 和 S4，每个层序沉积时间设定为 1Ma，单个层序的厚度为 100m，两个层序之间存在暴露面，暴露时间也设定为 1Ma，此时遭受大气淡水淋滤作用。模型垂向 Z 方向上均匀剖分为 80 个网格，每个网格 5m。顶端为地表面，埋深为 0m，底端埋深为 400m。X 方向宽 3000m，均匀剖分为 150 个网格，每个网格 20m。Y 方向厚 10m。模型的表面温度设为 25℃，压力设为 0.1MPa，地层压力梯度为 0.98MPa/100m。

模型的初始水化学特征如表 4.2 所示。考虑到储层的非均质性，将每个层序顶部的部分区域设定为高孔、渗带，具有比其他区域相对好的物性，地层物性相关参数设置如表 4.4 所示。概念模型具有 3 种矿物类型，分别为 72%方解石（$CaCO_3$）、18%白云石［$CaMg(CO_3)_2$］和 10%石英（SiO_2）。

（二）模 拟 结 果

模拟时间共持续 8Ma，分别为 S1 地层沉积（1Ma）、S1 地层暴露（1Ma）、S2 地层沉积（1Ma）、S2 地层暴露（1Ma）、S3 地层沉积（1Ma）、S3 地层暴露（1Ma）、S4 地层沉积（1Ma）、S4 地层暴露（1Ma）。地层物性和矿物转化的二维成岩模拟结果如图 4.7 所示（不考虑压实减孔作用）。S1 地层沉积之后，由于 S1 地层初始非均质性的存在，大气淡水溶蚀导致地层中孔隙度分布及矿物溶蚀分布呈大面积非均质分布，并且表现出由物性较好的优

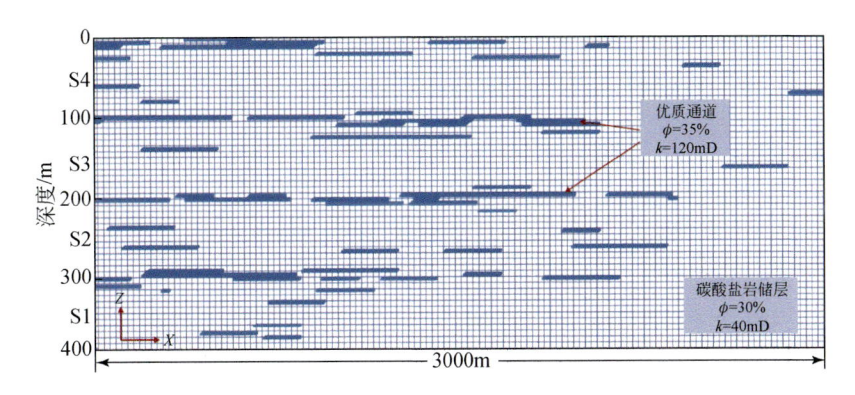

图4.6 二维成岩数值模拟概念模型

表4.4 二维概念模型的地层物性相关参数设置

参数	高孔渗带地层	其他碳酸盐岩地层
孔隙度/%	35	30
水平渗透率/mD	120	40
垂直渗透率/mD	120	40
压缩系数/Pa^{-1}	4.5×10^{-10}	4.5×10^{-10}
岩石密度/(kg·m^3)	2710	2710
导热系数/[W/(m·℃)]	2.2	2.2
岩石颗粒比热/[J/(kg·℃)]	852	852

势通道向四周扩溶的现象，在发育水平方向的优势通道的区域，地层水更倾向于沿着物性较好的优势通道横向发生径向流动，地层向下渗透量较小，溶蚀厚度较薄，而优势通道分布较少的区域，大气淡水向下渗透溶蚀，溶蚀厚度较厚，表明在地层内部，大气淡水向物性较好的优势通道汇集流动，使得孔隙度、渗透率较高地区矿物溶蚀程度强，在水平方向的优势通道内，大气淡水倾向于横向流动溶蚀矿物，向下渗流流动溶蚀能力弱。S1地层上覆盖了新的碳酸盐岩沉积物S2地层，大气淡水淋滤S2地层发生矿物溶蚀，形成的地层水向下渗流到S1地层，对其进一步溶蚀。当S4地层沉积之后，地层厚度增加至400m，S4地层受到的大气淡水作用时间最短，溶蚀增孔程度最小，S1地层受到的大气淡水作用时间最长，溶蚀程度最为强烈，物性较好的优势通道逐渐向周围扩溶，最终相临近的优势通道趋向于连通，进一步增强地层的渗透能力。在此过程中，矿物的溶蚀、沉淀、转化也具有与孔隙度相似的变化特征。

通过模型的最终结果可以看出，模型底部300~400m的层序地层受大气淡水溶蚀程度最强。模型底部的层序地层虽然没有持续受到大气淡水的直接淋滤作用，但大气淡水对地层矿物的溶蚀能力能达到地层深度400m的地方，对地层矿物具有持续不断的溶蚀能力。同时由于地层中流体总是优先沿着优势通道运移，并在优势通道汇集，增加矿物与地层水的离子交换能力，使得矿物溶蚀优先沿着优势通道进行扩容，在后期相互连通，最终有可能形成油气运移通道，或大型岩溶洞穴。

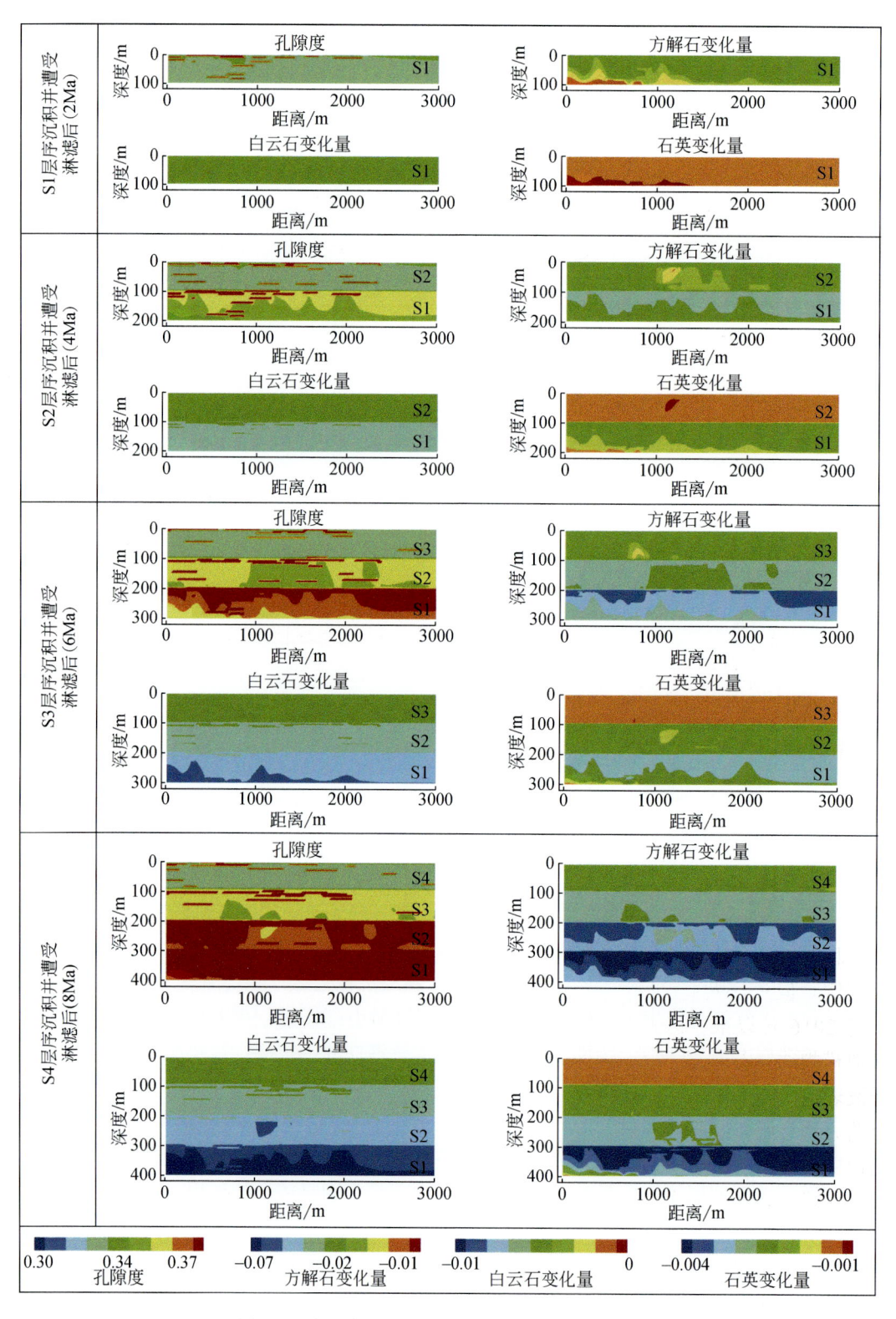

图 4.7 地层物性和矿物转化的二维成岩模拟结果

第五章 沉积-成岩-成藏一体化模拟方法

前面章节已分别对盆地与含油气系统模拟、沉积数值模拟和成岩数值模拟进行了详细介绍，了解了各方法的基本原理、应用领域和操作步骤与结果呈现形式等，明确了三种方法在各自领域的强大性能。虽然三种模拟方法都是自 20 世纪 80 年代开始快速发展，但近几十年来一直都是在各自算法、功能和应用场景等方面持续完善，彼此之间鲜有交叉耦合。然而，一方面，随着油气勘探在向深层、深水和非常规领域转变，这些领域钻探资料少、精度相对差、成本高、非均质性强，导致传统盆地模拟方法无法有效表征深层（非常规）目的层的沉积与成岩非均质性，进而无法有效恢复油气成藏过程和预测勘探有利区，需要对传统盆地模拟方法进行改进；另一方面，三种模拟方法都是正演模拟方法，即在初始条件基础上，在特定物理、数学、化学基本原理约束下，可以对含油气盆地中的同一套目的层进行正演模拟，且彼此之间具有明显的前后逻辑关系，即沉积模拟首先建立三维沉积非均质模型，然后成岩模拟对不同类型储层的成岩过程与孔隙度演化进行恢复，最后盆地模拟可以提供盆地演化时间框架、烃类流体注入和构造形态变化等，有效模拟油气在目的层内的运移、聚集及调整等过程。也就是说，三种模拟方法能够进行一体化结合，但目前国内外尚未有其他研究人员开展此项工作。

本章首先介绍了沉积-成岩-成藏一体化盆地模拟研究的必要性，然后首次提出了该一体化模拟方法，并建立了模拟方法与使用流程。

第一节 沉积-成岩-成藏一体化模拟方法现状及必要性

一、沉积-成岩-成藏一体化模拟方法现状

目前除了本书之外，尚未有其他公开报道的沉积-成岩-成藏一体化模拟方法及其应用实例。但是，人们已开始尝试将三种模拟方法中的两个相结合，建立耦合模拟模型，如自 2016 年以来，研究人员意识到将沉积模拟得到的非均质性较强的地质模型应用到盆地模拟中，可以建立考虑目的层精细岩相的沉积-成藏耦合盆地模拟模型，并陆续公开发表研究成果。Liu 等（2016）首次公开发表文章，提出了沉积模拟与盆地模拟相结合的方法，阐述了耦合模拟方法对非常规和岩性油气藏成藏模拟的重要性，以鄂尔多斯盆地二叠系山西组为例，首先利用沉积模拟得到其精细三维地质模型，再转换成三维精细岩相模型，然后将其输入三维盆地模拟模型中，得到考虑了山西组精细岩相和空间非均质性的三维盆地地质模型，再进行热史、生烃史和油气运聚史模拟，得到油气在山西组运移和聚集演化过程，相比于传统未考虑空间岩相非均质性的盆地模拟模型，该耦合模型可以得到更加合理的油气运聚模拟结果，对该地区下一步油气勘探有一定参考意义。同样在 2016 年，法国石油研究院的 Arab 等（2016），首先利用 Dionisos 软件对阿

尔及利亚北部近海地区井资料较少的目的层开展了沉积模拟，得到沉积相分布图，再将其与盆地模拟相结合，模拟得到烃源岩生烃、油气聚集等结果。随后的近几年来，陆续有学者尝试将沉积模拟与盆地模拟相结合，并均取得了较好的应用效果，如 Liu 等（2021）、Scheirer 等（2022）、刘可禹和刘建良（2023）的应用实例，其中 Scheirer 等（2022）报道了美国阿拉斯加北坡科尔维尔（Colville）盆地 Brookian（115～110Ma）地层的沉积模拟-盆地模拟相结合的实例，建立了耦合沉积模拟结果的盆地模拟地质模型，更加精细地考虑了目的层的沉积非均质性和砂体展布（图 5.1）。

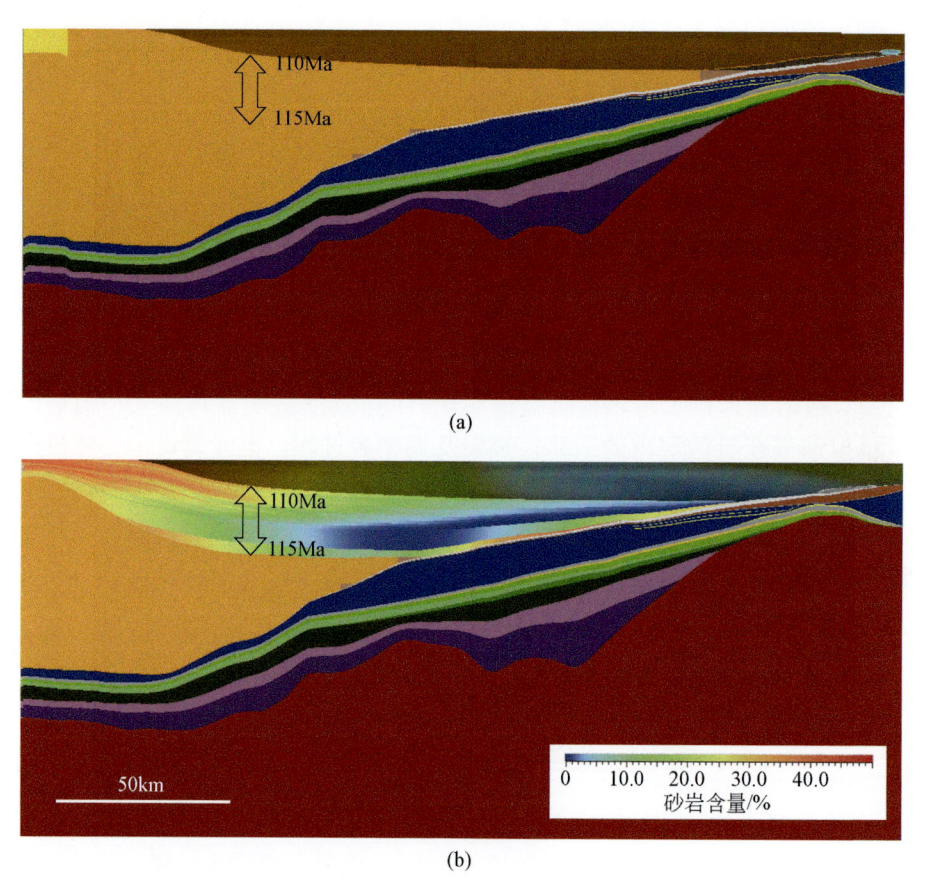

图 5.1 美国阿拉斯加北坡科尔维尔盆地 Brookian 二维地质模型（Scheirer et al.，2022）
（a）传统盆地模拟地质模型；（b）沉积模拟与盆地模拟相结合的地质模型

成岩模拟与沉积模拟相结合的应用实例较少。如第四章第四节的第二个应用实例，是一个以沉积模拟得到高频层序变化地质模型为基础，建立同沉积时期大气淡水淋滤模拟的二维地层概念模型，模拟 4 个层序沉积时期大气淡水作用下的碳酸盐岩地层孔隙度以及方解石、白云石含量的变化（图 5.2；Yang et al.，2023）。但该模型只模拟了同沉积时期的变化特征，没有模拟后期长地质时期的上覆地层压实、烃类流体充注、地层流体流动条件下的矿物转化、孔隙变化等特征。

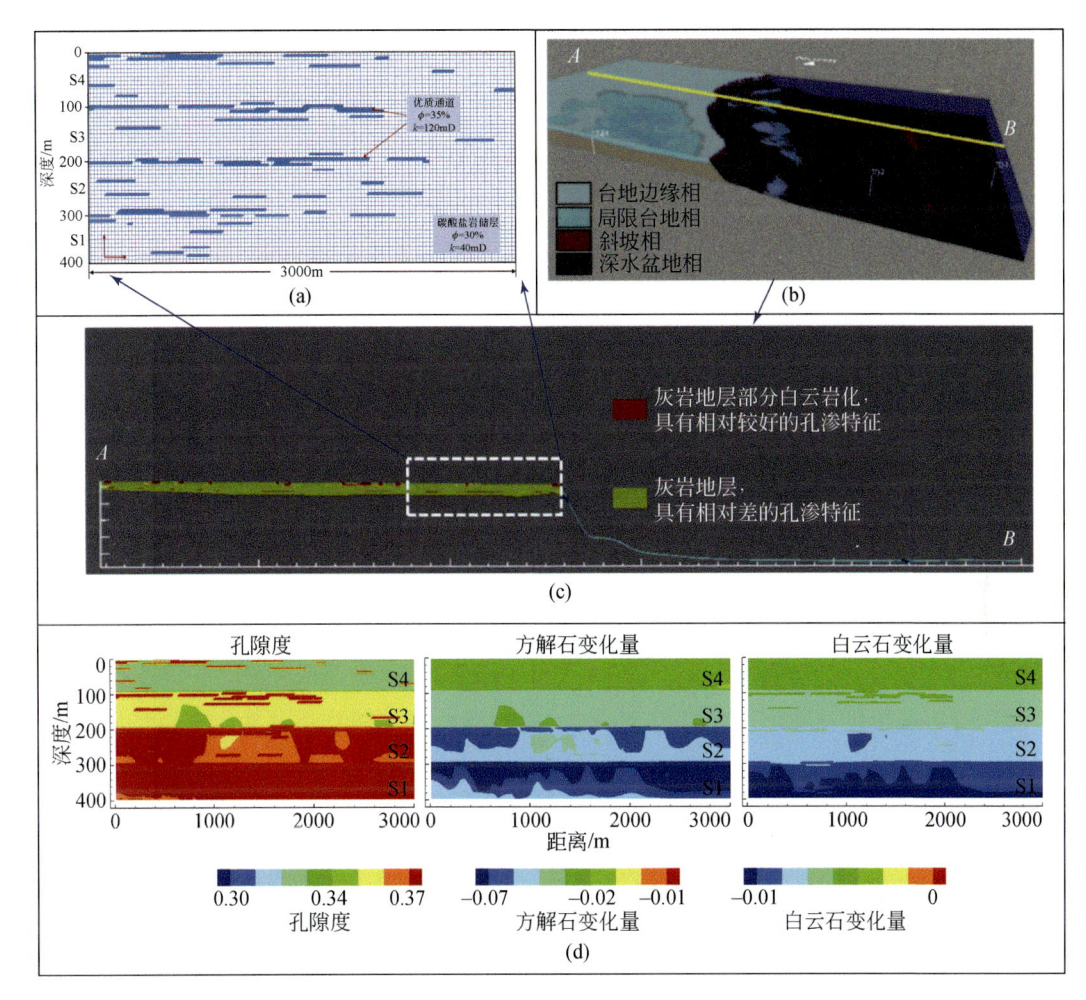

图 5.2 沉积模拟与成岩模拟相结合（以塔里木盆地下奥陶统碳酸盐岩同沉积地层暴露淋滤作用模拟为例）（Yang et al.，2023）

（a）成岩模拟概念模型；（b）三维沉积模拟模型；（c）基于沉积模拟结果的二维成岩模拟初始模型；（d）成岩模拟得到的孔隙度、方解石含量、白云石含量变化结果

二、沉积-成岩-成藏一体化模拟方法建立的必要性

随着国内油气勘探开发的不断推进，中浅层油气的勘探开发程度不断提高，油气发现难度日益增大，深层-超深层成为油气资源发展的重要新领域，并不断有新发现，业已成为目前油气勘探的热点。中国的深层油气一般发育在叠合盆地的下部构造层，具有时代老、埋藏深的特征，且经历多期构造运动和多期油气成藏，是盆地主体沉积建造与后期多期改造的综合产物。不同于中浅层油气藏所具有的构造解析明确、油藏位置刻画较清晰、钻探成本较低和钻井数量多的勘探优势，深层油气由于埋藏深度大、地表条件复杂，面临着钻探成本高、钻井数量少、地震精度差等问题，导致了深层地质研究具有资料少、难获取及其不确定性大的不足，制约了深层-超深层油气的进一步勘探。

盆地模拟被应用于油气勘探的各个阶段，已成为油气勘探日常地质分析的必备技术，能够很好地帮助地质学家理解油气系统。传统的基于经典含油气系统模式（Magoon and Dow，1994）所建立的简单"蛋糕式"且具有独立生-储-盖分层的盆地模型可有效地模拟浮力主导下构造型油气藏的形成与分布，但对于分析全油气系统中的源内非常规油气的富集和深层油气藏、岩性油气藏的成藏则表现出一定的不适用性：①源内非常规油气一般具有源-储一体的地质特征，地层的沉积和成岩非均质性强，简单层状的地层模型无法有效地模拟烃源岩内油气的成藏特征和"甜点区"的分布；②深层油气勘探程度低、钻井成本高、资料少、地震品质差，传统基于数据约束的地层非均质性反演模型建立难度大，无法有效模拟深层成藏过程和有利区分布；③在资料匮乏条件下获取的储层孔隙演化曲线一般为定性分析结果，具有较大的不确定性。因此，开展针对勘探前缘地区（地质资料少）、深层-超深层（资料精度差）以及非常规地层（沉积非均质性强）的三维沉积相精细刻画、基于成岩过程约束的孔隙度演化恢复以及油气分布预测研究技术即沉积-成岩-成藏一体化盆地模拟技术的研发是非常必要的。

第二节　沉积-成岩-成藏一体化盆地模拟方法建立

沉积数值模拟可以从正演角度出发，遵循质量守恒和能量守恒基本定律，在地质过程作用约束下，正演模拟地层的构造-沉积演化过程，定量表征地层的沉积非均质性，具有空间分辨率高、同时提供时间域和空间域三维数值模型的优势，最终可以获取三维地层格架、古水深、岩相、沉积相等精细地质数据体，为盆地模拟地质建模过程中目的层的精细三维岩相与古水深模型建立奠定基础。成岩数值模拟同样可以在一系列物理、化学、数学基本公式约束下，在初始水化学和初始地层物性参数定义下，正演模拟地层（岩相）的烃-水-岩相互作用过程，明确矿物溶蚀、沉淀、转化过程以及孔隙度变化特征，为盆地模拟模型中压实模型的建立提供更为合理的孔隙度变化曲线。

本书首次将沉积模拟、成岩模拟与传统盆地模拟进行结合，建立了基于地质过程约束的沉积-成岩-成藏一体化盆地模拟方法，具体流程为（图5.3）：①针对目的层，在其构造-沉积概念模型建立的基础上，研究获取关键模拟参数，正演模拟目的层的沉积演化过程，获得合理的三维精细沉积相、岩相和古水深模型；②针对重要沉积相带，优先考虑能作为储集层的沉积相带，结合单井资料与分析测试数据，开展目的层不同沉积相带储层的成岩作用过程与孔隙度演化数值模拟，获得各沉积相带自沉积以来至现今的孔隙度演化曲线；③将沉积模拟得到的精细岩相、古水深模型和成岩模拟得到的不同相带孔隙演化模型输入三维盆地模拟模型中，替换传统"蛋糕式"地质模型中的目的层岩相模型、古水深模型和压实模型，建立充分考虑目的层沉积、成岩非均质性的三维盆地模拟地质模型；④获取盆地模拟所需的其他关键输入参数，如热流值、烃源岩有机地化数据、生烃动力学参数、选取油气运移算法等；⑤开展沉积-成岩-成藏一体化盆地数值模拟，计算烃源岩生、排烃量及其演化过程，模拟油气运移、聚集过程，预测油气分布有利地区，尤其可以较为合理地预测目的层油气的聚集量和空间分布。相较于传统盆地模拟方法，一体化盆地模拟方法能更充分体现地质体的沉积和成岩非均质性，更合理地模拟油气动态成藏演化过程和油气有利富集区。需要说明的是，这种一体化模拟方法，可以应用在各种勘探程度的含油气盆地，只是针对深层-超深层、深水和非常规这些油气勘探领域，其资料相对较少，因此研究难度相对较大，应用这种方法可以较为合理地模拟油气运聚、预测油气富集有利区。

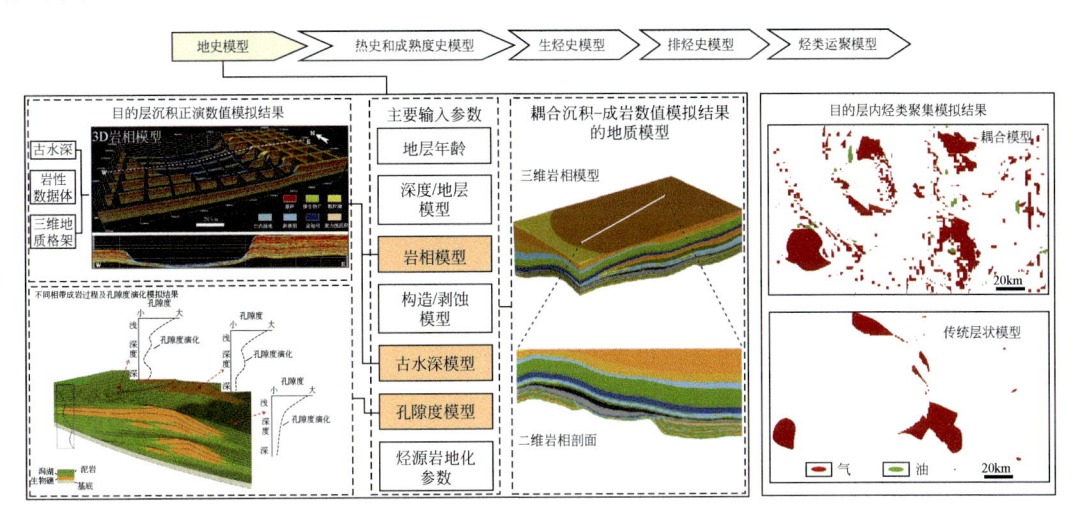

图 5.3 沉积-成岩-成藏一体化盆地数值模拟方法流程

第六章　塔里木盆地台盆区超深层沉积-成岩-成藏耦合模拟与油气分布预测

本章利用基于过程约束的沉积-成岩-成藏一体化盆地模拟方法，在塔里木盆地台盆区超深层油气系统应用，首先模拟了下奥陶统蓬莱坝组构造-沉积演化过程，建立了三维精细岩相与古水深模型，然后模拟不同沉积相带碳酸盐岩成岩演化与孔隙度变化过程，获取了不同相带碳酸盐岩孔隙度演化曲线，建立了耦合沉积模拟与成岩模拟结果的三维盆地模拟地质模型，最后全面考虑深层烃源岩发育层系，模拟了超深层油气生成与富集过程，预测了中下奥陶统深层油气分布，与传统"蛋糕式"盆地模拟结果对比，一体化模型充分考虑目的层沉积和成岩非均质性，模拟结果更接近实际勘探认识。

第一节　台盆区下奥陶统蓬莱坝组沉积过程模拟与非均质性刻画

塔里木盆地台盆区深层-超深层中下组合（蓬莱坝组及其以下）是目前油气勘探的重点领域，但由于地层埋深大、地震资料质量差、钻井资料少等因素，限制了对其沉积演化过程与沉积相时空展布的准确研究，进而影响着该领域的油气地质认识与勘探部署。前期勘探研究主要集中在中-下奥陶统的鹰山组和一间房组，并取得了良好勘探成效，发现了如塔中油田、塔北油田、顺北油田等一系列大型油气田，但对下奥陶统蓬莱坝组一直缺乏研究且没有重要勘探突破。本节主要利用沉积正演数值模拟方法，在资料相对匮乏的条件下，以及概念模型和基本物理-数学模型约束下，正演模拟蓬莱坝组构造-沉积演化过程，分析有利沉积相带时空展布，定量刻画地层沉积与岩相三维非均质性，为后续沉积-成岩-成藏一体化盆地模拟提供目的层精细岩相模型。

一、研究范围与概念模型

塔里木盆地位于新疆维吾尔自治区境内，是中国最大的含油气盆地，总面积约为 $56\times10^4 km^2$。该盆地属于典型的叠合盆地，由古生界海相克拉通盆地与中、新生代陆相前陆盆地构成，在经历了多旋回构造演化阶段后，形成了现今的构造格局（图 6.1）。塔里木盆地的地层沉积充填序列可以简要概括为震旦系—泥盆系海相沉积体系、石炭系—二叠系海陆过渡相沉积体系以及中生界—新生界陆相沉积体系。目前塔里木盆地深层-超深层油气勘探主要集中在台盆区碳酸盐岩和库车拗陷碎屑岩领域，其中台盆区目的层系为奥陶系、寒武系和震旦系，库车拗陷深层目的层主要是白垩系和侏罗系（图 6.2）。本次研究沉积与成岩模拟的目的层为下奥陶统蓬莱坝组，盆地模拟的目的层包括了震旦系—奥陶系超深层复合含油气系统。研究工区为台盆区主体地区，包括阿满过渡带、塔北和塔中部分地区以及满加尔凹陷大部分地区，工区范围为525km（东西）×270km（南北）（图6.1）。

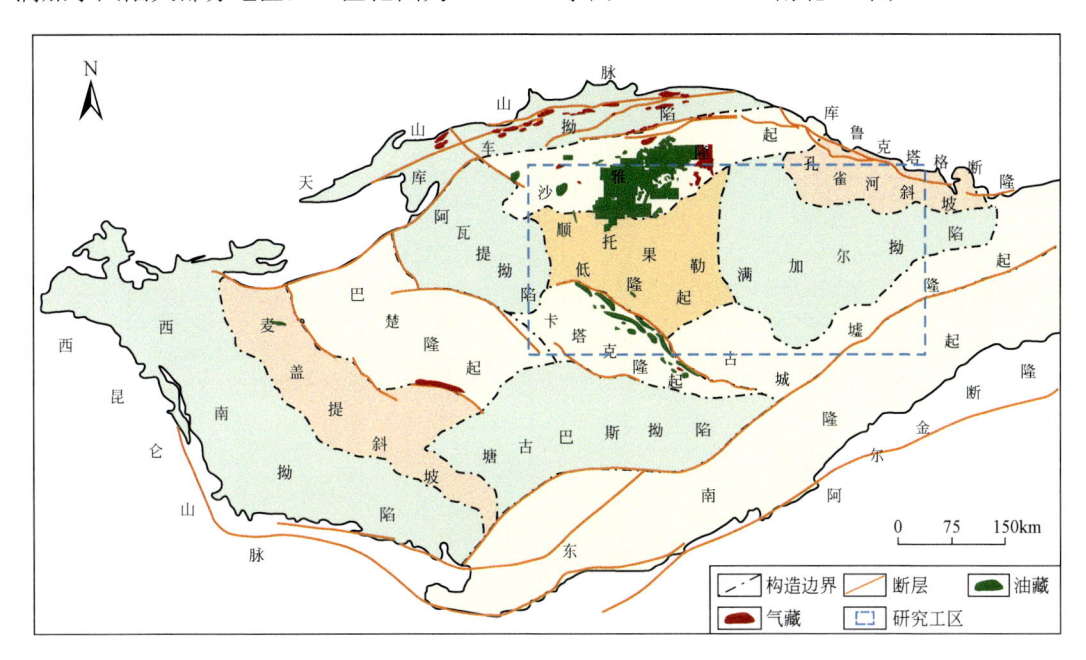

图 6.1　塔里木盆地构造分区和研究区范围示意图（刘可禹等，2023）

基于前人研究成果，梳理了蓬莱坝组构造演化特征与沉积相发育地质认识，为建立其构造-沉积概念模型和开展沉积正演模拟奠定基础。前人已通过对地震资料、岩心和测井资料以及野外露头的综合分析，系统研究了台盆区奥陶系各地层的古地理和沉积相发育模式。贾承造（2004）建立了不同沉积相碳酸盐岩和沉积环境之间关系模式，认为奥陶系发育了局限台地、开阔台地、台地边缘、斜坡-广海陆棚、半深海-深海盆地沉积相类型，各自对应的水体深度分别为数米、数米至50m、数米、数米至200m和大于200m（图6.3）。贺勇等（2011）运用岩相古地理学、地震地层学、层序地层学等学科方法原理，对台盆区下奥陶统蓬莱坝组沉积相特征进行研究，认为蓬莱坝组发育局限台地相、开阔台地相、台地边缘相、斜坡相和盆地相，其中局限台地主要分布在塔中、塔东及塔西南大部分地区，开阔台地只在塔北局部地区发育。这些研究认识奠定了蓬莱坝组构造-沉积演化概念模型的基础，是后续沉积演化模拟的重要依据。

虽然前人对蓬莱坝组划分了5~6个沉积相，但受目前沉积模拟软件限制，该软件最多只能设置4个碳酸盐岩沉积相，因此在本次研究中，基于概念模型，根据水体深度、岩性、水动力条件等，将概念模型中5~6个沉积相（14个沉积微相）粗分为4个沉积相带，即局限-开阔海台地亚相、台地边缘（台内滩）亚相、斜坡-浅海陆棚亚相和深水陆棚-盆地亚相。每个相带对应不同的碳酸盐岩生长参数值。

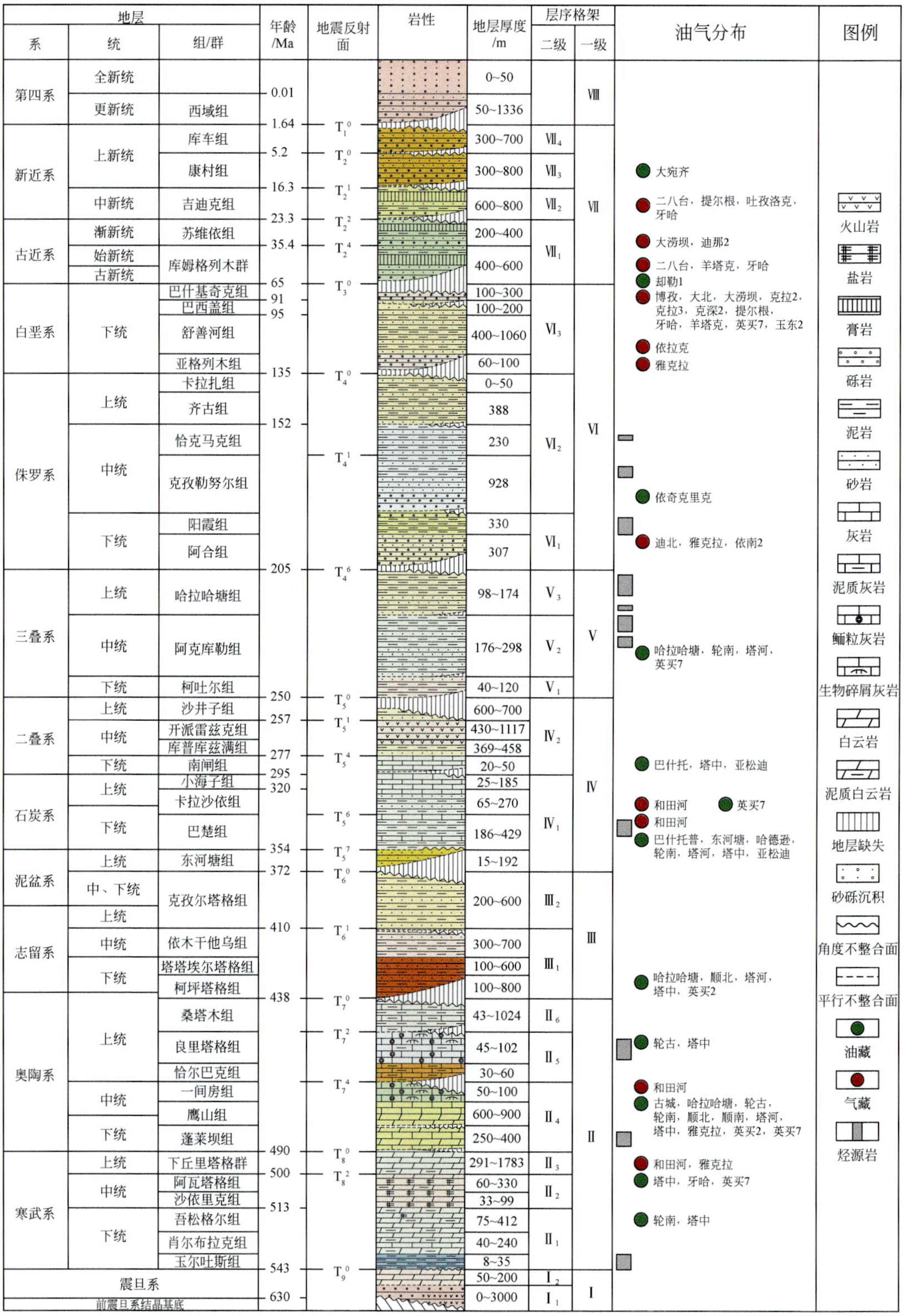

图 6.2 塔里木盆地地层综合柱状图（据 Lin et al.，2012，修改）

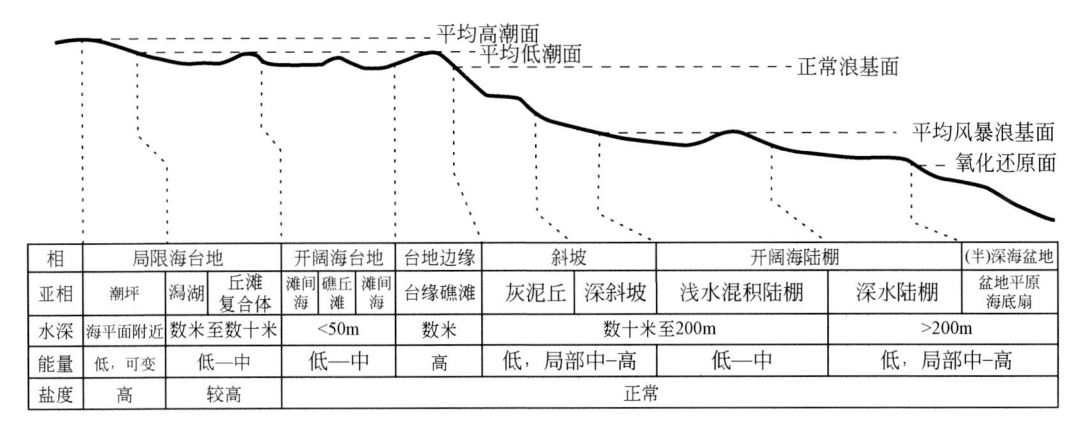

相	局限海台地		开阔海台地			台地边缘	斜坡		开阔海陆棚		(半)深海盆地
亚相	潮坪	潟湖	丘滩复合体	滩间海	礁丘滩	滩间海	台缘礁滩	灰泥丘	深斜坡	浅水混积陆棚	深水陆棚	盆地平原海底扇
水深	海平面附近	数米至数十米		<50m			数米	数十米至200m				>200m
能量	低,可变	低—中	低—中				高	低,局部中-高		低—中		低,局部中-高
盐度	高	较高					正常					

图 6.3 塔里木盆地奥陶系碳酸盐岩沉积相综合模式图（据贾承造，2004，修改）

二、关键模拟参数

沉积正演模拟能综合考虑水体深度、温度、盐度、地层暴露时间、构造沉降、海平面升降、陆源物质输入等因素，在物质守恒、能量守恒基本原理约束下，利用模糊逻辑方法并结合水动力学算法，模拟不同类型碳酸盐岩生长、剥蚀和再作用等过程。关键模拟参数包括时空范围与分辨率、初始沉积底形、总沉降量、海平面变化、不同类型碳酸盐岩生长的模糊逻辑函数集。

（一）时空范围与分辨率

研究工区范围为525km（东西）×270km（南北），设置网格分辨率为2km×270km，得到平面网格数为263×135。模拟时间设置综合了国际地层年代表和塔里木盆地区域地层年代划分成果，将蓬莱坝组沉积时期设定为488.3～478.6Ma，持续时间为9.7Ma，再设定每5万年输出一层，垂向可将蓬莱坝组划分成194个小层，体现了模拟结果的高分辨率特征。

（二）初始沉积底形

古地形的恢复一般利用三维地震数据，通过将目的层顶面拉平，再叠加古水深校正，得到其底面地形即为其沉积时的古地形，但研究工区范围太大，三维地震资料不全，无法覆盖整个工区，因此选用其他方法进行初始沉积底形恢复。由于不同沉积相对应的水体深度不同，间接指示古地形形态，一般也可以用该时期地层的沉积相图来反映沉积时的古水深和古地形，前面已分析了蓬莱坝组沉积时期的古地理环境与古水深对应关系。对于碳酸盐岩台地边缘与深水盆地过渡带斜坡的古地形恢复，可以选用两种方法：①利用现今地震剖面，计算斜坡带斜坡角度，如郑兴平等（2014）研究表明塔中东部向满加尔凹陷过渡的斜坡带地震剖面显示为坡度较小的加积型镶边台缘，计算得到原始沉积斜坡坡度在3°～5°之间；②利用类比法，估算斜坡坡度角，如 Reijmer 等（2015）对现代巴哈马地区多条台地与盆地水体深度剖面进行测绘，显示碳酸盐岩斜坡角度基本都在5°以上。综合上述几种方法，对研究区蓬莱坝组沉积初期古地形进行了恢复，结果显示（图6.4），研究区西部为碳酸盐岩台地相，沉积水体深度较浅，一般在20m以内，台地边缘内侧发育环带状开阔海台地相，水体深度在20～50m之间，台地边缘斜坡上、中部较陡，坡度设置为3°～5°，斜坡下部坡度较缓，一般小于0.1°，东部深水陆棚和盆地相的水体深度设置在900～1300m之间。

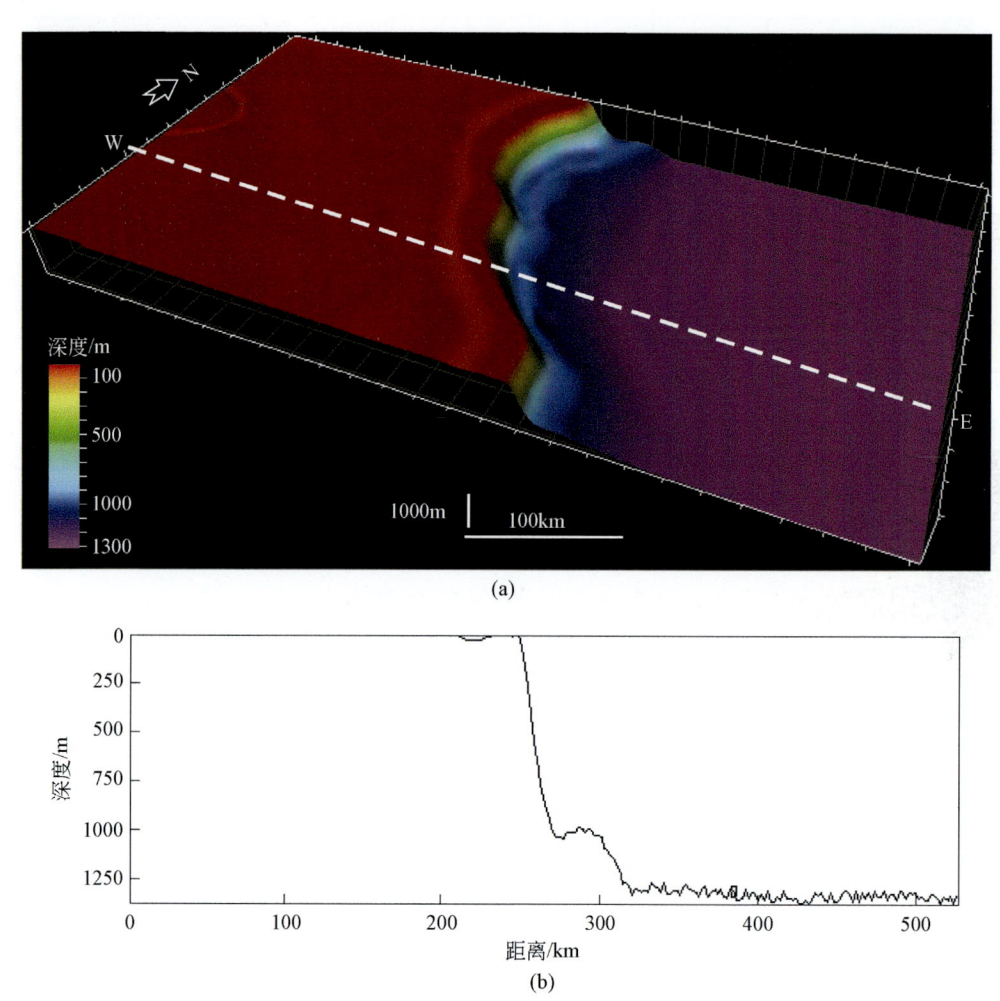

(a)

(b)

图6.4　塔里木盆地台盆区蓬莱坝组沉积初期古地形和东西向剖面图
(a) 古地形三维图；(b) 古地形东西向剖面图

（三）总沉降量

在沉积模拟过程中，由于新沉积物会对下覆已沉积地层和基底产生负载沉降，因此需要在每个时间步长之后，更新基底形态。总沉降量是必要的输入参数。利用现今沉积地层厚度，经过压实校正，并叠加沉积初期和沉积末期的古水深变化，可以得到总沉降量。本次研究中，依据蓬莱坝组现今地层厚度，考虑岩性，进行去压实校正，得到总沉降量。由于蓬莱坝组沉积初期和末期，台地范围变化不大，即古水深没有明显变化，这一结果可作为台地相碳酸盐岩的总沉降量，而对于斜坡和盆地相，由于其沉积厚度较薄，去压实恢复得到的古厚度依然不大，不能直接作为这一区域的总沉降量，需要考虑沉积初期与末期的古水深变化。然而由于研究区构造变形强烈，无法准确利用地震等资料恢复出蓬莱坝组沉积初期和末期的古水深，因此，本书首先将盆地相沉降量统一设定为1000m，然后通过不断将模拟结果与实际地质资料反复校验，调整总沉降量参数，最终得到合理的总沉降量结果。初始总沉降量恢复结果如图6.5所示，台地相恢复结果相对合理，表明研究区北部（塔北地区）构造沉降量相对较小，主要在200～500m之间，这与该区域在早奥陶世时期为水下古隆起有关；塔中及其北部区域为沉降中心，最大沉降量可达1300m。

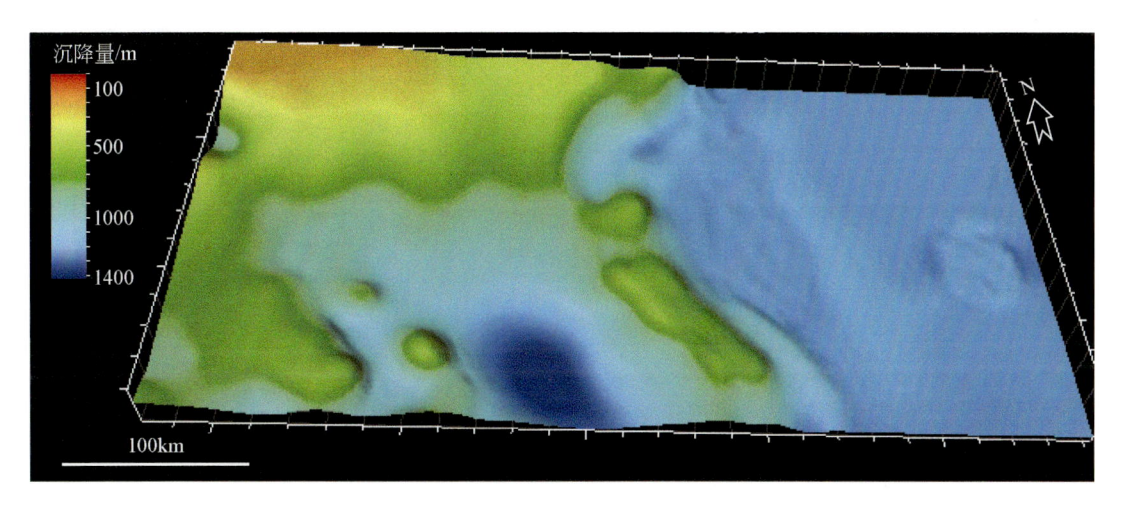

图6.5 蓬莱坝组沉积时期地层总沉降量

（四）海平面变化

早奥陶世时期，塔里木盆地为海相沉积环境，因此其海平面变化规律与该时期全球海平面变化规律一致。在整合分析大量资料的基础上，Haq和Schutter（2008）建立了寒武纪和奥陶纪时期的全球海平面变化曲线，得到了国内外学者的普遍认可，成为大家研究海平面变化与古地理演化的重要参考。蓬莱坝组沉积时期为早奥陶世（488.3～478.6Ma），据此可以获得该时期全球海平面变化特征，显示为三个上升-下降旋回。由于Haq和Schutter（2008）建立的全球海平面变化曲线为相对长周期、低频曲线，只能指示三级及以上周期层序地层变化规律，对更高频层序地层变化没有指示意义，因此需要对其进行改进。米兰科维奇天文旋回是影响全球海平面高频升降的控制因素，其周期一般有20ka、40ka和100ka三个，对应着层序地层中的4～5级层序变化周期。因此本次研究在Haq和Schutter（2008）低频海平面变化曲线的基础上，分别叠加100ka和20ka周期的米兰科维奇旋回对海平面升降幅度的影响，建立了蓬莱坝组沉积时期的高频（20ka周期）海平面变化曲线，即每5ka取一个数值。结果显示，蓬莱坝组沉积时期，全球海平面整体呈现为三个升降旋回，且在每个旋回中，又存在很多高频、相对低幅的升降变化（图6.6）。

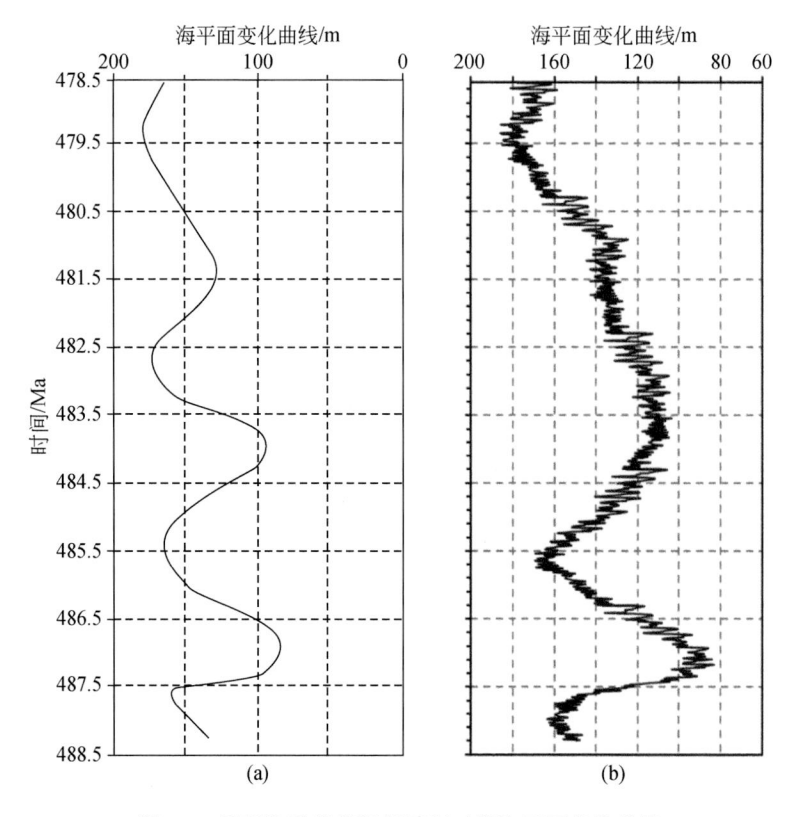

图 6.6 早奥陶世蓬莱坝组沉积时期海平面变化曲线

(a) 低频海平面变化曲线（Haq and Schutter, 2008）；(b) 叠加 4 级、5 级米兰科维奇旋回的高频海平面变化曲线

（五）不同类型碳酸盐岩生长的模糊逻辑函数集

根据概念模型，将蓬莱坝组碳酸盐岩划分成了四类沉积相，分别为台地边缘（台内滩）亚相、局限-开阔海台地亚相、斜坡-浅海陆棚亚相、深水陆棚-盆地亚相，彼此之间在水体深度、能量、温度、盐度等沉积环境方面具有差异性，也是建立与各自生长相关模糊逻辑函数集的关键变量。

1. 台地边缘（台内滩）亚相

台地边缘（台内滩）亚相碳酸盐岩一般发育在水体深度较浅、能量较高、盐度和温度适宜的开阔海沉积环境，主要发育生物礁、生物丘和颗粒滩型碳酸盐岩。基于文献调研和现代沉积环境类比，明确了台地边缘（台内滩）亚相碳酸盐岩适宜生存的沉积环境，进而建立了其生长速率与各环境要素之间的模糊逻辑关系。

研究表明，奥陶纪早期，全球造礁生物以微生物为主，并逐渐向海绵和苔藓虫等骨架造礁生物转化。吴亚生和范嘉松（2000）认为，早奥陶世造礁生物适合生长的水体深度主要为 0~10m，且以 0~3m 最为发育。在早奥陶世时期，塔里木板块位于 30°S~10°S 的热带地区，与现今加勒比海地区具有相似的纬度，可以利用现代类比的方法进一步明确造礁生物适宜生存的水体深度。Schlager（1992）对加勒比海地区造礁生物生长的水体深度进行了系统研究，认为造礁生物在 0~10m 之间最适宜发育，随水深增加，生长速率快速降低。

综合上述观点，建立了塔里木地区早奥陶世台地边缘（台内滩）相造礁生物适宜生长的水体深度模拟逻辑函数（图6.7），表明生物礁或生物丘在0～3m水深区间最适宜生长，此时模糊集的关联函数值为1，在3～10m水深区间，生长速率降低，关联函数值设置为0.8，到了10～15m水深区间，生存概率及生长速率进一步降低，将关联函数值设定为0.5，而当水深大于25m时，认为生物礁和生物丘基本不生长，此时的关联函数值设定为0。

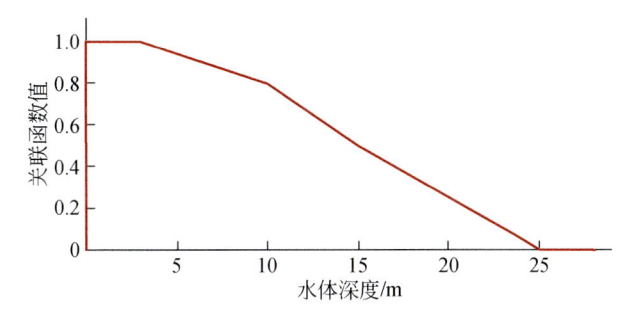

图6.7 造礁生物生长与水体深度之间的模糊逻辑函数

温度和盐度同样是影响生物礁（丘）生长的关键因素。Gagan 等（1998）通过对现代海洋研究，建立了珊瑚的Sr/Ca值与海水表面温度（SST，数据来源科考船和卫星探测）之间的关系，表明造礁珊瑚适宜生长的温度介于20～31℃之间，且在27～30℃之间最为发育，适合生长的水体盐度范围在28‰～39‰之间。基于此，建立了蓬莱坝组沉积期古生物礁（丘）适宜生长的水体温度（图6.8）和水体盐度（图6.9）的模糊逻辑函数。

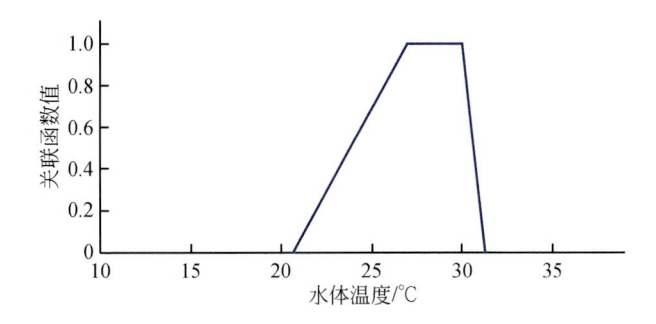

图6.8 造礁生物生长与水体温度之间的模糊逻辑函数

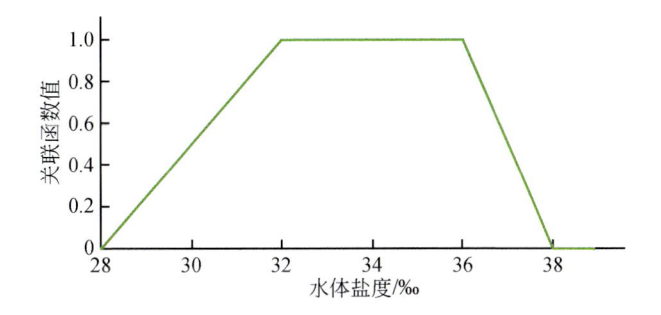

图6.9 造礁生物生长与水体盐度之间的模糊逻辑函数

波浪作用或水体能量同样会对造礁生物的生长有一定控制作用。一般地，造礁生物适宜生长在受波浪作用影响的一侧，因为波浪作用会打碎沉积物，为造礁生物生长提供营养物质。据此建立了造礁生物生长与波浪之间的模糊逻辑函数（图6.10），其中完全暴露在波浪作用范围时，关联函数值设置为1，表示某点所有方向均暴露在波浪作用方向；0值表示所有方向都不受波浪作用影响（陆地）。造礁生物一般在已暴露礁体附近的水体中生长，该地区水体较浅且营养充分，因此建立了造礁生物生长与距暴露礁体距离之间的模拟函数关系（图6.11），表示距暴露点位置距离增大，生长速率变慢。

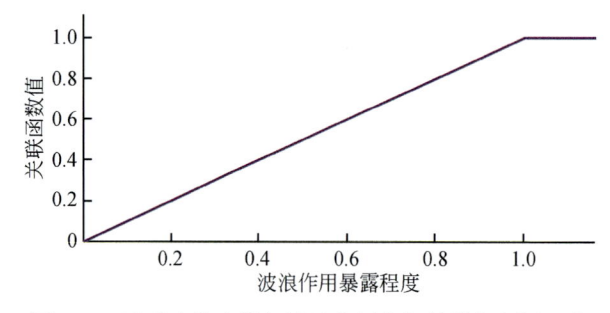

图6.10　造礁生物生长与波浪作用之间的模糊逻辑函数

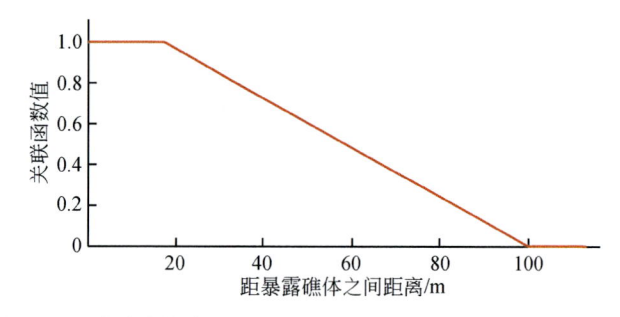

图6.11　造礁生物生长与距暴露礁体距离之间的模糊逻辑函数

在综合考虑了上述5种与台缘相碳酸盐岩生长相关联的因素基础之上，可以将这一类碳酸盐岩的生长速率表示为以下关系式：

Carb1 = growth_rate = depth and temperature and salinity and wave and carbdist

Carb1表示台缘（台内滩）相碳酸盐岩，growth_rate表示该类碳酸盐岩的生长速率，它受控于水体深度（depth）、温度（temperature）、盐度（salinity）、波浪（wave）和与礁滩距离（carbdist）五种因素，只有当五种因素条件同时满足，即各自关联函数值均为1时，该类碳酸盐岩的生长速率才能达到最大，即max_growth_rate，如果其中任何一个条件不满足，即关联函数值为0时，其生长速率为0，也就是在该时期不生长，如果各要素关联函数值均在0~1之间，则其生长速率为最大生长速率与五个关联函数值的连乘。

2. 局限-开阔海台地亚相

与台地边缘（台内滩）亚相对比，局限-开阔海台地亚相具有相对更深的水体环境，因此可以利用水体深度这一变量建立其发育的模糊逻辑函数集。根据贾承造（2004）建立的概念模式，认为局限海台地亚相一般发育在水深数米~数十米范围内，开阔海台地亚相发育在水深小于50m的水体环境。据此，建立了局限-开阔海台地亚相发育与水体深度之间关系的模糊逻辑函数，认为该类沉积亚相主要发育在 0~50m 水深范围内，且以 20~40m 最为发育（图6.12）。

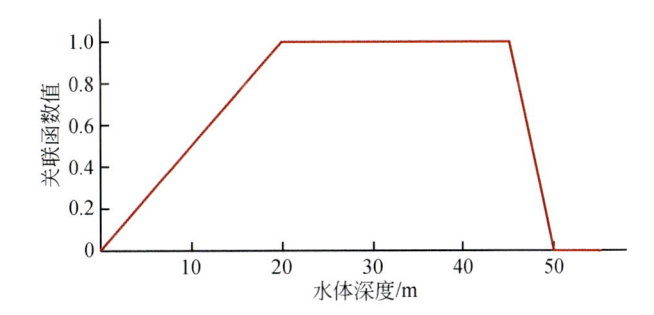

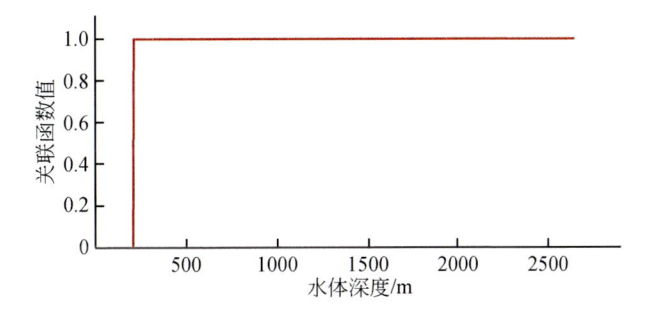

图6.12　局限-开阔海台地亚相发育与水体深度之间关系的模糊逻辑函数

3. 斜坡-浅海陆棚亚相

斜坡-浅海陆棚亚相适宜发育在水深为数十米至 200m 范围的海相环境（贾承造，2004），具有与其他几类亚相不同的水体深度，因此可以利用水深来与其他亚相进行区分。据此，建立了蓬莱坝组沉积时期斜坡-浅海陆棚亚相发育与水体深度关系的模糊逻辑函数（图6.13）。

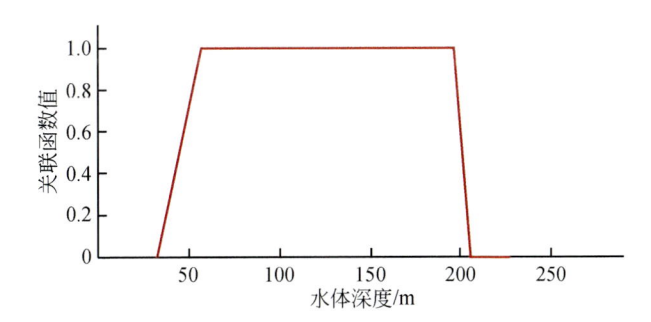

图6.13　斜坡-浅海陆棚亚相发育与水体深度之间关系的模糊逻辑函数

4. 深水陆棚-盆地亚相

深水陆棚-盆地亚相一般发育在水深大于 200m 的海相环境（贾承造，2004），据此建立了该类亚相发育与水体深度之间关系的模糊逻辑函数（图6.14）。

图6.14　深水陆棚-盆地亚相发育与水体深度之间关系的模糊逻辑函数

三、沉积模拟结果与合理性验证

（一）蓬莱坝组构造-沉积演化过程

基于上述关键模拟参数，对蓬莱坝组碳酸盐岩沉积演化过程进行了正演模拟，得到合理模拟结果。根据海平面变化曲线，蓬莱坝组沉积时期可划分为 3 个上升-下降旋回。模拟结果显示，蓬莱坝组沉积初期，研究区西部为台地，向东过渡为深水盆地相，中间为较窄的台地斜坡 [图 6.15（a）]；在第一个海平面升降旋回的下降区间，海平面下降，台地暴露 [图 6.15（b）]；在第二个升降旋回区间，当海平面上升时，海水基本覆盖整个西部台地，只在研究区西北部存在台地暴露，南部水深比北部水深大，该时期台地相以局限-开阔海台地相沉积为主，东部盆地相沉积薄层、大范围暗色泥岩 [图 6.15（c）]；当海平面下降时，西北部大范围暴露，台地其他地区零星暴露，发育台内滩沉积相，台地边缘呈环带状发育，此时斜坡角发育少量碳酸盐岩重力流滑塌沉积，东部沉积薄层、大范围暗色泥岩 [图 6.15（d）]；当海平面继续下降时，台地相大范围暴露 [图 6.15（e）]；在第三个升降旋回区间，当海平面开始上升时，台地相又开始被海水大范围覆盖，台内发育零星的台内滩 [图 6.15（f）]；在第三个旋回整体上升时期，出现海平面突然下降，台地相基本暴露地表，盆地相发育大规模重力流沉积，物源来自斜坡-浅海陆棚亚相、台地边缘亚相和局限-开阔海台地亚相，运移可达 300km 左右 [图 6.15（g）]；当海平面又开始上升时，海水覆盖整个台地 [图 6.15（h）]；当海平面达到最高时，由于碳酸盐岩的追补型生长，台地内水体深度较浅，且大范围暴露，盆地相发育部分重力流沉积 [图 6.15（i）]；第三个旋回下降时，台内大范围暴露，整体上显示，研究区西部发育随海平面变化不断生长、暴露的碳酸盐岩沉积，斜坡相较窄，东部盆地相发育沉积速率较慢的暗色泥岩，范围较大 [图 6.15（j）]。

（二）蓬莱坝组地层发育样式

蓬莱坝组发育 3 个进积-退积沉积旋回（SC1、SC2、SC3），整体上，自下而上呈现出向陆退积的地层发育样式（图 6.16）。该样式发育的原因有两方面，一方面由于早奥陶世时期，全球海平面整体以上升趋势为主，碳酸盐岩台地发生退积；另一方面，受碳酸盐岩台地边缘-斜坡处沉积物垮塌的影响，台地边缘发生退积，水体加深，进而发育浅水陆棚和斜坡相碳酸盐岩，层序地层表现为向陆退积的现象。

（三）滑塌重力流发育特征

碳酸盐岩重力流发育与海平面变化之间具有紧密的关系。蓬莱坝组沉积模拟结果显示，在第一个海平面升降旋回的低水位体系域（487.2Ma），即海平面下降时，碳酸盐岩斜坡角和近斜坡的深水盆地相发育条带状碳酸盐岩重力滑塌体 [图 6.17（a）]，而在第二个升降旋回的水位上升时期（486.5Ma），重力流滑塌体不发育 [图 6.17（b）]；到了第二个升降旋回的海平面下降时期（485.3Ma），碳酸盐岩重力流又大规模发育 [图 6.17（c）]；在第三个升

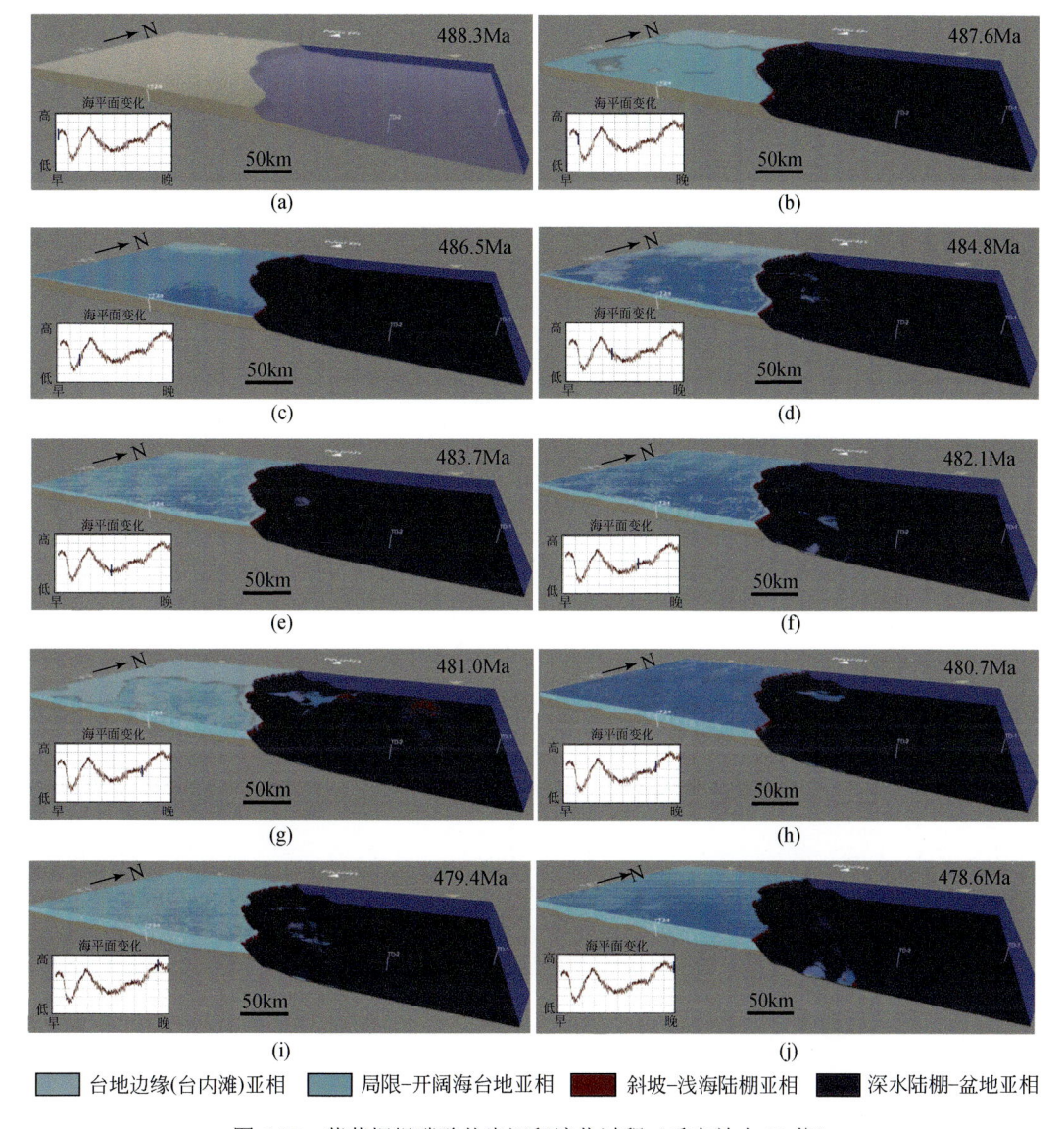

图 6.15 蓬莱坝组碳酸盐岩沉积演化过程（垂向放大 10 倍）

降旋回海平面整体上升过程中的突然下降时刻（482.45Ma），也存在大规模碳酸盐岩滑塌重力流的发育 [图 6.17（d）]，因此认为碳酸盐岩滑塌型重力流发育在海平面下降时期，或海平面整体上升时期的突然下降时刻。重力流沉积物大范围发育于碳酸盐岩斜坡角和近斜坡的深水盆地相，最远可搬运 300km 以上。

通过岩相类型，可区分开碳酸盐岩滑塌重力流沉积物的来源，统计得到，沉积在碳酸盐岩斜坡角和深水盆地亚相的重力流沉积物体积为 $5157×10^8 m^3$，主要来源于台地边缘亚相、局限-开阔海台地亚相和斜坡-浅海陆棚亚相，分别为 $1621×10^8 m^3$、$1834×10^8 m^3$ 和 $1393×10^8 m^3$，还有少量沉积物来源于深水盆地岩相，可能为其他几种类型碳酸盐岩滑塌后对盆地亚相的侵蚀、再搬运、再沉积而形成（图 6.18）。

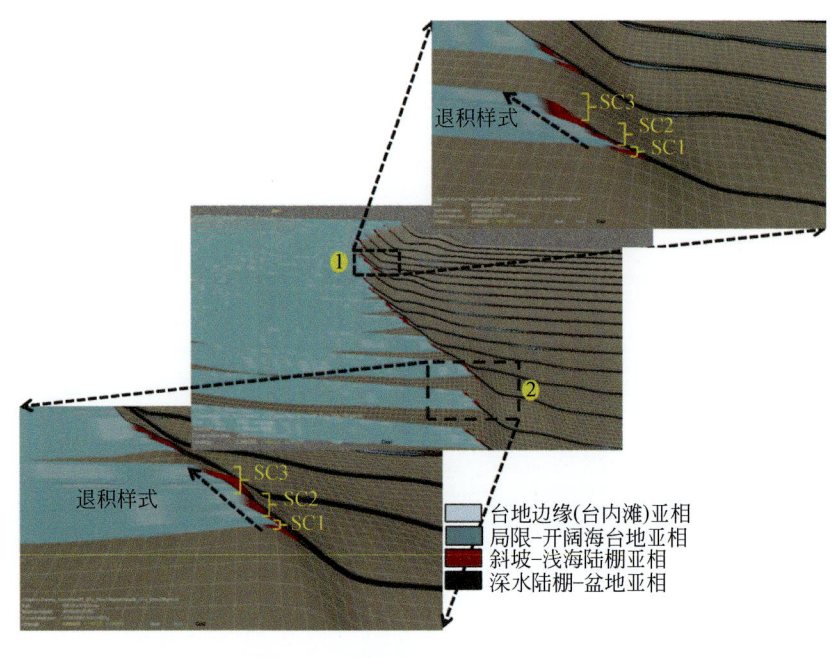

图 6.16　蓬莱坝组地层发育样式

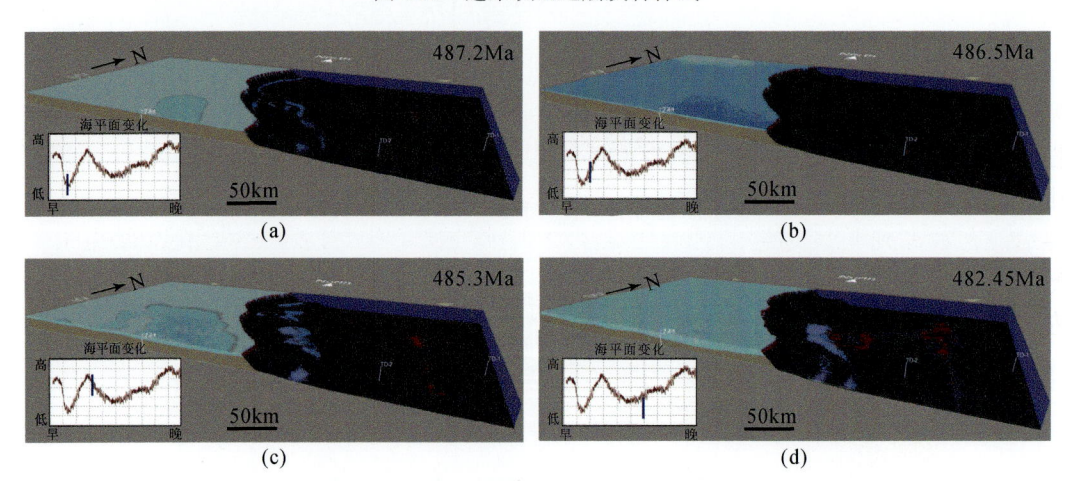

图 6.17　蓬莱坝组滑塌型重力流发育与海平面升降之间的关系

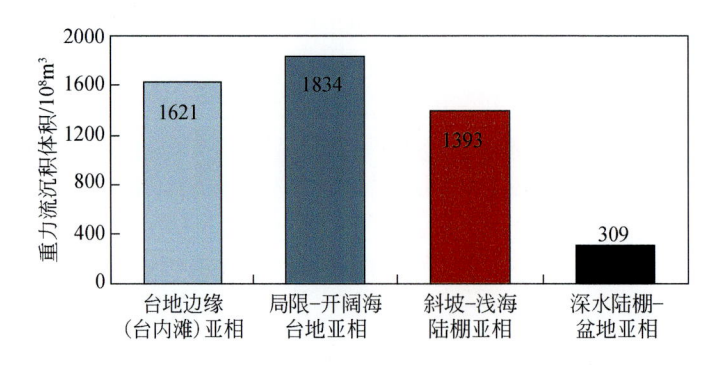

图 6.18　蓬莱坝组滑塌型重力流沉积物质来源与沉积体积

两方面证据表明,碳酸盐岩滑塌重力流沉积体具有相对较好的储集物性,且与斜坡-浅海陆棚亚相和深水陆棚-盆地亚相的烃源岩互层发育,构成有利的源-储组合,具备较好的油气勘探价值。相对于围岩,经历了上覆地层机械压实之后的碳酸盐岩重力流滑塌体的孔隙度相对更高(图 6.19)。利用成岩数值模拟方法,对比了研究区台缘带碳酸盐岩和深水盆地相重力流滑塌体的孔隙度演化差异性,具体包括:首先,基于文献调研和地质分析,建立蓬莱坝组台缘相碳酸盐岩和重力流沉积体自沉积期形成以来所经历的埋藏压实、溶蚀、胶结等过程的概念模型(图 6.20);然后,利用成岩数值模拟软件,在初始水化学和初始矿物、岩石物性设置的基础上,开展了两种类型碳酸盐岩自沉积期至现今的成岩演化和孔隙度演化曲线对比(图 6.21),明确了两者的共性与差异性。①同沉积期,台缘带处于浅水高能沉积环境,碳酸盐岩沉积(生长)速率较高,伴随高频海平面升降变化,以高能相带为主的台缘相频繁暴露于大气淡水中,有利于溶蚀作用发生,形成规模性溶蚀孔。高频海平面变化和暴露蒸发环境的多期交替旋回在数值模拟结果中表现为孔隙度呈阶段性升降变化,总体呈下降趋势。②台缘带在准同生期后经历表生期,在低饱和度大气淡水的淋滤作用下形成的同沉积期溶蚀孔洞不断扩大,发生明显的方解石溶蚀、白云石化作用,压实和胶结作用相对较弱,综合作用结果产生增孔效应。准同期后台缘带发生重力流滑塌,滑塌体在深水区进入浅-中埋藏阶段,水-岩反应速率降低,成岩流体饱和度增加,胶结作用和压实作用是滑塌体孔隙度下降的主要原因,该时期的台缘带与滑塌体孔隙度开始有较明显的差别。③埋藏期压实作用和胶结作用是孔隙度下降的主要原因,晚奥陶世和早白垩世发生了两次油气充注,充注过程伴随着烃源岩成熟过程中产生的有机酸、CO_2 和 H_2S 等酸性物质,酸性流体溶蚀深部碳酸盐岩能够改善储层孔渗性能,但有机酸在长距离运移过程中极易发生损耗,其对成岩作用影响最大的区域应该位于烃源岩附近。台缘带与烃源岩相距远,有效 H^+ 对其孔隙度的贡献则十分有限,主要以抑制胶结作用来减少孔隙度的损失。数值模拟显示,台缘带在油气充注时期孔隙度下降幅度减小,现今孔隙度模拟结果为 5.94%左右,与实测孔隙度 5.9%相近。滑塌体距烃源岩近或直接与烃源岩接触,受高浓度有机酸

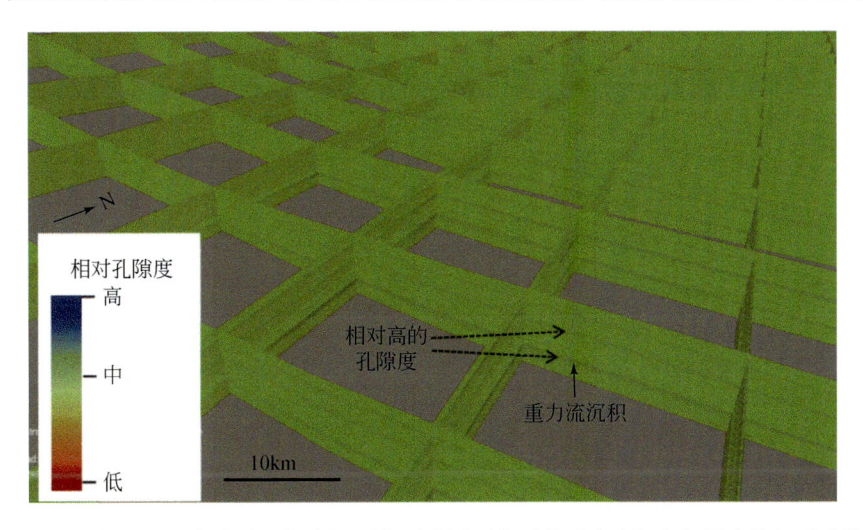

图 6.19 蓬莱坝组深水盆地亚相中经历上覆地层压实后的重力流沉积与围岩的相对孔隙度

溶蚀改造产生较为明显的增孔效应。数值模拟结果显示，滑塌体受有机酸溶蚀产生的增孔效应约为 1.6%，现今孔隙度模拟结果约为 4.1%，较优于同深度围岩（孔隙度约 2%），仍是相对较好储集层，是下一步超深层油气勘探的领域之一。

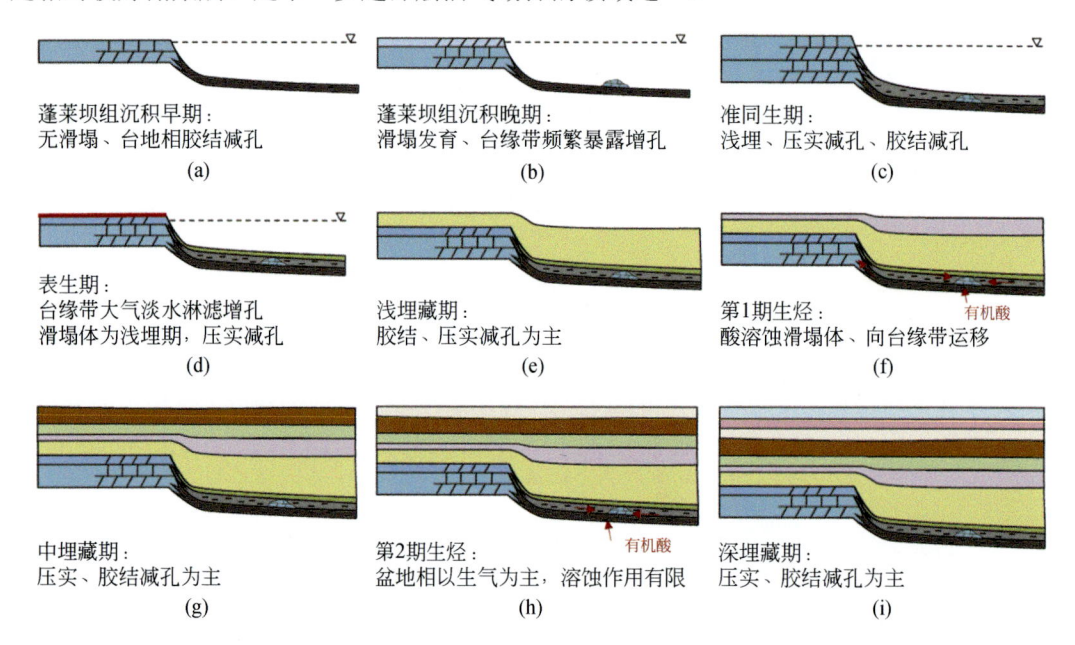

图 6.20　蓬莱坝组台缘带和滑塌体碳酸盐岩自沉积期至今所经历的埋藏-成岩作用概念模型

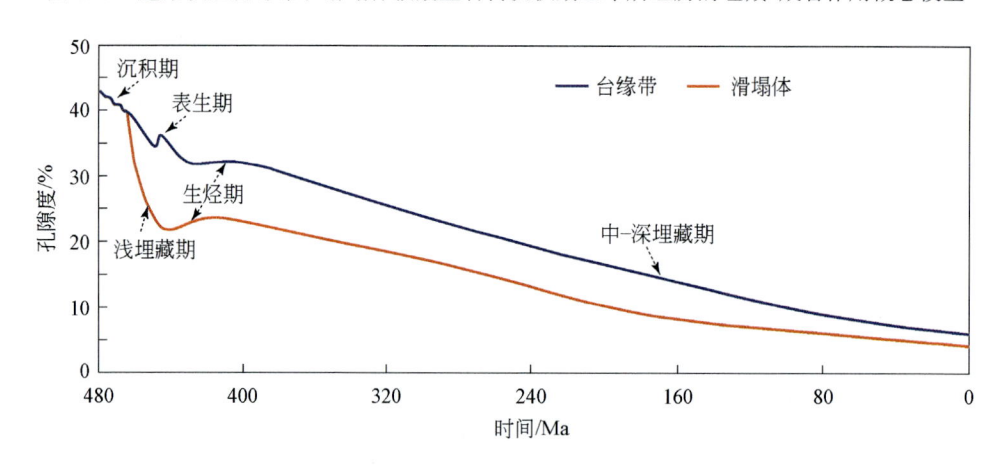

图 6.21　蓬莱坝组台缘带和滑塌体碳酸盐岩孔隙度演化曲线对比

（四）模拟结果合理性验证

利用多种类型的实际地质资料对蓬莱坝组沉积模拟结果进行合理性检验。

（1）地层岩性与厚度对比：由于工区范围内钻穿蓬莱坝组的探井数量较少，未能在西部台地相范围找到合适的对比井，只能利用深水盆地相中的塔东 1 和塔东 2 两口井进行单井对比，通过将模拟结果与实际地质资料对比，发现两口井的蓬莱坝组均为暗色泥岩沉积，压实后厚度在 50m 左右，模拟结果与实际地质资料基本吻合；同样对比了经历上覆地层机械压实之后的蓬莱坝组模拟地层厚度与前人利用地震、钻井等资料绘制得到的地层厚度平面分布图，两者显示出高度的吻合性（图 6.22）。

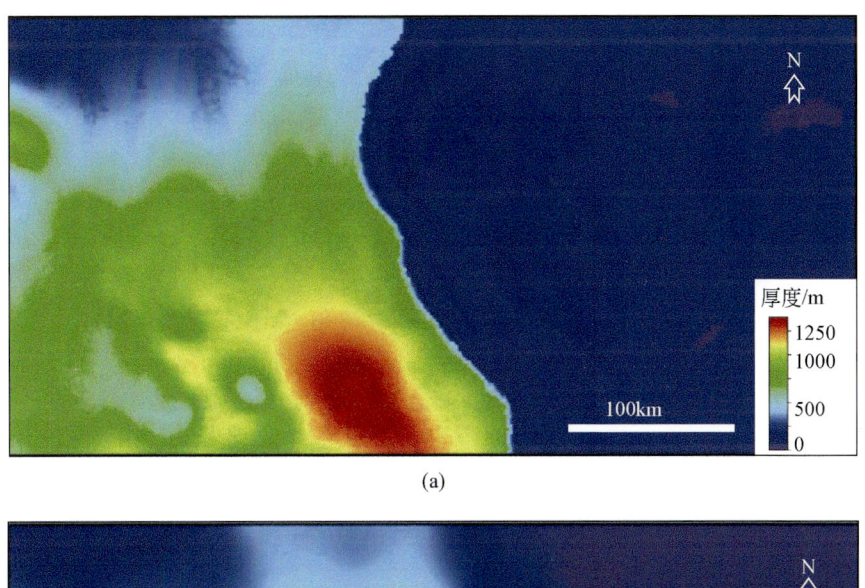

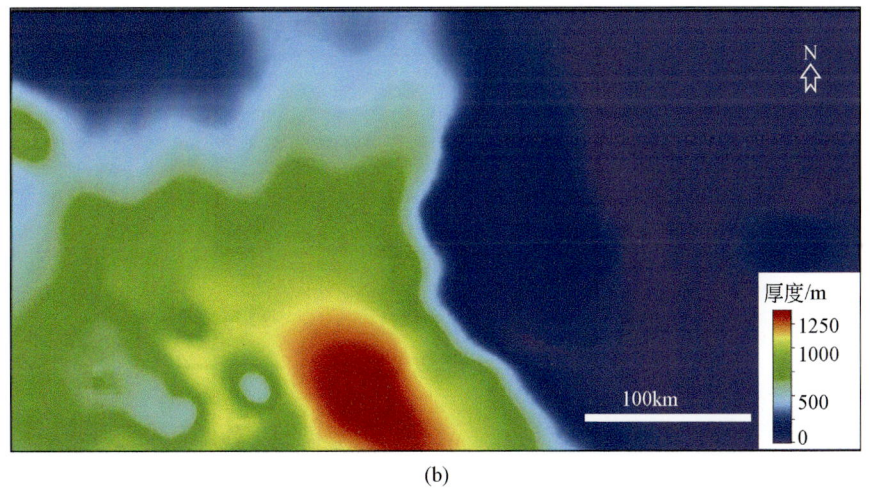

图 6.22 基于沉积模拟和实际地质资料分析得到的蓬莱坝组现今地层厚度图
（a）沉积模拟结果；（b）实际地质资料分析结果

（2）地层发育形态与沉积样式对比：利用地震解释资料，对模拟得到的相同位置处地层的形态、斜坡范围和沉积样式进行对比，结果显示，模拟结果与实际地震解释成果基本一致，且都在斜坡角至深水盆地相范围发育了重力流沉积（图 6.23）。

（3）沉积相与沉积环境对比：将模拟得到的蓬莱坝组沉积时期古水深模型与前人研究得到的相同范围内沉积相模型进行对比，均显示了在工区西部大范围发育碳酸盐岩台地相，向东过渡为相对较窄的斜坡相、深水陆棚-盆地相（图 6.24）。

因此，多种证据综合显示，本次研究建立的蓬莱坝组沉积模拟模型是合理的，可用于后续非均质性表征和沉积-成岩-成藏耦合模拟研究。

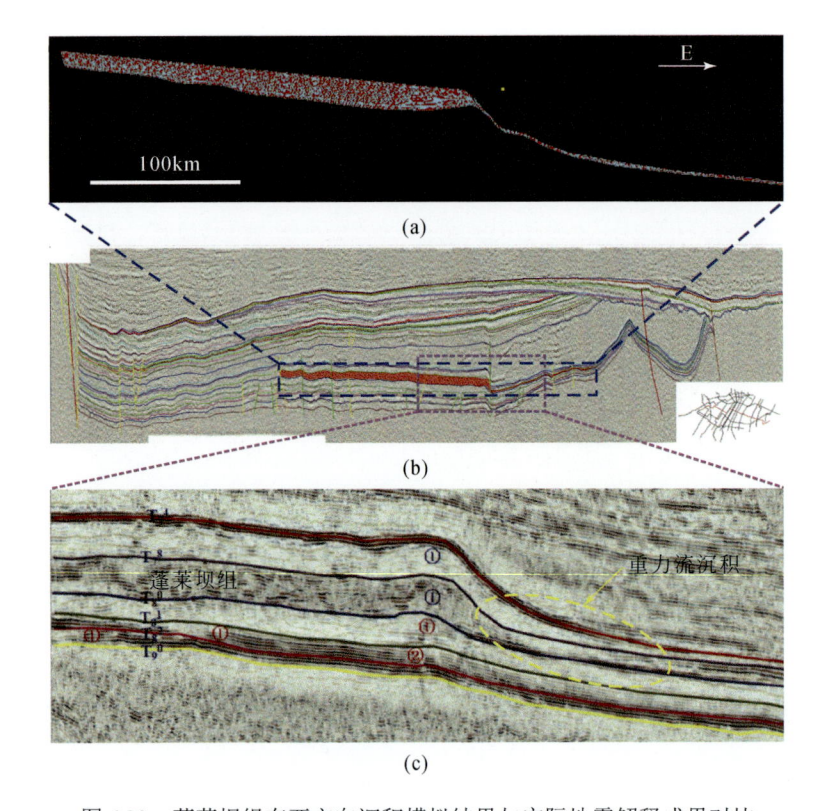

图 6.23　蓬莱坝组东西方向沉积模拟结果与实际地震解释成果对比

（a）沉积模拟得到的东西方向伪地震剖面；（b）塔里木盆地近东西方向地质解释大剖面；（c）塔中北坡寒武系—奥陶系划分与重力流沉积识别，图中带圈序号表示不同时期碳酸盐岩台缘带位置（高志前等，2012）

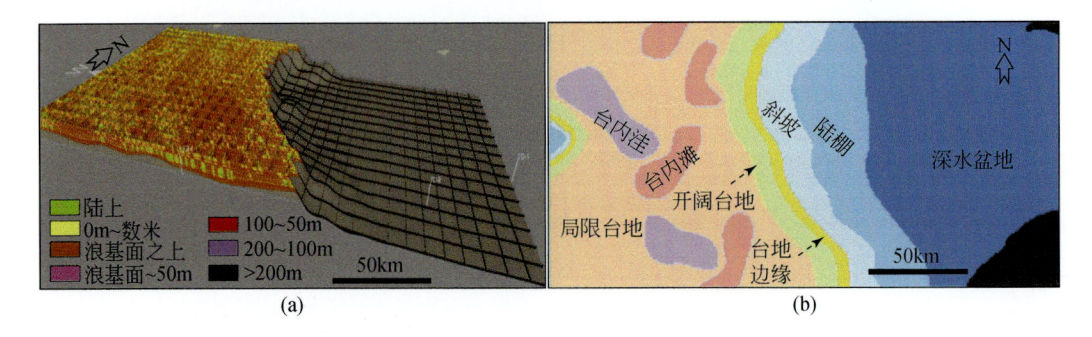

图 6.24　蓬莱坝组沉积模拟古水深模型和沉积相模型

（a）沉积模拟得到的古水深模型；（b）前人研究得到的相同范围内沉积相模型

四、蓬莱坝组沉积非均质性定量表征

基于沉积模拟结果，得到了蓬莱坝组三维地质体数值模型，能够获取任意网格点的沉积相-岩相组成，即在任意网格点，四种类型碳酸盐岩具有特定的占比，且其和为100%，因此可以利用各类岩相的百分含量数据体，来定量表征蓬莱坝组的岩相空间非均质性，为后续沉积模拟与盆地模拟相结合提供必要输入参数。结果表明，台地边缘（台内滩）亚相主要发育在研究区西北部、台地边缘、台内点状分布以及斜坡角片状分布,含量大都在50%以上;局限-开阔海台地亚相在西部台地大范围发育,且大部分地区含量达到100%;斜坡-浅海陆棚亚相主要发育在台地边缘与盆地相之间,范围较窄,也在深水盆地相中分布;深水陆棚-盆地相在研究区东部大范围发育(图6.25)。

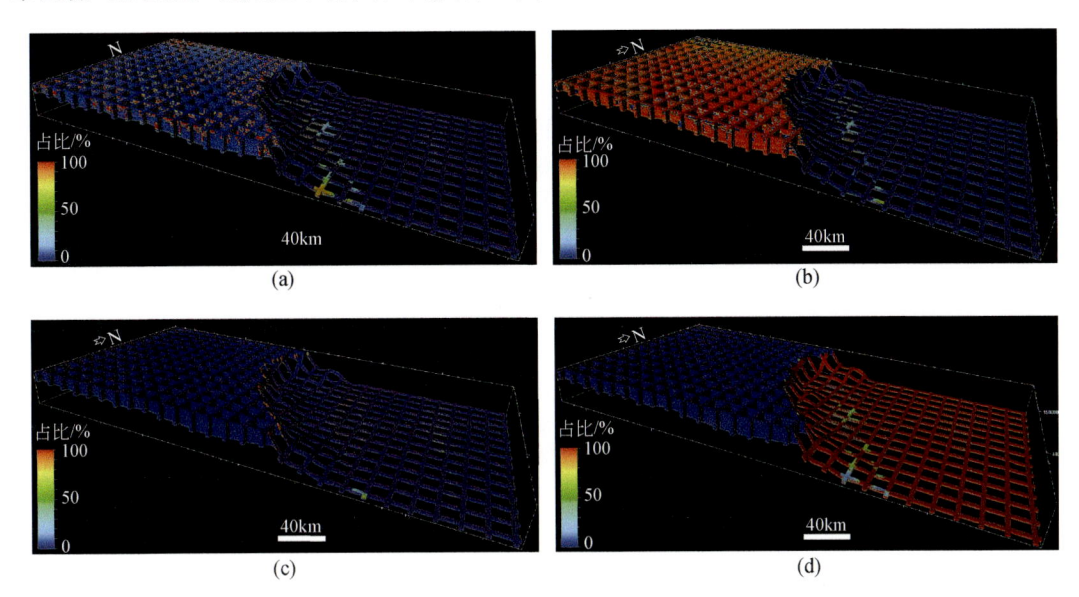

图 6.25 蓬莱坝组四种亚相的百分含量三维数据体
(a)台地边缘(台内滩)亚相;(b)局限-开阔海台地亚相;(c)斜坡-浅海陆棚亚相;(d)深水陆棚-盆地亚相

第二节 台盆区中-下奥陶统碳酸盐岩成岩过程模拟与孔隙度演化

本节首先以塔里木盆地台盆区顺南地区中-下奥陶统台地相碳酸盐岩为研究对象,基于岩石学分析和前人研究成果,建立台地相碳酸盐岩成岩演化序列,然后根据成岩序列,模拟局限海台地亚相碳酸盐岩的成岩作用和孔隙度演化过程,再对比该亚相与其他亚相在成岩过程中的差异性,依次模拟其他碳酸盐岩亚相的成岩和孔隙度变化过程,最终建立台盆区中-下奥陶统碳酸盐岩不同亚相的孔隙度演化曲线,为后续盆地模拟地质模型建立提供更合理的压实曲线参数。

一、顺南地区中-下奥陶统台地相碳酸盐岩成岩作用类型与序列

顺南地区位于研究区南部,其中-下奥陶统自下而上包括了蓬莱坝组、鹰山组和一间房组。蓬莱坝组继承了晚寒武世沉积特征,为局限海台地亚相;鹰山组沉积时期,沉积环境由局限海台地向开阔海台地环境转变;到一间房组沉积期,沉积环境以开阔海台地亚相为主,并在东部发育台地边缘亚相,逐渐向碳酸盐岩斜坡和深水盆地相过渡。

基于大量岩石薄片观察和前期研究总结,认为顺南地区中-下奥陶统碳酸盐岩主要发育灰岩、白云岩、过渡岩类和硅质岩四种岩石类型(表6.1;图6.26)。灰岩是研究区主要的岩石类型,在一间房组和鹰山组上段广泛分布,按岩石结构可分为(微晶/微亮晶/亮晶)颗粒灰岩、(含)颗粒微晶灰岩、微晶灰岩以及生物灰岩等。白云岩则主要分布在鹰山组下段,具体可分为晶粒白云岩(包括粉晶、细晶、中-粗晶以及不等粒晶四类)和(残余)颗粒白云岩。过渡岩类包括含云灰岩以及云质灰岩。此外,在顺南4井、顺南401井以及顺南2井区鹰山组上部可见硅质、硅化岩发育。

表6.1 顺南地区中-下奥陶统台地相碳酸盐岩岩石类型

类别			基本岩石类型	层位
灰岩	颗粒灰岩(颗粒含量>50%)	亮晶颗粒灰岩	亮晶砂屑灰岩、亮晶鲕粒灰岩、亮晶砾屑灰岩、亮晶颗粒灰岩(3种以上颗粒混合)	一间房组、鹰山组
		微亮晶颗粒灰岩	微亮晶砂(砾)屑灰岩、微亮晶鲕粒灰岩、微亮晶生屑灰岩、微亮晶颗粒灰岩(3种以上颗粒混合)	
		微晶颗粒灰岩	微晶砂(砾)屑灰岩、微晶鲕粒灰岩、微晶生屑灰岩、微晶颗粒灰岩(3种以上颗粒混合)	
	颗粒微晶灰岩(颗粒含量25%~50%)		砂屑微晶灰岩、生屑微晶灰岩	一间房组、鹰山组
	含颗粒微晶灰岩(颗粒含量10%~25%)		含砂屑微晶灰岩、含生屑微晶灰岩	
	微晶灰岩(颗粒含量<10%)		(泥)微晶灰岩	
	生物灰岩	藻灰岩	藻层纹灰岩、藻黏结岩	一间房组、鹰山组
白云岩	晶粒白云岩		粉晶白云岩、细晶白云岩、中晶白云岩、粗晶白云岩、不等晶白云岩	鹰山组下段
	(残余)颗粒白云岩		(残余)砂屑白云岩、(残余)泥晶白云岩	
过渡岩类			含云质灰岩、云质灰岩、含灰质白云岩、灰质白云岩	鹰山组下段
硅质岩			含灰质硅质岩、灰质硅质岩、硅质岩	鹰山组

在岩石学观察的基础上,结合阴极发光等手段,对台地相碳酸盐岩的成岩作用类型进行分析,明确了研究区碳酸盐岩所经历的成岩类型包括泥晶化作用、胶结作用、压实压溶作用、溶蚀作用、白云岩化作用和硅化作用(图6.27)。研究区的成岩作用有以下三方面特点:①早成岩期,储层发育三级层序界面控制的低位期岩溶(层间岩溶)和高频层序界面(4~6级)控制的同生期岩溶;②溶蚀孔洞和裂缝型储层中发育多期方解石胶结作用以及白云岩化作用;③在晚成岩阶段,储层沿走滑断裂带发育深层热液硅化作用,形成大量溶蚀孔洞。

在前人工作的基础上,结合岩心、薄片、阴极发光等分析结果,对顺南地区中-下奥陶统储层所经历的成岩演化序列进行总结,主要分为以下6个阶段:沉积-准同生期、准同生-浅埋藏期、表生期、浅埋藏期、中-深埋藏期以及深埋藏期(图6.28)。沉积-准同生期,作用于沉积物的流体主要是海水、大气淡水或是两者的混合水,因此这些流体的地球化学特征将直接影响到准同生期的成岩作用类型。该期主要的成岩作用类型有:泥晶化作用、

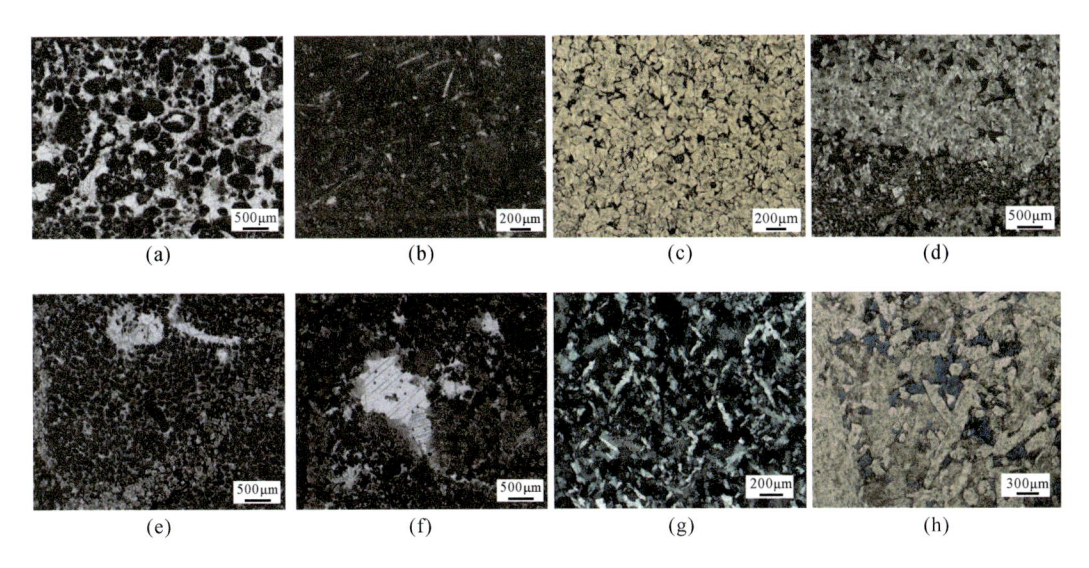

图 6.26 顺南地区中-下奥陶统台地相碳酸盐岩四种岩石类型

（a）亮晶砂屑灰岩，顺南 7 井，一间房组；（b）砂屑生屑微晶灰岩，顺南 7 井，一间房组；（c）细晶白云岩，顺南 501 井，鹰山组；（d）残余亮晶砂屑灰质白云岩，顺南 501 井，一间房组；（e）含云质亮晶细砂屑灰岩，顺南 5 井，一间房组；（f）云质亮晶砂屑灰岩，顺南 5-1 井，一间房组；（g）硅质岩，顺南 4 井，一间房组；（h）含灰质硅质岩，顺南 4 井，一间房组

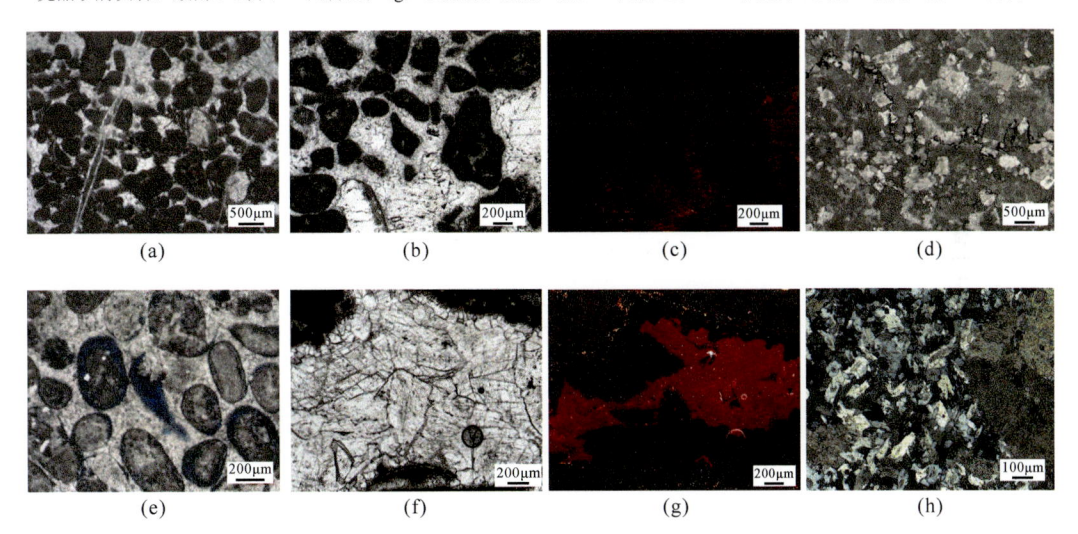

图 6.27 顺南地区中-下奥陶统台地相碳酸盐岩成岩作用类型

（a）泥晶化作用，顺南 4-1 井，鹰山组；（b）（c）胶结作用，顺南 6 井，鹰山组；（d）压实压溶作用，顺南 1 井，鹰山组；（e）溶蚀作用，顺南 7 井，鹰山组；（f）（g）白云岩化作用，顺南 7 井，一间房组；（h）硅化作用，顺南 4-1 井，鹰山组

海底胶结作用、大气水溶蚀作用、大气水胶结作用等。准同生-浅埋藏期，随着沉积基底的不断沉降，上覆沉积物不断地增加，沉积物和孔隙水由开放环境进入半封闭-封闭环境，由氧化环境进入半氧化-还原环境。该期的成岩作用主要有：胶结作用、压实（溶）作用、构造破裂作用等。表生期是深埋的岩石由于地壳运动被抬升到地表潜水面以下所发生的作用，是三种成岩环境均需要经历的成岩阶段，主要受大气淡水的影响，是在大气淡水淋滤和大气淡水造成的淡水渗流环境下发生的溶蚀反应，该期主要的成岩作用为溶蚀作用，形成大

量溶蚀。浅埋藏期可见沿缝合线分布的斑块状细晶白云石。由于岩石在表生期受到大气淡水的淋滤作用，岩石孔隙中充填的流体成分中，各离子浓度较低。随着埋深相对增加，上覆海水或盐度偏高的咸水渗入地层，发生方解石的胶结作用和白云岩化作用。由于埋藏深度较浅，白云石化作用过程缓慢，结晶速度也相对较慢。中-深埋藏期，已经完全脱离沉积环境，温度、压力均较高，自由氧基本不存在，成岩流体具有较强的还原性。该期的成岩作用主要有：压实（溶）作用、白云石化作用、硅化作用、黄铁矿化作用、构造破裂作用、溶蚀作用、胶结作用等。深埋藏期，脱离沉积环境，温度、压力持续。该期常见的成岩作用有：构造破裂作用、溶蚀作用、胶结作用等。

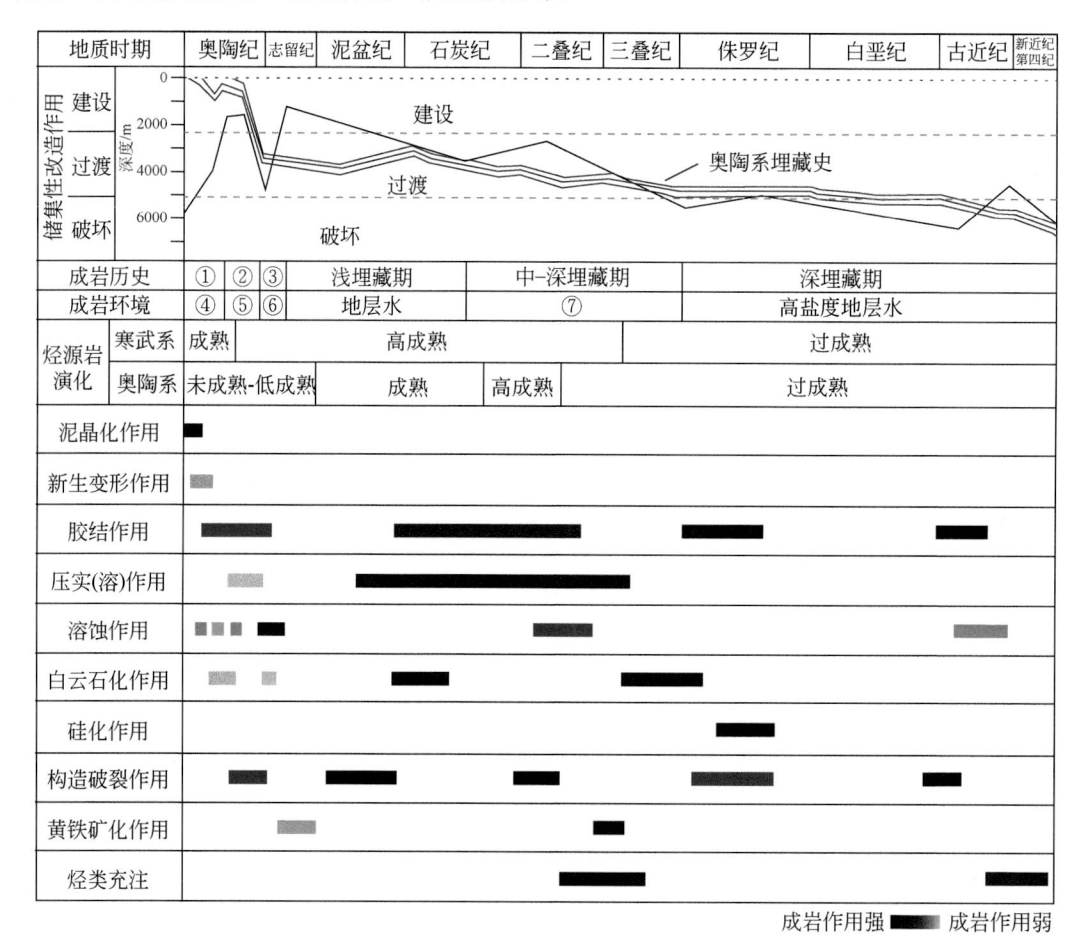

图 6.28 顺南地区中-下奥陶统台地相碳酸盐岩成岩演化序列
①指沉积期；②指准同生期；③指表生期；④指海水和大气淡水；⑤指浓缩海水和地层水；⑥指大气淡水；⑦指地层水、有机酸和深部热液

二、不同相带碳酸盐岩成岩过程与孔隙度演化数值模拟

基于上述研究，明确了中-下奥陶统台地相碳酸盐岩主要经历了沉积-准同生期、准同生-浅埋藏期、表生期、浅埋藏期、中-深埋藏期和深埋藏期 6 个成岩阶段。但由于台盆区

不同相带碳酸盐岩经历的构造—埋藏过程不同,各相带在不同成岩演化阶段的流体类型存在差异(表6.2),而且不同相带碳酸盐岩还在矿物组分、物性和经历的成岩类型等方面有所差异,因此需要对不同相带碳酸盐岩分别开展成岩演化数值模拟,得到各自的孔隙度变化曲线。在此,以局限海台地亚相为例,详细阐述不同时期碳酸盐岩的成岩作用和孔隙度演化模拟过程,然后以同样的方式对中-下奥陶统开阔海台地亚相、台地边缘亚相、台缘斜坡相和深水盆地相碳酸盐岩的矿物转化与孔隙度演化进行数值模拟。

表6.2 台盆区中-下奥陶统不同相带碳酸盐岩在各成岩阶段的地层流体类型

成岩阶段	局限海台地亚相	开阔海台地亚相	台地边缘亚相	台缘斜坡相	深水盆地相
沉积-准同生期	浓缩海水、海水	海水、大气淡水			海水
准同生-浅埋藏期	地层水、海水				
表生期	地层水、大气淡水				海水
浅埋藏期	地层水、海水、浓缩海水				
中-深埋藏期	地层水、酸性热液流体				地层水
深埋藏期	地层水、碱性热卤水				地层水

(一)局限海台地亚相

根据成岩演化特征,将局限海台地亚相碳酸盐岩划分成6个成岩模拟子模型,分别对应6个连续的成岩历史时期。不同子模型中的温度均取自顺南地区实际储层埋深对应的温度,不同时期的流体类型与相应的成岩环境一致(表6.3)。通过建立不同成岩阶段的一维数值模型,分析地层温度、溶液性质、流体动力学条件等因素对碳酸盐成岩作用的影响,建立多种碳酸盐岩成岩演化过程。其研究结果能为深入认识碳酸盐岩储层的形成和演变提供依据。

表6.3 顺南地区中-下奥陶统局限海台地亚相碳酸盐岩成岩阶段与模拟参数设置

成岩阶段	持续时间/Ma	埋藏深度/m	温度/℃	流体成分	矿物成分
沉积-准同生期	488~465	0~100	25	海水、大气淡水	泥晶化作用、方解石胶结物
准同生-浅埋藏期	465~460	50~600	25~40	混合水、地层水	方解石胶结物(粒间孔隙)
表生期	460~455	0~50	25	大气淡水	方解石胶结物(少量)
浅埋藏期	455~445	50~600	25~40	地层水	方解石胶结物(充填溶孔)
中-深埋藏期(热液流体)	445~252	600~4600	40~120	地层水、深层热液	方解石、白云石(热液)、硅质胶结物(热液)
深埋藏期	252~0	4600~7000	120~165	地层水	方解石(充填脉体)

局限海台地亚相碳酸盐岩成岩作用特征、矿物含量变化和孔隙度演化的模拟结果显示:①沉积-准同生期,以蒸发泵白云石化作用和海水胶结作用为主,部分白云岩生成,孔隙度

降低[图 6.29（a）]；②准同生-浅埋藏期，以海水胶结作用和压实作用为主，孔隙度持续降低[图 6.29（b）]；③表生期，以大气淡水溶蚀作用为主，部分方解石被溶蚀，含量降低，孔隙度升高[图 6.29（c）]；④浅埋藏期，以海水胶结作用和渗透回流白云石化作用为主，部分方解石被白云石化，导致方解石含量降低、白云石含量升高，孔隙度受埋藏压实作用和胶结作用影响降低[图 6.29（d）]；⑤中-深埋藏期，以胶结作用、热液溶蚀作用、热液白云石化作用和硅质胶结作用为主，方解石含量降低、白云石含量升高，生成部分石英，孔隙度持续降低[图 6.29（e）]；⑥深埋藏期，主要为胶结作用，该时期方解石含量升高，白云石和石英矿物含量基本不变，孔隙度降低[图 6.29（f）]。根据上述模拟结果，建立局限台地碳酸盐岩自蓬莱坝沉积期以来的孔隙度演化曲线，模拟得到现今地层孔隙度为 3.6%，在实测孔隙度的范围内[图 6.29（g）]。

（二）台盆区其他相带碳酸盐岩孔隙度演化

利用同样方法和步骤，对台盆区发育的开阔海台地亚相、台地边缘亚相、台缘斜坡相和深水盆地相碳酸盐岩进行了成岩作用和孔隙度演化数值模拟，结果显示：

（1）开阔海台地亚相碳酸盐岩在沉积-准同生时期，发育海水胶结和大气淡水溶蚀作用，孔隙度下降至 25.5%；准同生-浅埋藏期，在机械压实作用和方解石胶结作用共同控制下，孔隙度下降至 15.8%；表生期，发生方解石溶解，孔隙度在原有的基础上增加至 22.2%；浅埋藏期，发生方解石胶结和白云石化作用，孔隙度持续下降；中-深埋藏期，深层热液的溶蚀作用使孔隙度上升，并生成大量白云石和石英，热液蚀变后，孔隙中的高盐度流体继续胶结，孔隙度下降至 14.2%；深埋藏期，发生方解石胶结作用，孔隙度下降至 6.5%（图 6.30）。

（2）台地边缘亚相碳酸盐岩在沉积-准同生期，方解石在大气淡水淋滤作用下溶解，并生成淡水胶结物充填次生孔隙；准同生-浅埋藏期，发生弱压实作用和方解石胶结作用，孔隙度下降至 28.5%；表生期，受大气淡水淋滤增孔作用影响，孔隙度上升至 33.7%；浅埋藏期，前期生成大量方解石，后期同时生成方解石和白云石，白云石化速率高于方解石胶结速率；中-深埋藏期，前期和后期生成大量方解石胶结物，中期生成热液白云石、石英以及少量次生孔隙，孔隙度下降至 12.5%；深埋藏期，方解石含量增加，白云石和石英含量不变，孔隙度下降至 5.6%（图 6.31）。

（3）台缘斜坡相碳酸盐岩在沉积-准同生期，主要发育海水胶结作用及微弱的大气淡水溶蚀作用，孔隙度下降至 24.1%；准同生-浅埋藏期，发育强机械压实和方解石胶结作用，孔隙度持续降低；表生期，受较弱的大气淡水淋滤作用，孔隙度小幅度上升；浅埋藏期，方解石胶结作用和白云石化作用使孔隙度下降至 9.6%；中-深埋藏期和深埋藏期，发生方解石胶结作用，胶结速率较慢，孔隙度下降至 1.6%（图 6.32）。

（4）深水盆地相碳酸盐岩在沉积-准同生期，海水胶结作用强烈；准同生-浅埋藏期，强机械压实作用和方解石充填孔隙，孔隙度下降至 12.3%；表生期，方解石胶结作用较前一阶段减弱，孔隙度下降至 10.8%；浅埋藏期，成岩流体为海水，方解石胶结物使孔隙度下降至 7.0%；中-深埋藏期和深埋藏期，弱方解石胶结作用，孔隙度下降至 0.9%（图 6.33）。

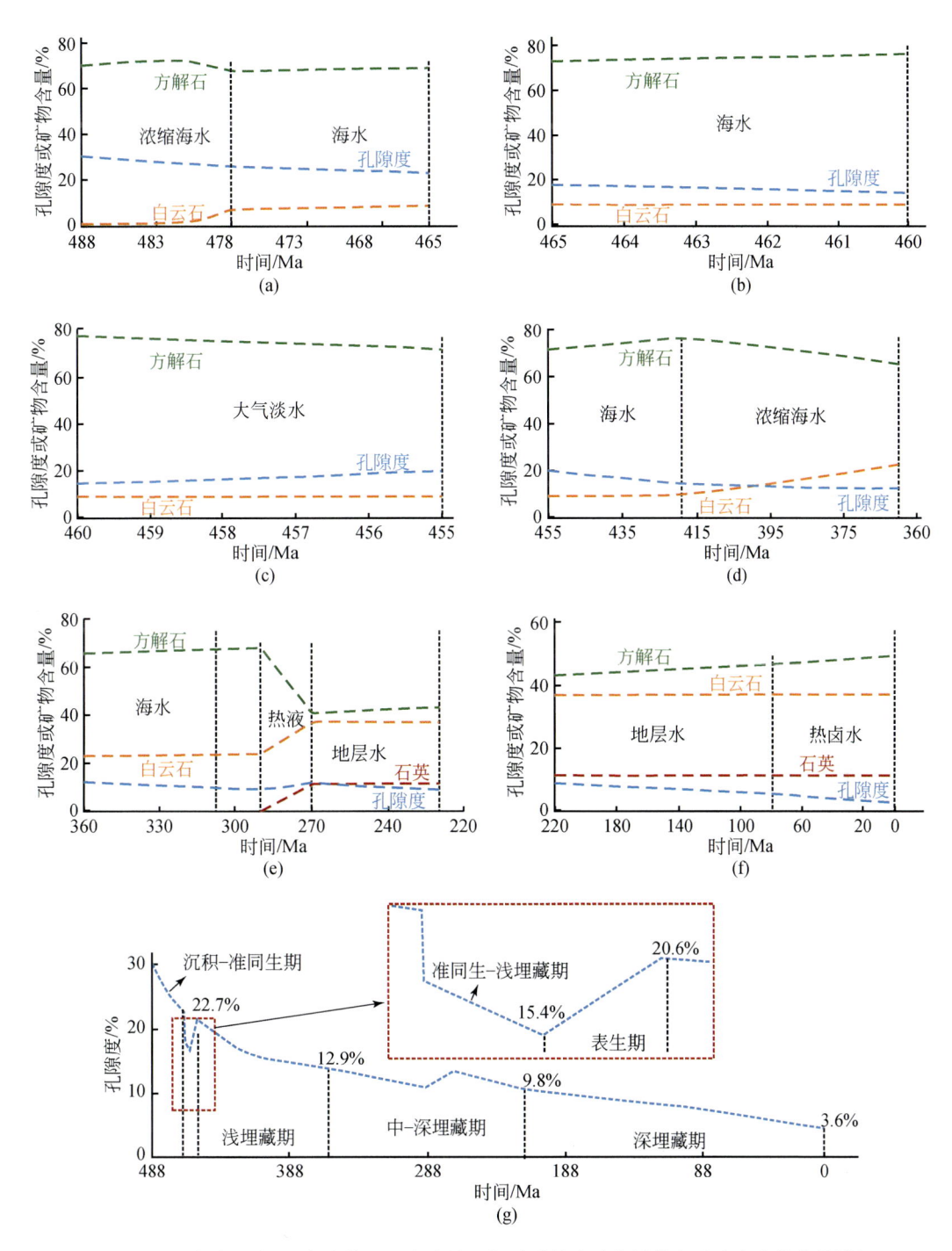

图 6.29 顺南地区中-下奥陶统局限海台地亚相碳酸盐岩矿物转化与孔隙度变化数值模拟

(a) 沉积-准同生期；(b) 准同生-浅埋藏期；(c) 表生期；(d) 浅埋藏期；(e) 中-深埋藏期；(f) 深埋藏期；(g) 孔隙度演化过程

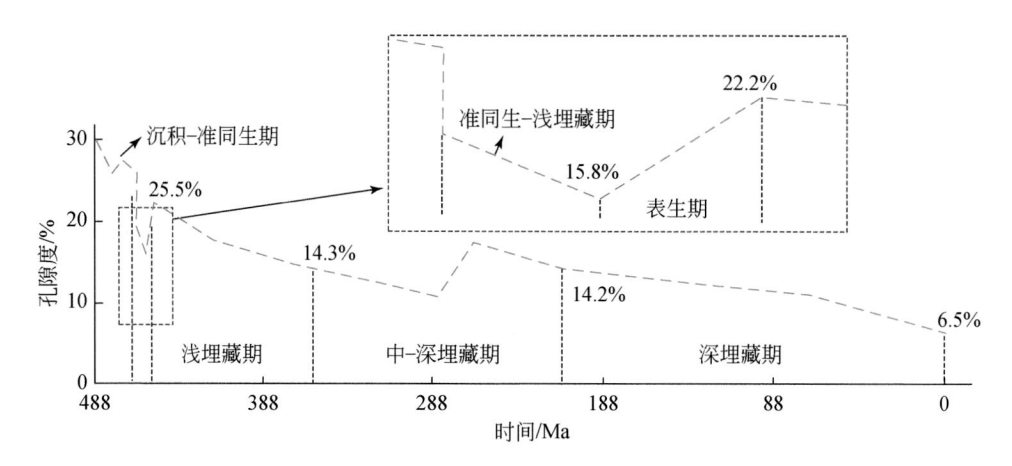

图 6.30　台盆区中-下奥陶统开阔海台地亚相碳酸盐岩孔隙度演化数值模拟

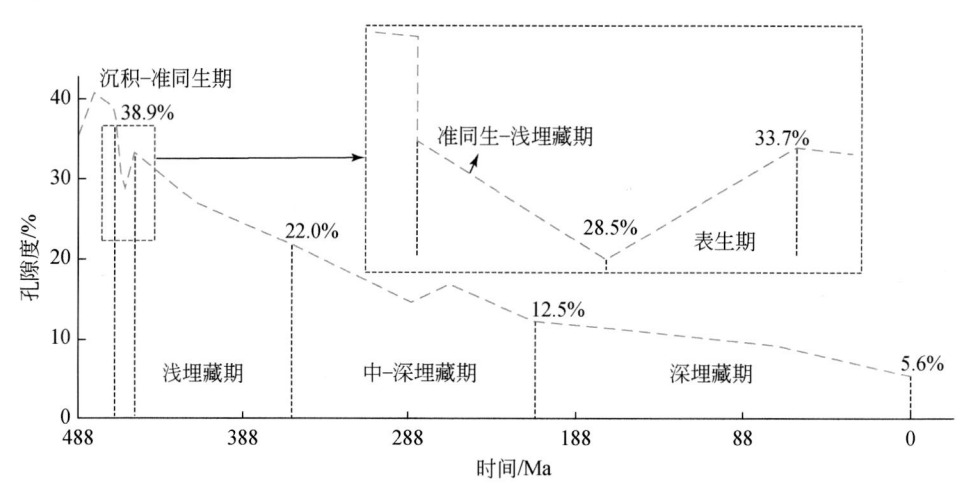

图 6.31　台盆区中-下奥陶统台地边缘亚相碳酸盐岩孔隙度演化数值模拟

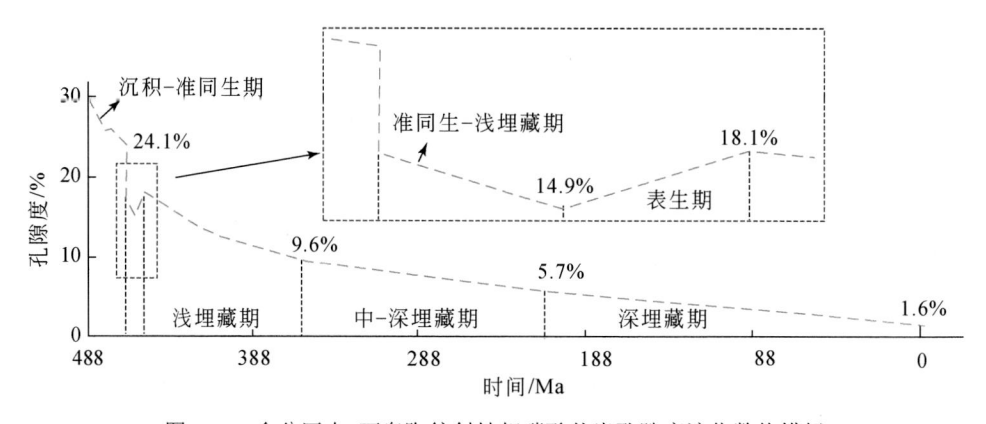

图 6.32　台盆区中-下奥陶统斜坡相碳酸盐岩孔隙度演化数值模拟

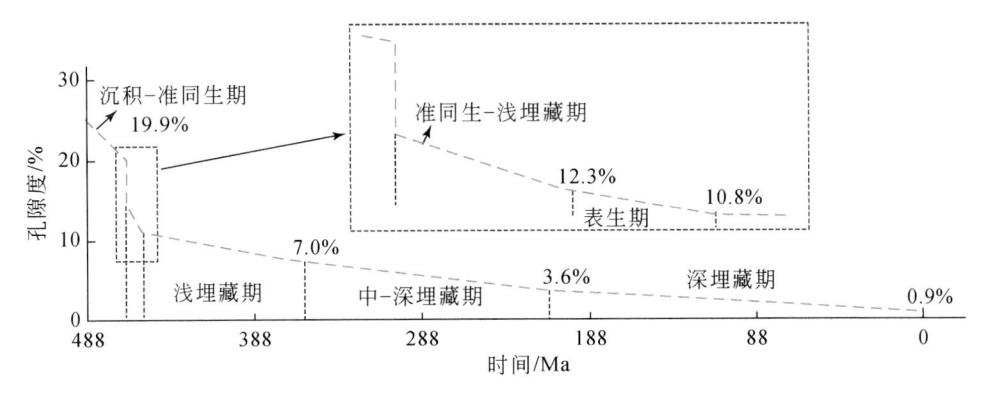

图 6.33　台盆区中-下奥陶统深水盆地相碳酸盐岩孔隙度演化数值模拟

第三节　沉积-成岩-成藏一体化盆地模拟与深层油气分布预测

本节针对塔里木盆地台盆区深层含油气系统，在明确深层生-储-盖层分布及其发育特征的基础上，建立了自新元古界南华系—第四系的三维盆地模拟地质模型，再将蓬莱坝组沉积模拟结果和中-下奥陶统不同相带碳酸盐岩孔隙度演化曲线输入地质模型，建立耦合了沉积与成岩模拟结果的三维地质模型，在此基础上，模拟烃源岩生烃演化特征和油气运移与聚集动态过程，利用多种方法综合确定了中-下奥陶统油气成藏时期和成藏模式，最后基于沉积-成岩-成藏一体化模拟结果，预测了中-下奥陶统深层油气时空分布。

一、耦合沉积-成岩模拟结果的三维盆地模拟地质模型建立

在大量基础地质资料分析和前人研究成果总结的基础上，建立了研究区自南华系—第四系的三维盆地模拟地质模型。该模型的深层含油气系统包含了 7 套有效烃源岩，自下而上分别为南华系烃源岩、震旦系烃源岩、下寒武统玉尔吐斯组和西大山组烃源岩、中寒武统烃源岩、中-下奥陶统黑土凹组烃源岩和中-上奥陶统烃源岩。根据先导 A 项目成果和公开发表文章（朱光有等，2020），明确了各套烃源岩的分布范围、厚度及其有机地化特征。根据各地层沉积相图，确定了震旦系—奥陶系关键储层的岩相分布及其储层类型，对震旦系奇格布拉克组，寒武系肖尔布拉克组、吾松格尔组，奥陶系鹰山组、一间房组和良里塔格组进行了基于沉积相图的岩相划分，考虑了各目的层的岩相横向非均质性，明确了四种优质储层发育类型，即沉积相控型储层、不整合面控型岩溶储层、断裂控制的断溶体储层和热液流体改造形成的储层。除了烃源岩和储层这两个关键成藏要素之外，三维地质模型还综合考虑了 4 套区域性盖层、6 期区域性构造抬升-剥蚀事件（构造时期、剥蚀厚度）、断裂分布及发育时期、成藏要素划分、古-今地表温度、古-今大地热流值和不同时期古水

深、生烃动力学模型和油气运聚算法等。该地质模型地层划分、发育时期和成藏要素定义如表 6.4 所示，需要说明的是，表中大部分的地层时间是根据国际地层年代表和塔里木盆地地层年代表设定的，对于细分的地层则是在顶底界面时间约束下随机定义的值，仅用于本次盆地模拟，不具有其他参考价值。

表 6.4 盆地模拟三维地质模型地层划分、发育时期和成藏要素

地层		发育时间/Ma		剥蚀时间/Ma		成藏要素
		开始	结束	开始	结束	
	新生界	65.5	0			
	白垩系	145.5	99.6	99.6	65.5	
	侏罗系	198	145.5			
	三叠系	238	206	206	198	
	二叠系	299	258	258	238	
	石炭系	350	299			
	泥盆系	416	380	380	350	
	志留系	440	416			
奥陶系	上奥陶统桑塔木组	448	445	445	440	盖层
	上奥陶统良里塔格组	455	450			储集层
	上奥陶统吐木休克组	459	455			
	中上奥陶统烃源岩	460.9	459			烃源岩
	中奥陶统一间房组	468.6	463	463	460.9	储集层
	中下奥陶统鹰山组	474	468.6			储集层
	中下奥陶统烃源岩	478.6	474			烃源岩
	下奥陶统蓬莱坝组	488.3	478.6			储集层
寒武系	上寒武统	496	488.3			盖层
	中寒武统	507	501			
		513	507			烃源岩
	下寒武统吾松格尔组	523	513			储集层
	下寒武统中上部烃源岩	532	523			烃源岩
	下寒武统肖尔布拉克组	537	532			储集层
	下寒武统玉尔吐斯组烃源岩	542	537			烃源岩
震旦系	奇格布拉克组	560	542			储集层
	震旦系烃源岩	585	560			烃源岩
	下震旦统	630	585			
南华系	南华系其他地层	750	630			
	南华系烃源岩	800	750			烃源岩

上述三维地质模型没有考虑蓬莱坝组岩相非均质性，也没有对压实子模型进行改进，因此，在上述模型基础上，参考第 5 章耦合模型建立步骤，融入了基于沉积模拟得到的蓬莱坝组精细沉积相-岩相结果和基于成岩模拟得到的中-下奥陶统不同相带孔隙度演化模型，进而建立耦合沉积-成岩模拟结果的三维盆地模拟地质模型。具体步骤如下：首先结合目的层蓬莱坝组的沉积模拟结果，即在蓬莱坝组沉积模拟结果基础上，输出压实后的地层厚度、沉积古水深和沉积相-岩相三维数据体，将其作为盆地模拟地质模型的输入参数，对传统简单层状地层模型中的蓬莱坝组进行替换，建立充分考虑目的层垂向和横向岩相非均质性的地质模型；然后将成岩模拟结果融合到该地质模型中，具体为，针对中-下奥陶统碳酸盐岩的不同沉积相带（局限台地相、开阔台地相、台地边缘相、台缘斜坡相和深水盆地相），利用成岩数值模拟得到的孔隙度演化曲线，输入盆地模拟模型中，建立中-下奥陶统不同相带孔隙度演化曲线。至此建立了充分考虑目的层沉积与成岩非均质性的三维地质模型（图 6.34），用于后续的烃源岩生排烃和油气运移与成藏过程模拟。耦合模型将蓬莱坝组细分成了 48 个小层，每个小层的每个网格都是由基于沉积模拟得到的四种类型岩相组成，图 6.34（b）（c）分别展示了 48 个小层中的一个小层的台缘（内）滩碳酸盐岩和局限-开阔海台地碳酸盐岩这两种岩相的平面分布，展现了层内强非均质性特征。

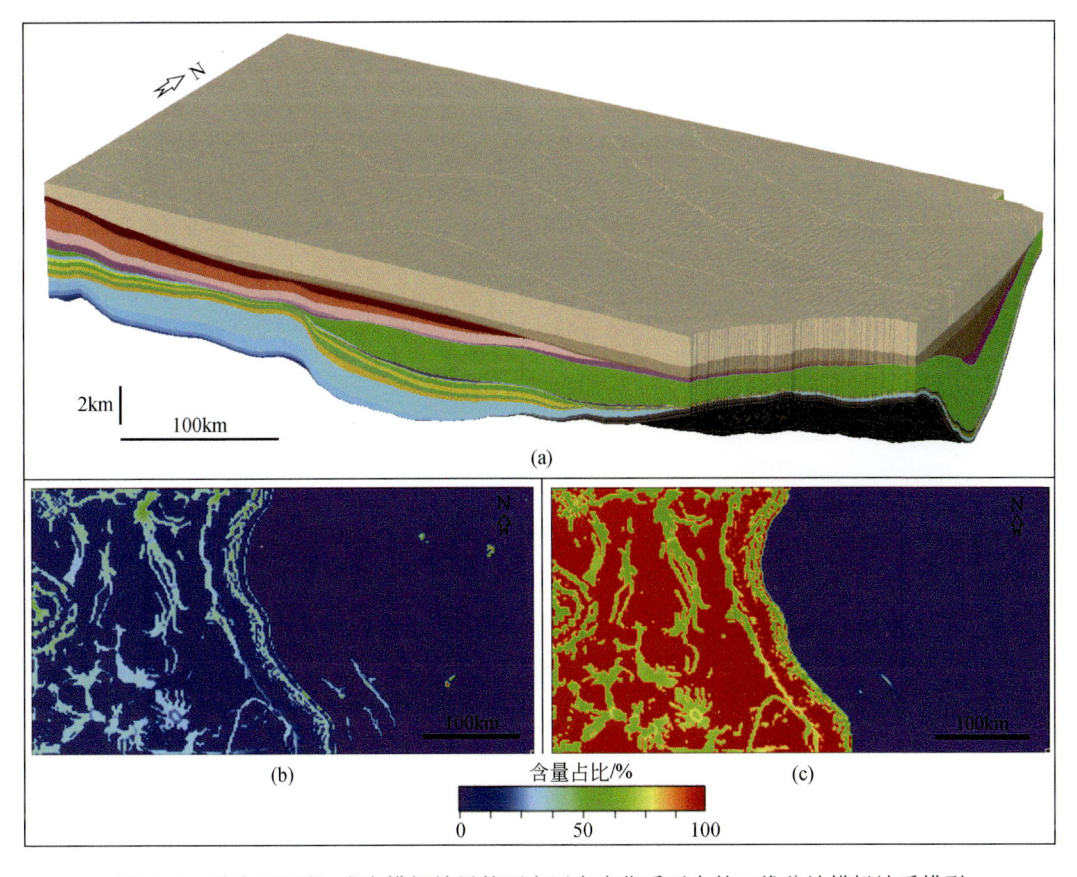

图 6.34　融合了沉积-成岩模拟结果的研究区自南华系至今的三维盆地模拟地质模型

（a）三维地质模型；（b）蓬莱坝组小层的台地边缘（台内滩）岩相；（c）蓬莱坝组小层的局限-开阔海台地岩相

二、深层烃源岩生排烃演化特征

塔里木盆地台盆区深层自下而上发育了南华系、震旦系、寒武系、奥陶系多套烃源岩。前期研究，人们重点关注了寒武系玉尔吐斯组和中-上奥陶统烃源岩，并对台盆区油气藏的油气来源问题展开了长期争论，然而对更深层、更古老烃源岩以及寒武系、奥陶系其他层位烃源岩的研究和关注不够，制约了对塔里木深层油气资源量和资源潜力的合理认识。本次研究充分考虑了台盆区深层各套重要烃源岩，对其生烃演化特征进行了系统模拟和分析，为该地区烃源岩资源量评价提供合理支撑。

随着近年来超深层油气勘探力度加大，研究人员认识到在前寒武纪时期的南华系和震旦系也存在一定厚度的泥质烃源岩。本次研究对这两套前期认识程度较低的烃源岩的生烃演化过程进行了模拟，认为南华系烃源岩在震旦纪时期开始生烃，到了寒武纪，开始大规模生烃，在奥陶纪时期，尤其受晚奥陶世巨厚沉积层快速埋藏影响，生烃量大幅度增加，基本完成生烃，后期随着埋深增大，生烃量增幅较低（图6.35）。震旦系烃源岩主要发育在研究区东部，寒武纪时期，烃源岩处于未成熟阶段，基本没有烃类生成，到了早-中奥陶世时期，开始小范围生成烃类，同样受晚奥陶世地层快速埋藏、源岩快速热化影响，震旦系烃源岩大规模生烃，后期受志留纪地层埋藏和早二叠世时期构造—热事件影响，存在第二次规模生烃，后期至今，生烃范围和规模变化不大（图6.36）。对比这两套烃源岩的生烃特征表明，南华系在生烃范围和生烃量方面，均优于震旦系，推测在塔里木盆地万米深层可能存在规模性（油）气藏，由于生烃时间较早，且后期经历了复杂、多期构造运动，保存条件是气藏能否富集的关键因素。

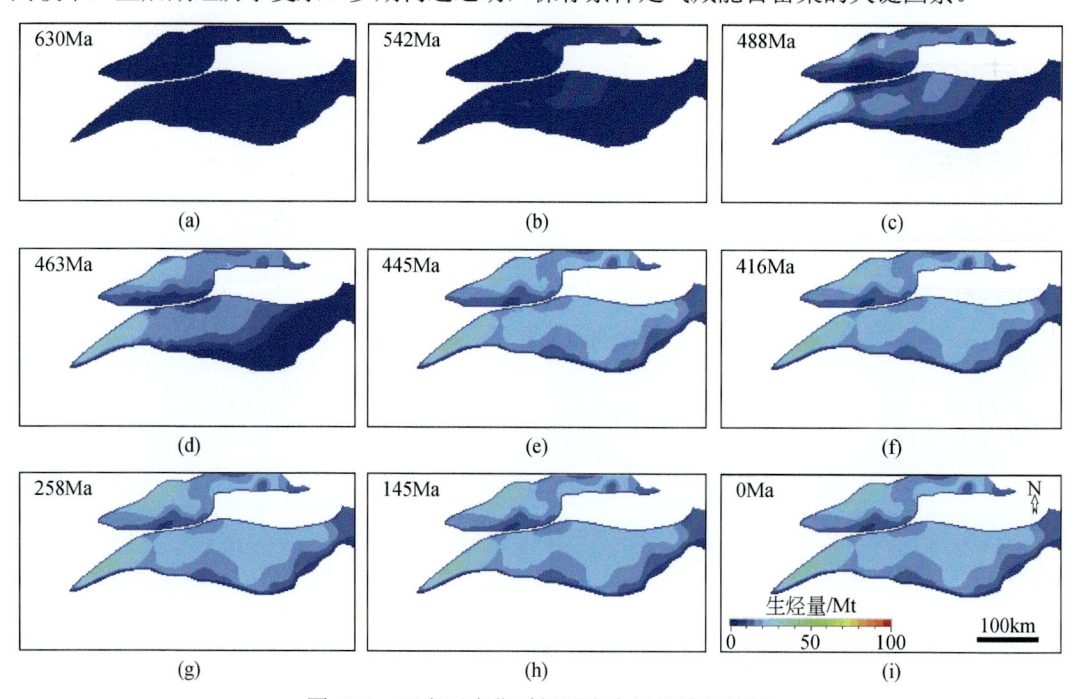

图6.35 研究区南华系烃源岩生烃量演化特征

(a) 南华纪末；(b) 震旦纪末；(c) 寒武纪末；(d) 中奥陶世末；(e) 奥陶纪末；(f) 志留纪末；(g) 二叠纪末；(h) 侏罗纪末；(i) 现今

塔里木盆地台盆区下寒武统玉尔吐斯组和中-上奥陶统烃源岩是前期研究的重点关注对象，通过对两者的生烃过程模拟，明确了它们的差异性。模拟结果表明，由于玉尔吐斯组烃源岩具有非常好的有机碳含量和类型，且分布范围广、厚度相对大，其生烃规模较大，是中-上奥陶统烃源岩生烃规模的 15~20 倍，可认为是最重要的烃源岩；玉尔吐斯组烃源岩主要在晚奥陶世时期大规模生烃，在早二叠世时期也有小规模油气生成（图 6.37）；中-上奥陶统烃源岩主要在志留纪时期大规模生烃，在早二叠世时期，工区东部和北部存在规模性烃类生成（图 6.38）。

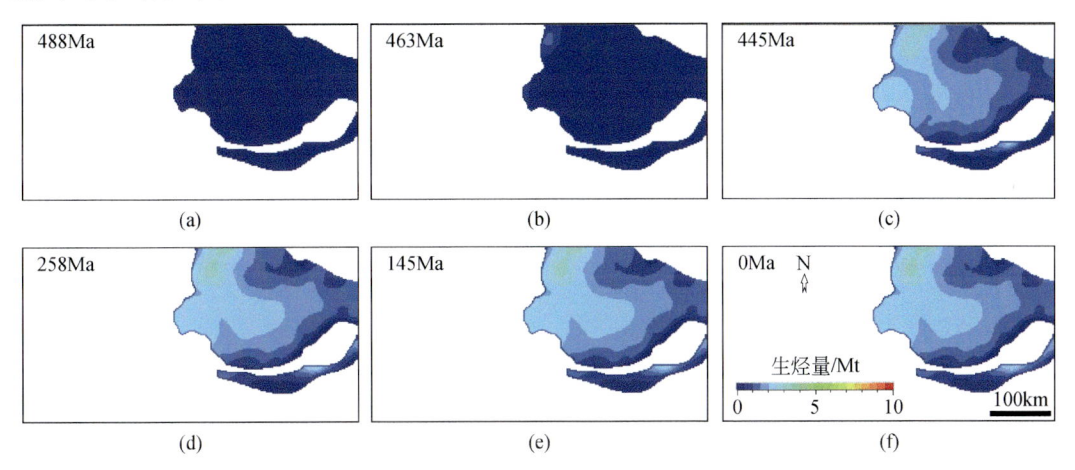

图 6.36 研究区震旦系烃源岩生烃量演化特征
（a）寒武纪末；（b）中奥陶世末；（c）奥陶纪末；（d）二叠纪末；（e）侏罗纪末；（f）现今

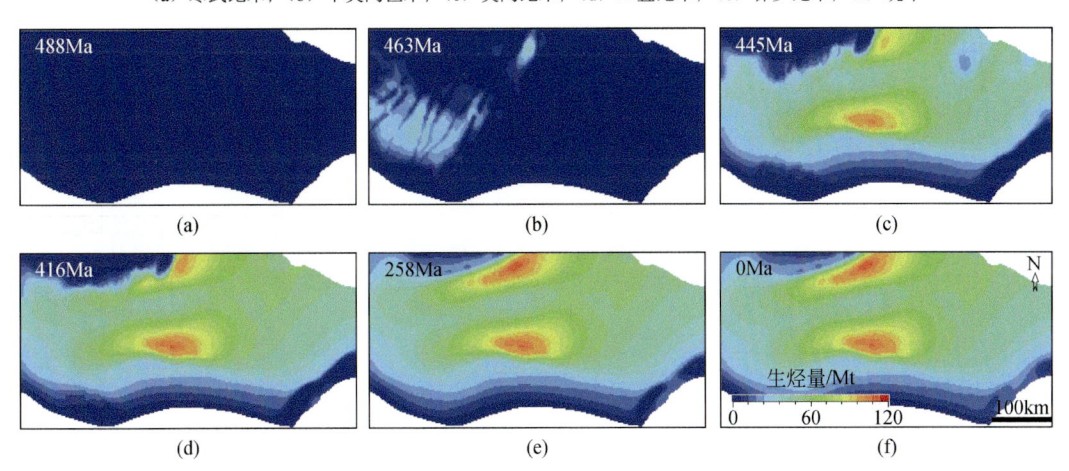

图 6.37 研究区下寒武统玉尔吐斯组烃源岩生烃量演化特征
（a）寒武纪末；（b）中奥陶世末；（c）奥陶纪末；（d）志留纪末；（e）二叠纪末；（f）现今

除了上述 4 套烃源岩之外，台盆区深层-超深层还存在寒武系西大山组、中寒武统、下奥陶统黑土凹组烃源岩。通过对这 7 套烃源岩的生、排烃量演化史进行统计分析表明，晚奥陶世和志留纪为塔里木盆地烃源岩的主要生、排烃时期，且更以晚奥陶世为主；玉尔吐斯组烃源岩生排烃量远高于其他烃源岩，约占总生烃量的 70%，为深层油气富集的主要物质基础（图 6.39）。

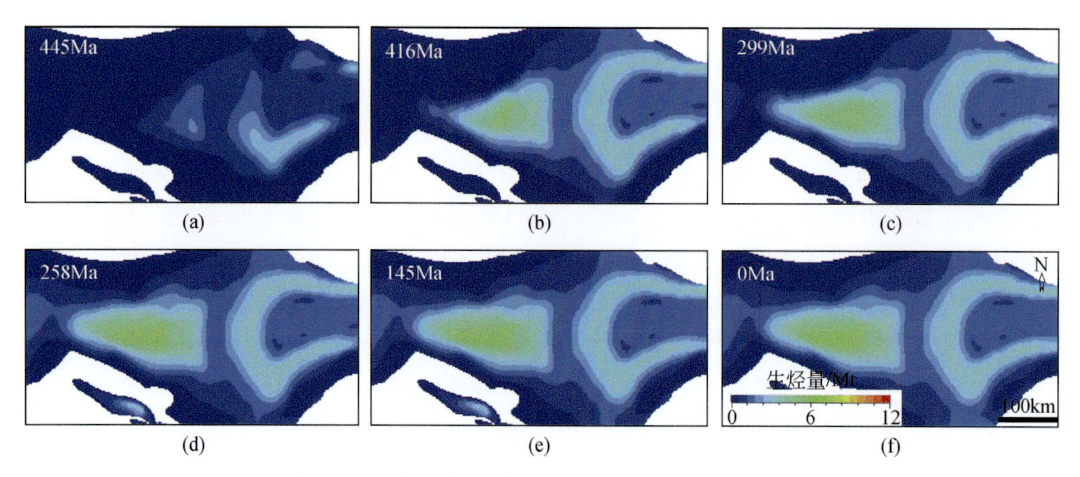

图 6.38 研究区中-上奥陶统烃源岩生烃量演化特征

(a) 奥陶纪末；(b) 志留纪末；(c) 石炭纪末；(d) 二叠纪末；(e) 侏罗纪末；(f) 现今

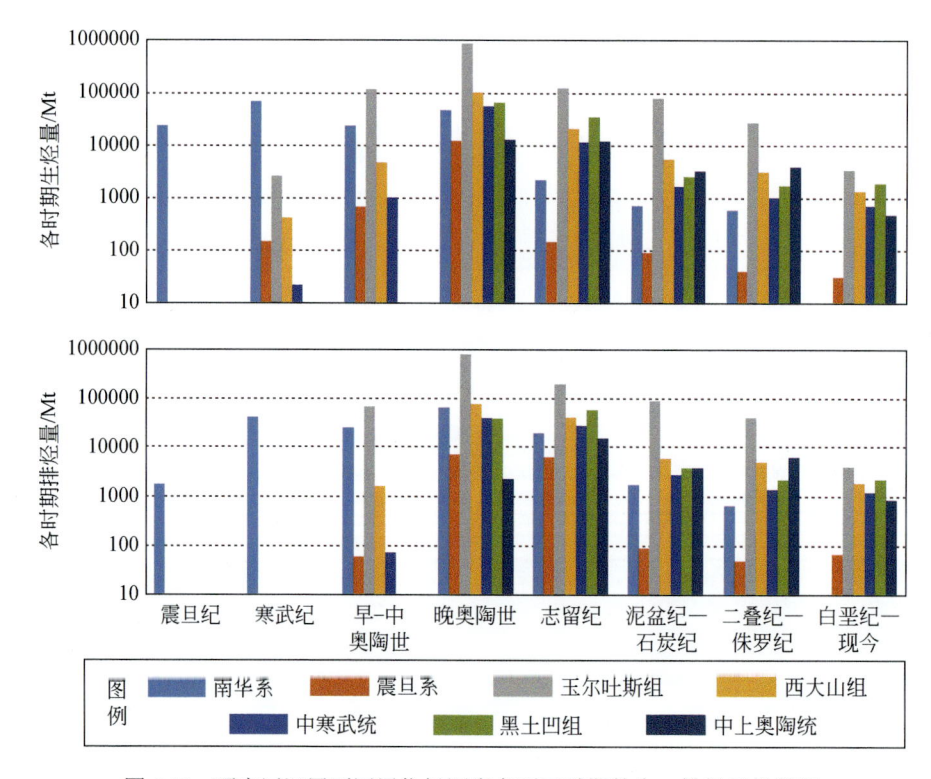

图 6.39 研究区深层不同层位烃源岩在不同时期的生、排烃量柱状图

三、顺北地区中-下奥陶统油气成藏过程与模式

(一) 顺北-塔河地区奥陶系原油来源新证据

前人主要通过有机地球化学研究，对塔里木盆地寒武系、奥陶系油藏的油气来源开展了大量研究工作，取得了一系列重要的成果认识，但也长期存在争议。本次研究主要

采用无机地球化学手段，通过对下寒武统玉尔吐斯组、中上奥陶统烃源岩以及艾丁-于奇地区、塔河主体区和顺北地区奥陶系原油的主、微量元素，Re-Os 同位素分析，选择一些不受成熟度和运移影响的关键对比指标，开展原油来源对比研究。氧化还原敏感元素（Ni、Mo、Mn、Co）对比结果显示，艾丁-于奇、塔河主体区以及顺北地区的奥陶系原油与下寒武统玉尔吐斯组烃源岩具有较好的可对应性，而与上奥陶统良里塔格组烃源岩参数具有明显差异（图 6.40）。初始 Os 同位素比值（$^{187}Os/^{188}Os$）$_i$ 示踪烃源岩结果显示，顺北地区一间房组储层中的石油（沥青）的初始 Os 同位素比值和玉尔吐斯组烃源岩中的值相似，且与同一时期四川盆地下寒武统牛蹄塘组烃源岩的初始比值近似，而与塔里木盆地中-上奥陶统萨尔干组烃源岩的值存在明显差异，表明了一间房组储层中的原油主要来源于下寒武统玉尔吐斯组黑色页岩（图 6.41）。综合烃源岩和原油的无机元素与放射性同位素分析结果，表明顺北-塔河地区奥陶系原油主要来源于下寒武统玉尔吐斯组。

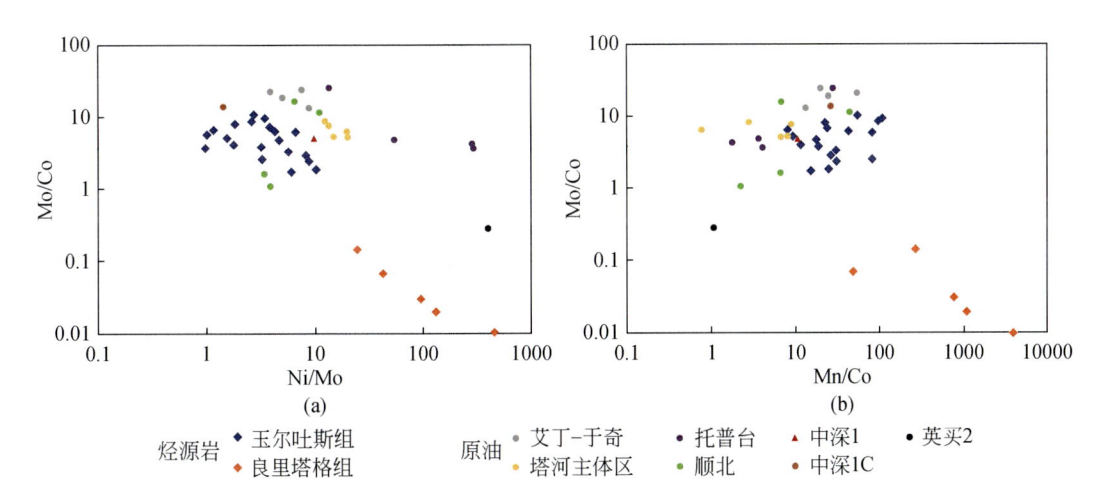

图 6.40 奥陶系原油和玉尔吐斯组、良里塔格组烃源岩的无机地球化学指标对比

（a）Ni/Mo 与 Mo/Co 元素含量比值对比图；（b）Mn/Co 与 Mo/Co 元素含量比值对比图

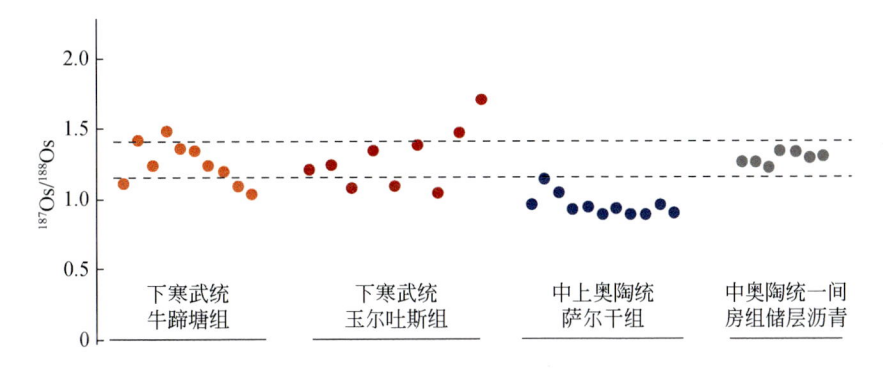

图 6.41 奥陶系储层沥青与不同烃源岩的 Os 同位素初始比值对比

（二）顺北地区中-下奥陶统油气充注期次与时间

前人对塔里木盆地台盆区顺北－塔北地区奥陶系油气成藏开展了大量研究，主要形成以下四种不同观点：①海西晚期（约250Ma）一期油气成藏模式（Zhu et al.，2019；Ge et al.，2020）；②加里东晚期（约436～405Ma）和喜马拉雅晚期（约20～2Ma）两期油气成藏模式（Gong et al.，2007；Fang et al.，2017；Li et al.，2018）；③海西中-晚期（约327～250Ma）和喜马拉雅晚期（约6～2Ma）两期油气成藏模式（He et al.，2002；饶丹等，2014）；④加里东中-晚期至海西早期（约463.2～376Ma）、海西晚期（约312.9～255.0Ma）、燕山期（约150.2～100.6Ma）和/或喜马拉雅期（约22.0～2.0Ma）三至四期油气成藏模式（陈红汉等，2014；顾忆等，2020）。这些研究普遍是基于流体包裹体系列分析与盆地模拟相结合得到，但研究过程中一些关键参数（如流体包裹体测温值、古热流值和地层剥蚀量等）获取得准确与否，直接影响着油气成藏年代厘定的可靠性，尤其类似塔里木盆地这样构造演化复杂、地层古老、埋藏深的盆地，准确获取这些关键参数难度极大，这可能是导致该地区深层油气成藏模式多样的重要因素。

近年来，方解石激光原位U-Pb测年技术发展快速（Coogan et al.，2016；Roberts et al.，2020）。与常规的同位素稀释法相比，该技术具有样品制备简单、空间分辨率高和测量效率高等优点，能够实现对多世代碳酸盐胶结物的原位精确测年（Godeau et al.，2018），并已成功应用于厘定洋壳中碳酸盐矿物的形成年龄（Coogan et al.，2016）、刻画断层活动事件（Roberts and Walker，2016）以及揭示碳酸盐储层的流体演化历史等研究（Godeau et al.，2018；Yang et al.，2022）。特别指出的是，当方解石的胶结作用与石油充注事件同时发生时，储层中的原油可以在方解石的晶格缺陷中被捕获，形成原生流体（油）包裹体（Goldstein and Reynolds，1994）或者经过后期蚀变作用形成与方解石胶结物共生的固体沥青。这种情况下，方解石胶结物的形成时间便可近似代表石油充注发生的时间（Rochelle-Bates et al.，2021；Yang et al.，2022），为厘定具有复杂构造演化历史的古老深埋沉积盆地中的石油充注历史提供了新的思路。

本次研究综合方解石激光原位U-Pb测年技术、石油和碳酸盐岩储层地球化学分析、流体包裹体分析以及盆地模拟等方法，明确了顺北地区奥陶系深层海相碳酸盐岩油气充注期次与时间。

1. 原油地球化学特征及类型

根据原油获取方式的不同，首先将原油分为储层产出原油、岩样萃取原油和包裹体分离原油，分别是指奥陶系现今产层中的油、碳酸盐岩岩石粗碎后萃取得到的油和碳酸盐岩包裹体破碎后抽提得到的油。分别对三种原油开展油气地球化学分析，结果表明，姥鲛烷/nC_{17}（Pr/nC_{17}）与植烷/nC_{18}（Ph/nC_{18}）分布在0.15～0.79和0.30～0.84之间，根据Connan和Cassou（1980）评价标准，认为三种原油均来源于海相、Ⅱ型干酪根的烃源岩［图6.42（a）］。此外，顺北地区奥陶系储层原油、游离油和包裹体油的甾烷、萜烷及其他地化特征也较为接近（Yang et al.，2021），表明三种原油可划分为同一油族，推测对应的烃源岩形成于高度还原的海相环境，有机物质主要来自藻类（特别是绿藻）和细菌。原油中甲基化芳烃的异构化比值常被用作指示原油热成熟度（Radke et al.，

1994），根据该指标，可将三种原油进一步划分成两种类型：A 类原油的甲基菲指数（MPI-1）主要分布在 0.71~0.88 之间，根据换算关系（Radke，1988），计算得到的烃源岩等效镜质组反射率值在 0.82%~0.96%R^c 范围内，处于生油早期阶段；B 类原油的 MPI-1 值为 1.23~1.40，计算得到的烃源岩等效镜质组反射率值在 1.14%~1.24%R^c 之间，处于生油晚期阶段［图 6.42（b）］。

2. 流体包裹体类型与显微测温

根据油包裹体的气-液比、荧光颜色及沥青含量等方面差异，可将顺北地区中下奥陶统油包裹体划分为两种类型。Ⅰ类油包裹体组合具有荧光下为乳白色、气体比约为 5%、常温下呈气-液两相（L_{oil}-V）或者气-液-固三相（S_{bit}-L_{oil}-V）的特征［图 6.43（a）（d）］。大部分Ⅰ类油包裹体沿方解石胶结物中的愈合裂隙分布，部分沿方解石胶结物的生长带集中分布［图 6.43（e）（f）］或者在方解石晶体内部零散状分布，表现出原生流体包裹体的典型特征。Ⅱ类油包裹体组合具有发亮蓝色荧光、气体充填度一般小于 5%、常温下呈液-固两相（S_{bit}-L_{oil}）或者气-液-固三相（S_{bit}-L_{oil}-V）的特征，一般沿切割方解石晶体的愈合裂隙发育［图 6.43（g）（i）］。

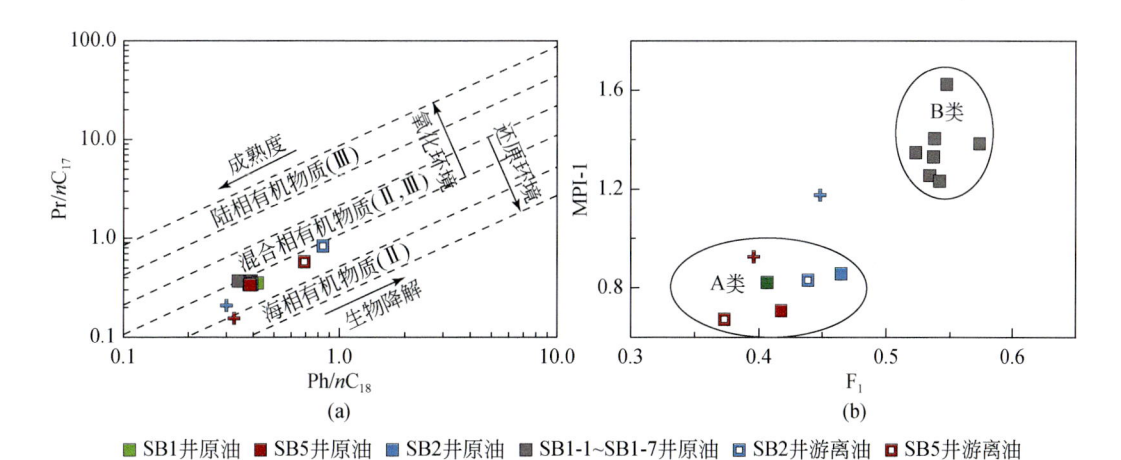

图 6.42 顺北地区奥陶系储层原油、游离油以及包裹体油地球化学指标比值交会图
（a）Ph/nC_{18} 与 Pr/nC_{17}；（b）F_1 与 MPI-1

两种类型油包裹体在显微荧光光谱和红绿熵（$Q_{650/500}$）方面差异明显（图 6.44）：Ⅰ类油包裹体的最大荧光强度对应波长（λ_{max}）和 $Q_{650/500}$ 分别在 533~541nm 和 0.69~1.03（平均值：0.85）范围内；Ⅱ类油包裹体的 λ_{max} 和 $Q_{650/500}$ 分别为 522~530nm 和 0.33~0.54（平均值：0.40）。与此同时，选取能代表两种类型原油的储层原油进行荧光光谱分析，结果表明，A 类原油（SB 1 和 SB 5 井原油）的显微荧光光谱 λ_{max} 和 $Q_{650/500}$ 值均较大，整体与Ⅰ类油包裹体的荧光光谱特征较为相似；B 类原油（SB 1-1 和 SB 1-3 井原油）的显微荧光光谱 λ_{max} 和 $Q_{650/500}$ 值相对较低，与Ⅱ类油包裹体的荧光光谱特征吻合度较高（图 6.44）。综合油包裹体光谱特征与原油地化特征认为，A 类原油与Ⅰ类油包裹体相似，成熟度相对较低；B 类原油与Ⅱ类油包裹体相似，成熟度相对较高。

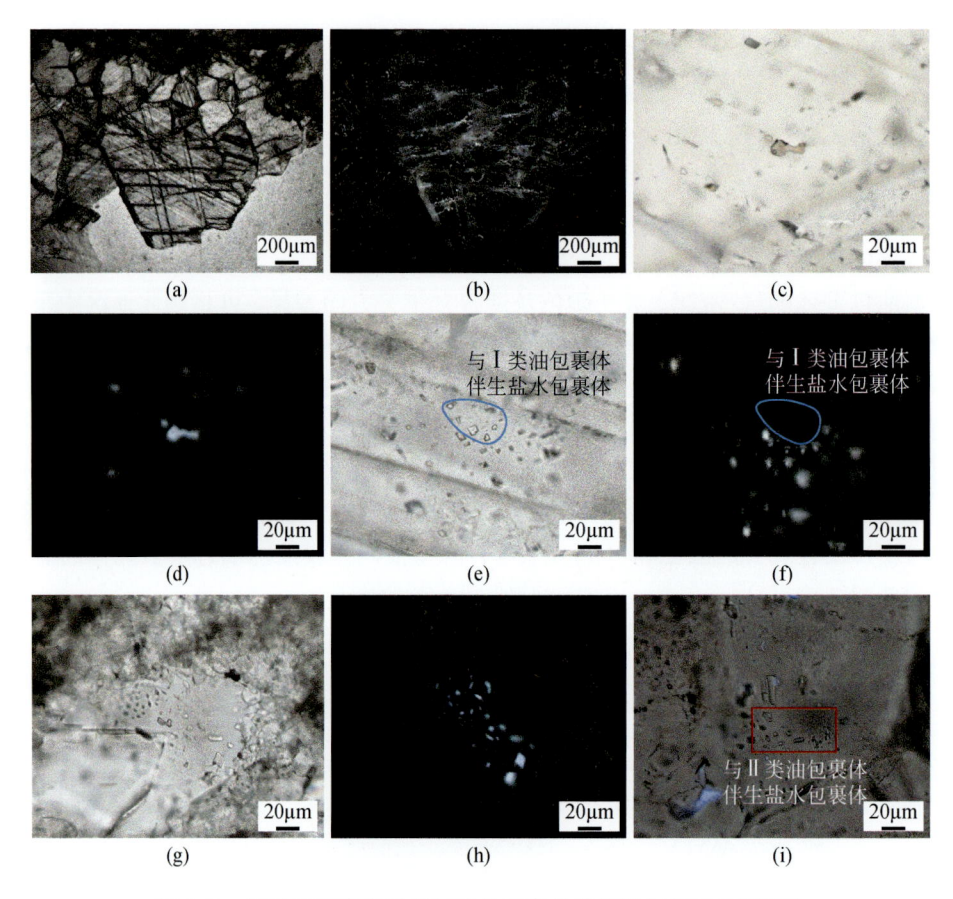

图 6.43　顺北地区奥陶系储层流体包裹体单偏光与荧光显微照片

（a）（b）Ⅰ类油包裹体组合主要出现在方解石胶结物的愈合微裂缝中，SB5 井，7427.30m；（c）（d）发近白色荧光的、气-液-固三相（S_{bit}-L_{oil}-V）的Ⅰ类油包裹体，固体沥青沿着包裹体壁发育，SB5 井，7427.30m；（e）（f）Ⅰ类油包裹体与伴生的盐水包裹体沿着 C2 方解石胶结物的生长带分布，SB5 井，7427.30m；（g）（h）发近蓝色荧光的两相（L_{oil}-V）油包裹体（Ⅱ类油包裹体组合），SB2 井，7361.50m；（i）Ⅱ类油包裹体与伴生的盐水包裹体，SB2 井，7361.50m

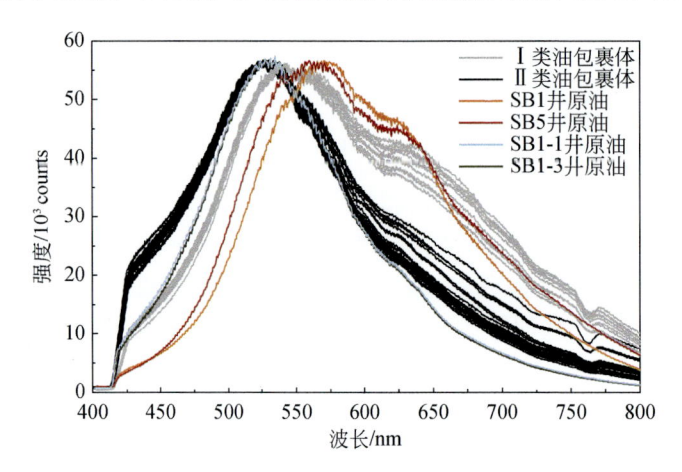

图 6.44　顺北地区奥陶系储层流体包裹体显微荧光光谱特征

顺北 5 井奥陶系碳酸盐岩储层中均可观测到两种类型油包裹体，对油包裹体及其伴生盐水包裹体均一温度（T_h）和盐度测试，结果表明（图 6.45）：Ⅰ类油包裹体 T_h 值分布在 44.5~74.2℃之间，与其伴生的盐水包裹体 T_h 值在 77.5~95.3℃之间，冰点温度（T_m）值分布在−5.2~−0.6℃之间，计算得到的等效 NaCl 盐度值为 1.05%~8.14%（平均值：4.18%）；Ⅱ类油包裹体 T_h 值在 39.9~59.1℃之间，伴生的盐水包裹体 T_h 值为 93.5~126.2℃，T_m 值分布在−15.2~−8.2℃之间，计算得到的等效 NaCl 盐度值为 11.93%~18.80%（平均值：15.59%），也表现出两种类型油包裹体的明显差异。

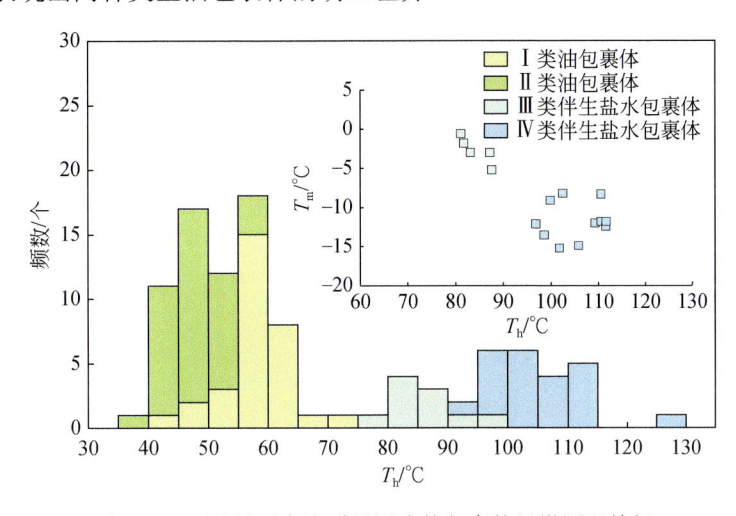

图 6.45　顺北地区奥陶系储层流体包裹体显微测温特征

3. 原油充注时期厘定

顺北地区奥陶系储层可识别出两期方解石胶结物，分别定为 C1 和 C2，其中 C1 胶结物作为裂缝充填物产出，多为中-粗晶方解石，呈块状或者马赛克状集合体，发暗红色阴极光或者不发光，C2 方解石胶结物同样以裂缝充填物的形式出现并切割 C1 方解石胶结物，主要由发橘黄色阴极光的块状或者马赛克状方解石集合体构成[图 6.46（a）（b）]。针对两期方解石胶结物，在澳大利亚科廷大学开展原位方解石 U-Pb 定年分析，结果表明：C1 方解石胶结物的 U-Pb 同位素年龄为 446.1±4.4Ma（1σ）[图 6.46（c）]，C2 方解石胶结物的 U-Pb 同位素年龄为 425.7±14.0Ma（1σ）[图 6.46（d）]。在原油包裹体岩相学观察过程中发现，部分Ⅰ类油包裹体沿着 C2 方解石胶结物生长带集中发育[图 6.43（e）（f）]，表明Ⅰ类油包裹体与 C2 方解石同期形成，可用 C2 方解石的 U-Pb 同位素年龄代表Ⅰ类原油捕获的绝对年龄。

与此同时，利用包裹体均一温度与单井埋藏史-热史匹配，对两类油包裹体的充注时期进行厘定。考虑到方解石中流体包裹体发生再平衡作用的潜在效应（Bourdet et al.，2008），本次研究选择与油包裹体伴生盐水包裹体连续分布均一温度的最小值作为该类油包裹体的捕获温度。结果表明，顺北 5 井奥陶系Ⅰ类油包裹体在距今约 426Ma 的早泥盆世（加里东晚期）被捕获，捕获时储层深度在 2000m 左右，捕获时间与 C2 方解石 U-Pb 定年得到的Ⅰ类原油充注年龄相互验证；Ⅱ类油包裹体的捕获时期约为 330Ma（海西中期），此时储层位于约 2600m 埋深（图 6.47）。由此可见，顺北地区奥陶系现今的深层油气藏均为相对早期的中-浅层成藏。

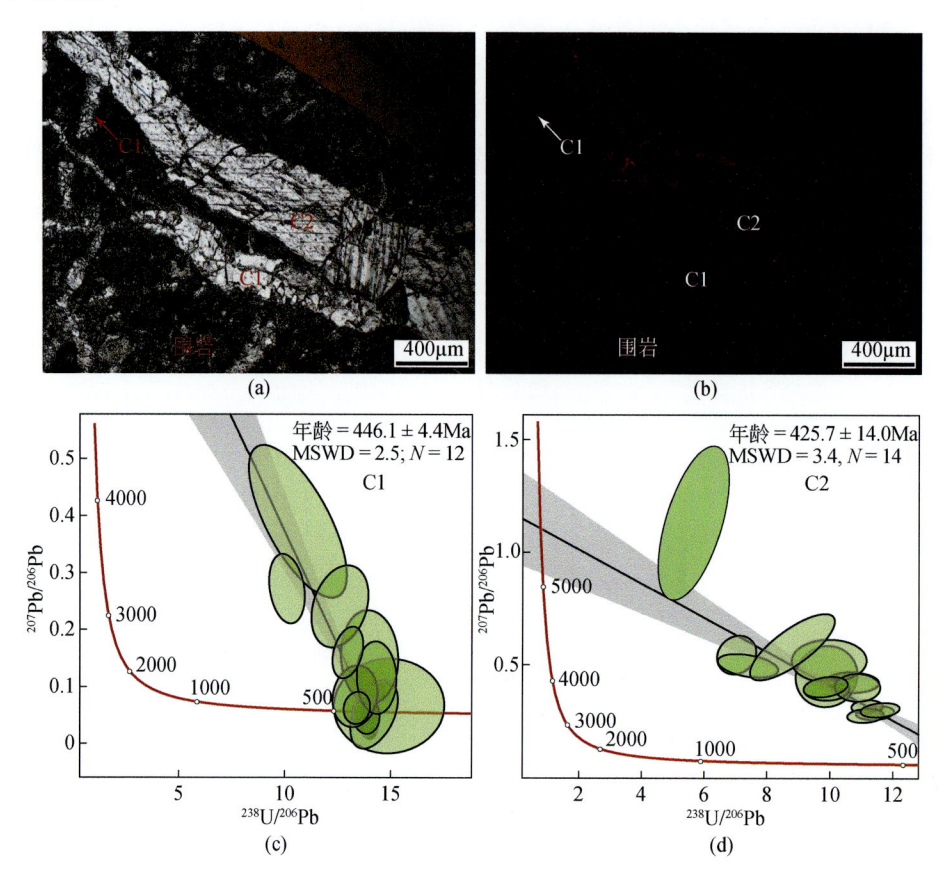

图 6.46　顺北地区奥陶系碳酸盐岩储层方解石胶结物岩石学特征和原位定年

(a) 单偏光下两期方解石脉体特征；(b) 阴极发光下两期方解石脉体特征；(c) C1 方解石脉体的原位 U-Pb 定年结果；(d) C2 方解石脉体的原位 U-Pb 定年结果

4. 顺北地区奥陶系油气充注数值模拟

　　基于前述已建立的三维盆地模拟模型，在断裂活动性确定和断溶体刻画的基础上，对研究工区开展了油气运移和聚集数值模拟。顺北地区奥陶系主要发育断溶体储集体，勘探已发现的以断溶体内油藏为主，因此本次模拟重点分析了油气在不同时期断溶体储层中的运聚状态。模拟结果表明（图 6.48），不同时期的断溶体内均有油气富集，且以油为主；原油富集具有空间差异性，可能与断层是否沟通有效源岩以及上覆盖层保存等因素有关。顺北地区在加里东晚期和海西中-晚期，走滑断裂处于活动状态，有效沟通了下覆源岩，玉尔吐斯组烃源岩生成的油气沿断裂垂向运移，受上覆区域性盖层封堵影响，在断溶体储层内富集成藏。因此，从盆地模拟角度也验证了顺北地区在加里东晚期和海西中-晚期两期成藏的特点。

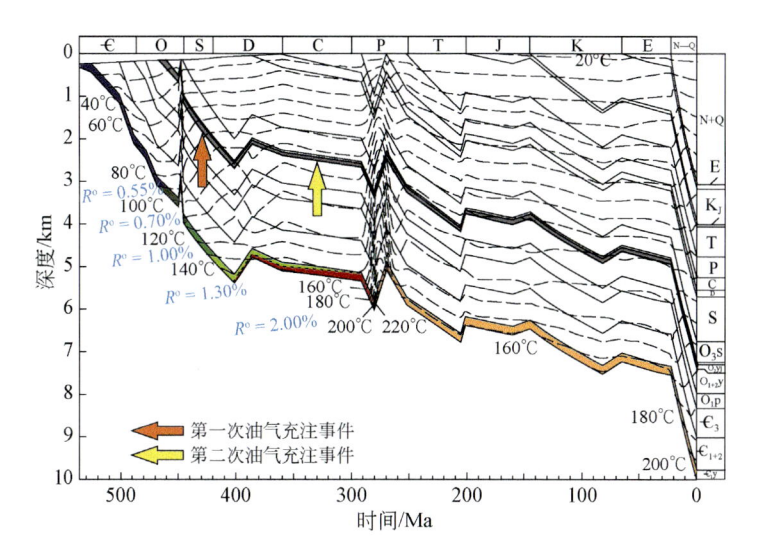

图 6.47　顺北地区顺北 5 井埋藏史-热演化史及中-下奥陶统油气充注时期

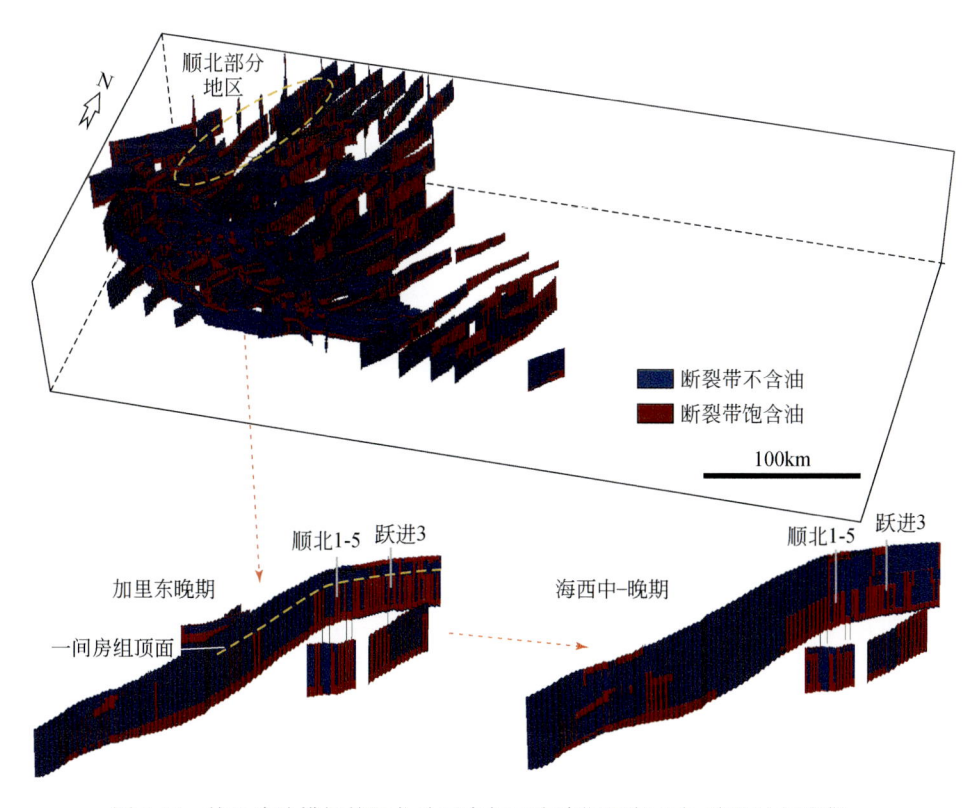

图 6.48　基于盆地模拟的顺北地区在加里东晚期和海西中-晚期油气聚集

（三）顺北地区中-下奥陶统深层油气成藏模式

综合构造运动、油气成藏条件及充注时期分析，建立了台盆区中-下奥陶统深层油气成

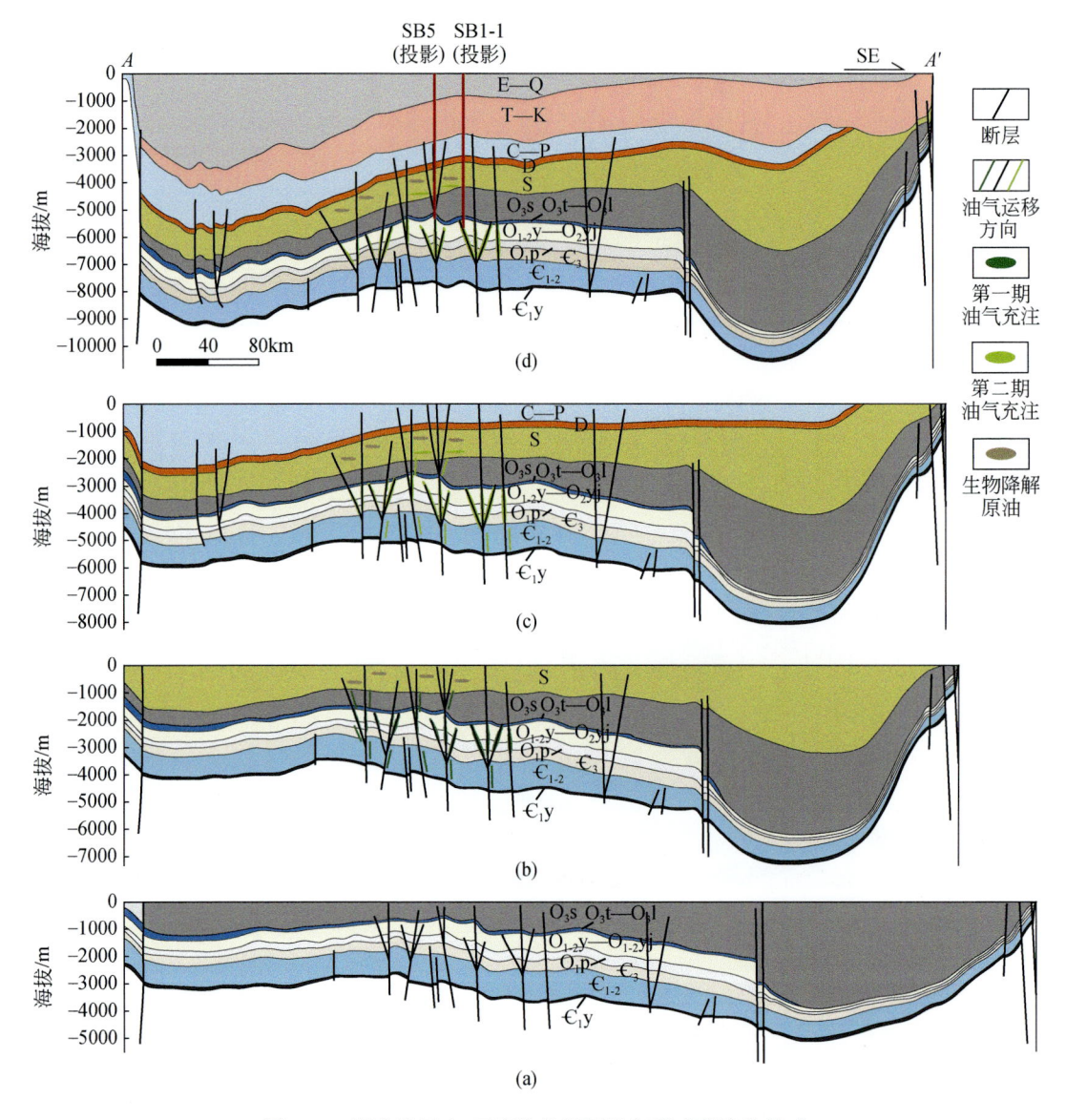

图 6.49 顺北地区中-下奥陶统深层油气藏成藏演化模式

(a) 奥陶纪末期；(b) 加里东晚期（志留纪末期）；(c) 海西晚期（二叠纪末期）；(d) 喜马拉雅晚期（第四纪）

藏模式（图 6.49）。

（1）第一期低成熟度原油充注（加里东晚期）

加里东早期（寒武纪—早奥陶世），顺托果勒地区广泛发育稳定的台地相碳酸盐岩，在与沉积间断相关的不整合和大气淡水岩溶作用影响下，形成广泛的岩溶型储层。加里东中期（奥陶纪），受到卡塔克隆起与沙雅隆起整体隆升的影响，顺托果勒地区形成近南北向的构造低隆带，并广泛发育断穿寒武系的北东向和北西向走滑断层。晚奥陶世，伴随桑塔木组巨厚泥岩的沉积，顺托果勒地区奥陶系形成完整的生-储-盖组合［图 6.49(a)］。加里东晚期（志留纪），顺托果勒地区下寒武统玉尔吐斯组烃源岩成熟生油，石油沿近于直立的走滑断层向上运移，在约 426Ma 时期充注到奥陶系和志留系圈闭，形成大规模油藏[图 6.49（b）]。加里东晚期—海西早期（志留系—泥盆纪），塔中地区冲断与走滑构造变形作用进一步强化，顺托果勒地区整体抬升，并继承发育一系列大型走滑断层带，向上扩展至中-下泥盆统。强烈的构造隆升导致顺托果勒地区志留系大规模剥蚀。志留系油藏盖层被破坏，发生严重的生物降解作用，形成广泛分布的志留系沥青砂岩。相比之下，下覆的奥陶系油藏由于埋深较大且保存条件较好，并未受到生物降解作用影响。

（2）第二期高成熟度原油充注（海西中期）

海西中-晚期（石炭纪—二叠纪），顺托果勒地区由拉张型应力背景转为挤压型应力背景，发育挤压性或者压扭性断裂。受持续埋藏作用影响，下寒武统玉尔吐斯组烃源岩生成大量高成熟油气，沿着沟通烃源岩的走滑断裂向上运移，在约 330Ma 时期再次充注到顺北地区奥陶系储层[图 6.49（c）]，该时期原油充注时储层中存在超压。由于走滑断裂带的活动时间、强度以及断裂带内部连通性的差异，不同原油充注事件对不同断裂带甚至同一断裂带内不同部位的贡献程度不均，导致顺北地区现今不同断裂带中原油性质的差异。

（3）早期中-浅层形成的油藏持续保存（印支期—喜马拉雅期）

印支期—燕山期（三叠纪—白垩纪），顺托果勒地区整体持续沉降，后期多幕构造运动并未对顺北地区产生较大的地质影响，直至晚喜马拉雅期（新近纪—第四纪），才形成现今的构造格局[图 6.49（d）]。顺北地区奥陶系现今油藏产层中部的地层温度在 148~167℃附近，为该油层所经历的最高地层温度，表明原油未发生显著的热裂解作用。储层的地层水为 $CaCl_2$ 型，表示该地区油藏现今的封闭性良好，有利于油藏保存。

综上分析认为，顺北地区奥陶系深层油气藏为"早期中-浅层成藏、后期深埋持续保存"的成藏模式，油气成藏后相对稳定的构造背景是油气藏能保持至今的关键因素。

四、台盆区中-下奥陶统深层油气分布预测

在大量资料收集整理及参考前人研究成果的基础上，耦合沉积和成岩模拟结果，建立了塔里木台盆区深部成藏体系油气运聚成藏模拟模型。模拟结果表明，中奥陶世末期，油气开始充注并聚集到奥陶系，在台盆区形成大量油气藏（主要为蓬莱坝组岩性-构造油气藏）[图 6.50（a）]；晚奥陶世末期，台盆区走滑断裂发育，油气在断裂形成的高孔渗带聚集[图 6.50（b）]；加里东晚期，油气主要在顺北-塔河地区成藏富集，同时还在东部满加尔拗陷地区的重力流滑塌储集体中聚集[图 6.50（c）]；受地层持续埋藏和早二叠世构造—热事件影响，斜坡区的奥陶系烃源岩持续生烃，并在海西晚期再次充注到奥陶系[图 6.50（d）]；受后期构造运动影响，早期聚集的油气不断发生调整，并在新的圈闭内聚集[图 6.50（e）]；喜马拉雅期，烃源岩再次发生快速埋深，寒武系—奥陶系烃源岩以生成天然气为主，主要在顺北东部和塔中地区聚集成藏，形成现今油气富集格局[图 6.50（f）]。现今台盆区奥陶系油气主要聚集在塔中地区、塔北南侧地区，与目前勘探认识较为一致，证明模型的合理性，由此推测在奥陶系台缘-斜坡相带，由于接近烃源岩并为有利台缘相带，利于油气藏形成，模拟结果同样指示该地区可能为有利

勘探区。

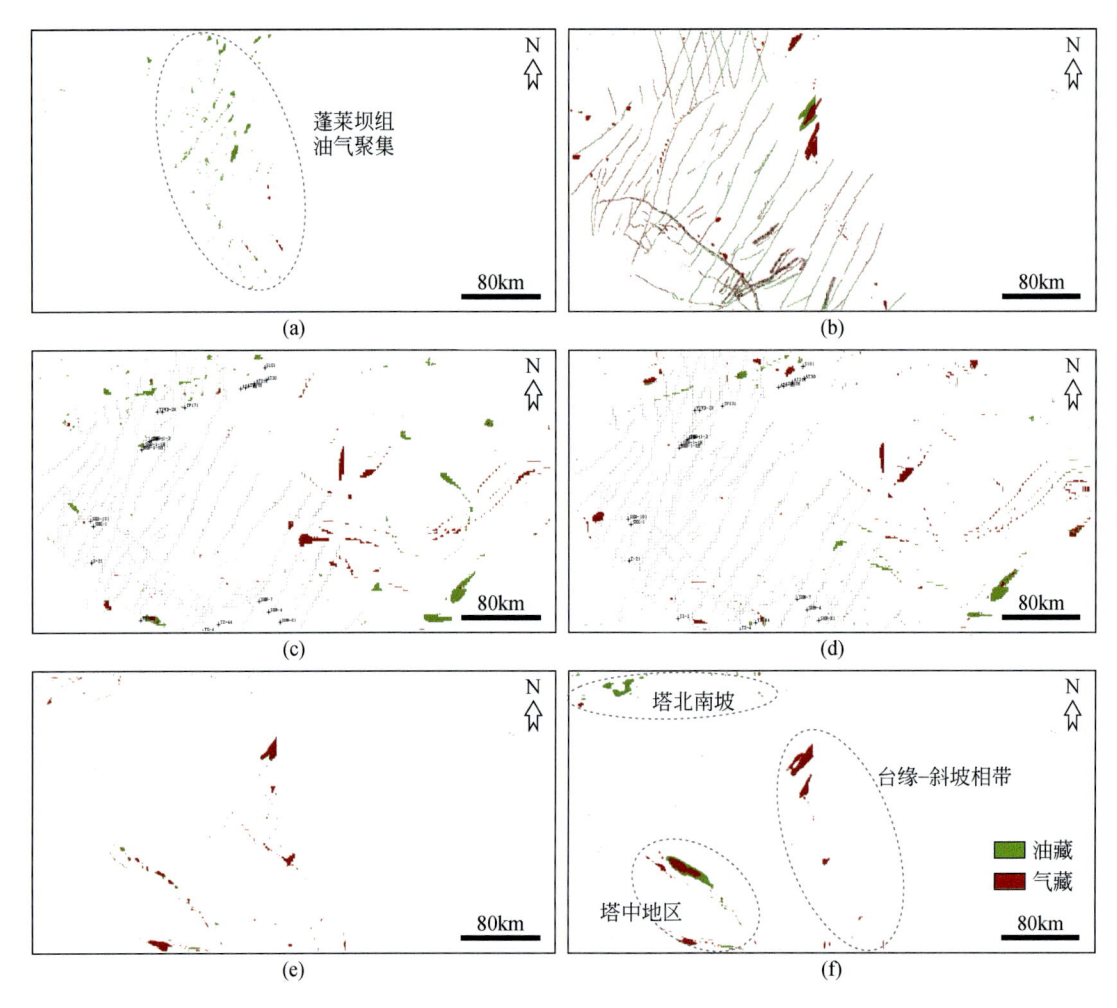

图 6.50　塔里木盆地台盆区中-下奥陶统油气聚集过程与有利区预测

(a) 中奥陶世末期；(b) 奥陶纪末期；(c) 志留纪末期；(d) 早石炭世末期；(e) 三叠纪末期；(f) 现今

为进一步说明沉积-成岩-成藏一体化盆地数值模拟的合理性与优势，开展了考虑蓬莱坝组目的层沉积、成岩非均质性的耦合盆地模拟模型与传统的"蛋糕式"盆地模拟模型（即蓬莱坝组目的层为单层，岩相根据其沉积相设置，采用仅考虑压实作用的孔隙度演化曲线）的对比模拟研究，结果显示（图 6.51），耦合模型考虑了层内横向和垂向岩相（沉积+成岩）非均质性，蓬莱坝组各个时期累积油气聚集量均大于传统模型，结果更为合理，预测奥陶系中组合蓬莱坝组有较大潜力（现今油气聚集量约为 8 亿 t），为深层油气风险勘探提供了重要参考。

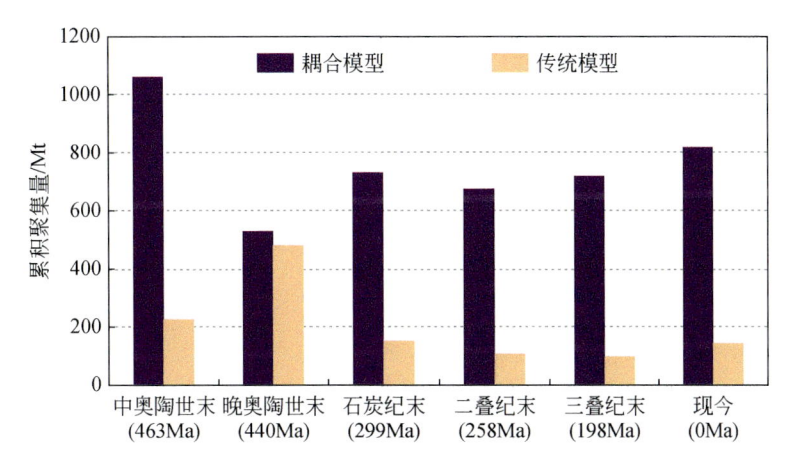

图 6.51 耦合模型与传统模型模拟得到的蓬莱坝组油气累积聚集量对比图

第七章 四川盆地中部（超）深层油气成藏耦合模拟与有利区预测

本章以四川盆地中部震旦系—寒武系（超）深层油气成藏体系为研究对象，又以震旦系灯影组为重点分析对象，首先对震旦系灯影组构造-沉积演化过程进行正演模拟，探讨了灯影组裂陷槽成因机制，定量刻画了灯影组精细沉积相-岩相非均质性，然后针对灯影组不同沉积相带，利用成岩数值模拟方法，对各相带碳酸盐岩的成岩过程和孔隙度演化进行数值模拟，在此基础上，结合震旦系—寒武系成藏体系烃源岩、储集层和盖层发育特征分析，并充分考虑基于正演模拟得到的灯影组沉积与成岩非均质性，建立耦合沉积-成岩模拟结果的川中地区震旦系—寒武系成藏体系三维盆地模拟地质模型，进而模拟油气生成与运聚演化过程，预测（超）深层规模性油气分布有利区。

第一节 川中地区灯影组构造-沉积过程模拟与裂陷槽成因

四川盆地中部地区在震旦系灯影组沉积时期发育一条南北向的裂陷槽，在槽子两侧（尤其在东侧）的碳酸盐岩台缘带已勘探发现大规模天然气藏，是深层-超深层重要的勘探领域。然而，由于地层埋深大，钻探资料相对少（尤其在裂陷槽内部），地震资料分辨率较差，对槽子周缘和内部的沉积环境与沉积相类型认识存在争议，进而导致前人对该裂陷槽的成因机制众说纷纭，制约了该地区深层油气的进一步勘探部署。本节基于对钻井、露头等资料分析和前期研究认识，首先明确了川中地区灯影组沉积（亚）相类型与特征，然后综合分析，获取关键参数，正演模拟灯影组构造-沉积演化过程，建立灯影组三维精细沉积相-岩相模型，在此基础上，从正演模拟角度，探讨了裂陷槽成因机制，提出了拉张构造背景下"碳酸盐差异生长"的合理成因认识。

一、灯影组沉积相类型和垂向发育特征

（一）研究区概况与灯影组特征

研究区主体位于四川盆地川中隆起带，少部分处于川东南低缓褶皱带和川西北陡峭构造带，其北以磨溪 26 井为界、东以磨溪 23 井为界、南以盘 1 井为界、西以宫深 1 井为界，东西长 195km，南北宽 115km，横跨川中裂陷槽并包含东北部的高石梯地区、东南部的磨溪地区、西北部的资阳地区和西南部侧的资阳-威远地区［图 7.1（a）］。灯影组发育在震旦系上段，自下而上划分为灯一段、灯二段、灯三段和灯四段，其中，在灯二段、灯四段沉积末期分别发生了桐湾Ⅰ幕和Ⅱ幕构造运动。灯影组岩性整体以碳酸盐岩为主，仅在灯三段发育碎屑岩沉积［图 7.1（b）］。灯一段是晚震旦世早期海侵的产物，主要发育浅灰色-

深灰色层状泥晶白云岩、粉晶白云岩夹层纹石白云岩。灯二段主要发育浅灰色-灰白色凝块石白云岩和粉晶白云岩，凝块组构、叠层组构和层纹组构较为发育，呈多层枳壳的葡萄状-花边状构造发育；在灯二段沉积末期，桐湾Ⅰ幕运动使得地层抬升遭受风化剥蚀，以红土风化壳、钙结壳覆盖为标志，发育大量溶蚀孔洞，形成岩溶储集层。灯三段主要发育深灰色-灰色白云质粉砂岩或白云质泥岩。灯四段发育浅灰色-灰色层状粉晶白云岩、砂屑白云岩和凝块石云岩，局部发育硅质白云岩和硅岩；受桐湾Ⅱ幕构造运动影响，灯四段内发育大量溶蚀孔洞。灯影组沉积期，华南陆块处于 Pannotia 超大陆的北部边缘，整体处于区域拉张应力作用下（刘树根等，2016），在上扬子地台内部，长期持续的拉张作用导致四川盆地内部形成台内裂陷 [图 7.1（c）]。

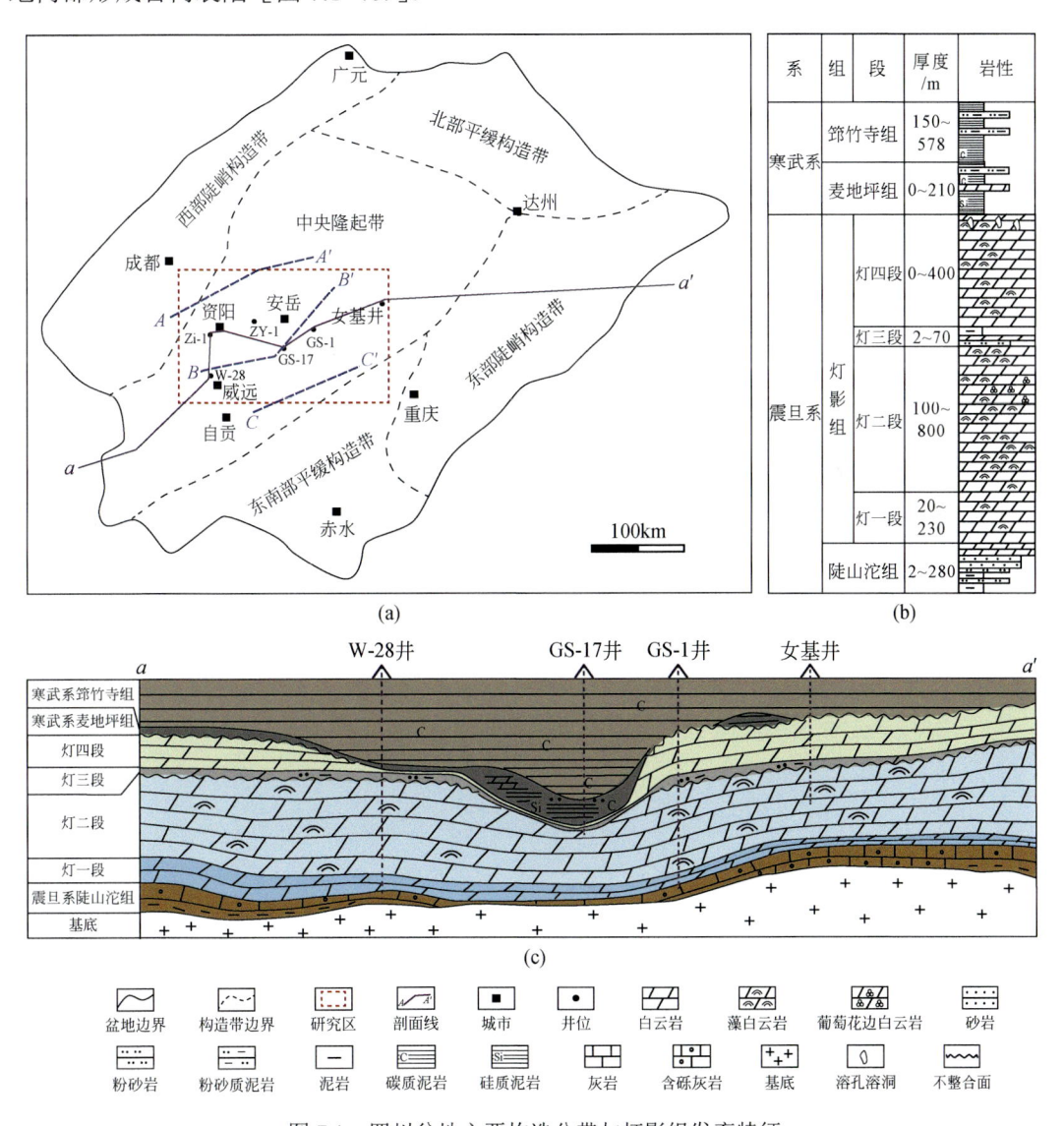

图 7.1 四川盆地主要构造分带与灯影组发育特征

（a）四川盆地构造分带与研究区位置；（b）灯影组—下寒武统岩性柱状图；（c）东西向剖面与裂陷槽特征

（二）灯影组沉积相类型与特征

在岩心与薄片岩石学特征研究的基础上，结合前人对灯影组沉积相研究结果，分析研究区灯影组沉积环境与沉积相，尤其聚焦以微生物岩为代表的台地相沉积体系。

1. 微生物丘亚相

微生物丘是指主要由微生物（细菌、藻类）建造或者以微生物为主形成的，以灰泥为主要成分而缺乏宏观造礁生物且常具有穹形正地貌特征的碳酸盐岩建隆。在灯影组中，这种造岩微生物主要是球状蓝细菌和丝状蓝细菌，它们通过胞外聚合物（EPS）作用可以在灯影组内形成以凝块石或者叠层石为主要沉积特征的微生物丘亚相。依据其在台地上发育位置的差异可以细分为台内微生物丘和台缘微生物丘。岩心研究结果表明，两者内部发育的微生物岩类型基本相同，而在微生物岩发育的厚度和微生物格架之间的填隙物则存在差异。单个旋回中台内微生物丘累计厚度较薄且微生物格架之间主要为亮晶胶结物。台缘微生物丘累计厚度较大且微生物格架间常充填以微生物岩为主的砂屑颗粒。

研究区灯影组的微生物丘亚相主要由凝块石白云岩、叠层石白云岩和层纹石白云岩垂向叠置而成，其间可夹有薄层的微生物碎屑被打碎而形成的砂屑白云岩或者粉晶白云岩（图7.2）。后期的重结晶作用亦可导致微生物岩发生重结晶而形成细晶白云岩，但该类型的白云岩晶粒则往往由于微生物碳化体的存在而形成较为污浊的表面以及可推断原岩类型的幻

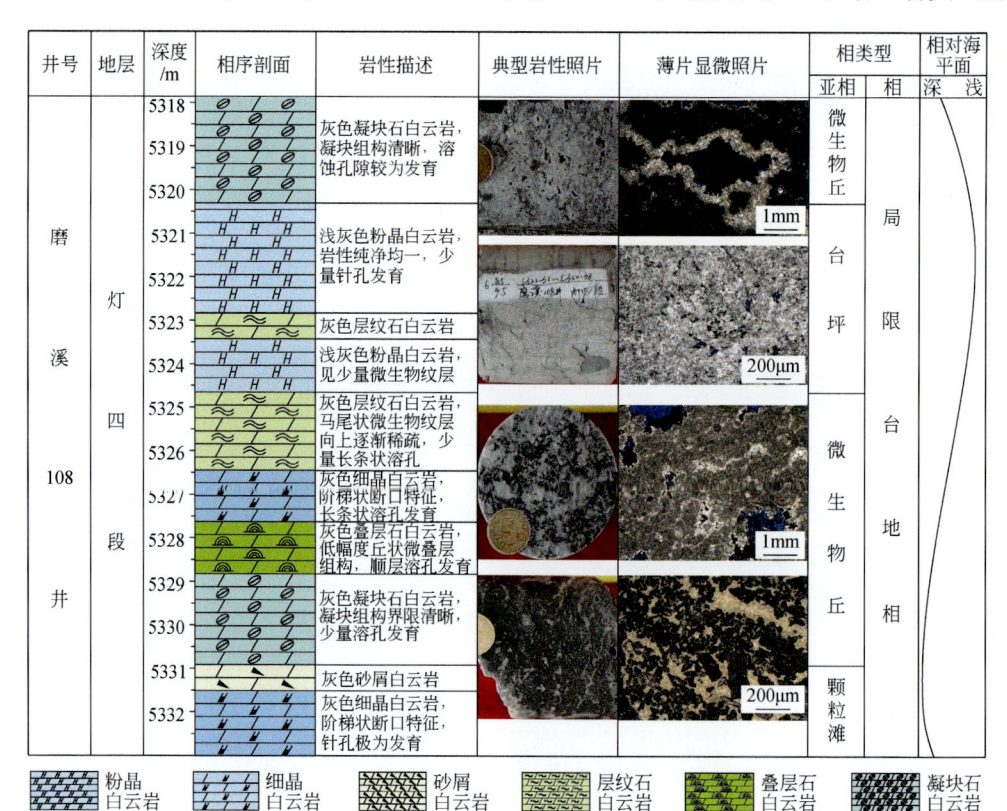

图7.2 研究区磨溪108井灯四段局限台地相微生物丘亚相发育特征

影构造。在单个旋回中，随着相对海平面的下降，微生物丘亚相中会呈现出"凝块石白云岩-叠层石白云岩-层纹石白云岩"的相序组合。

2. 颗粒滩亚相

颗粒滩多发育在具有高能水体环境的浪基面附近，早期形成的泥晶白云岩或者微生物白云岩被打碎形成各种粒级的内碎屑。依据其在碳酸盐岩台地沉积体系中发育位置的不同，可以将颗粒滩划分为台缘颗粒滩和台内颗粒滩（图7.3）。两者的差别在于累计厚度的差异，单个旋回中台缘颗粒滩的累计厚度明显大于台内颗粒滩的厚度。在灯影组中，台缘颗粒滩多伴生凝块石白云岩，说明两者的沉积环境相邻或者较为接近，前人常将两者合并称为丘滩复合体。

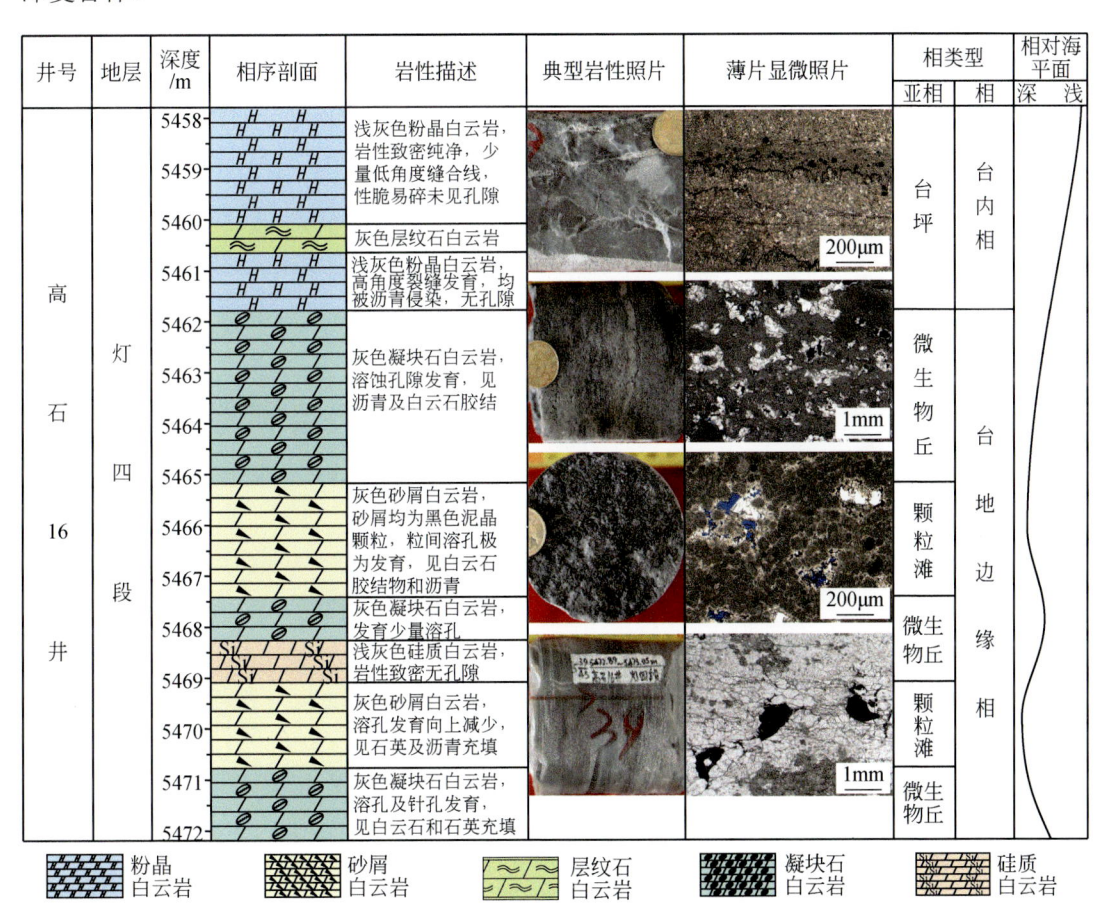

图7.3 研究区高石16井灯四段颗粒滩亚相发育特征

3. 台坪亚相

台坪亚相一般发育在水体较浅的台内相，沉积基准面位于海平面附近（<5m），主要受潮汐作用的影响。该亚相主要发育的岩石类型为浅灰色泥-粉晶白云岩和少量层纹石白云岩，镜下可见膏模孔、鸟眼孔等沉积构造。在碳酸盐岩台地沉积体系中通常发育在微生物丘和颗粒滩沉积的顶部（图7.3，图7.4）。

4. 滩（丘）间洼地亚相

由于颗粒滩和微生物丘亚相多发育在古地貌高地，台地内部水体循环受到限制，在台地内部地势低洼处以及克拉通内裂陷中形成滩（丘）间洼地沉积环境（水体深度多大于25m），主要发育深灰色岩性较为致密的泥晶白云岩和含膏白云岩，在后期成岩演化过程中容易形成缝合线（图7.4）。

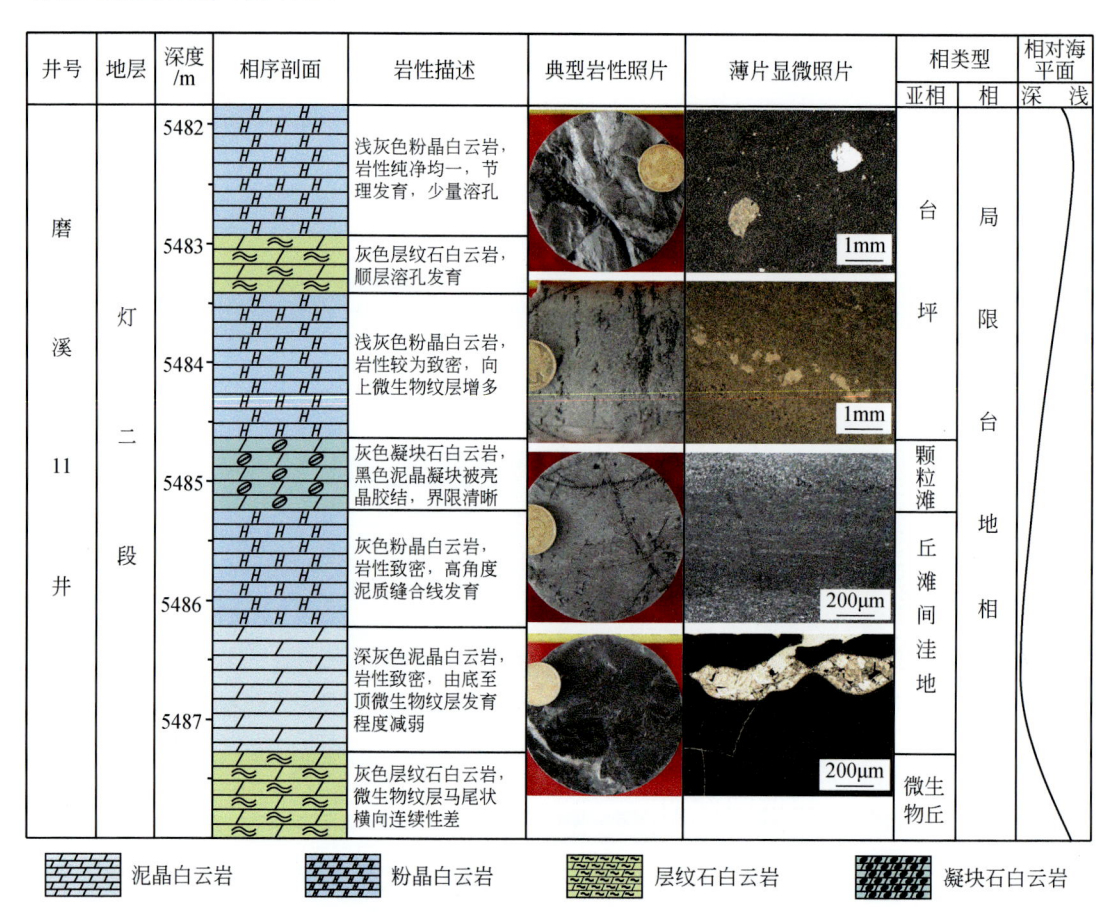

图 7.4 研究区高石 16 井灯二段局限台地相各亚相发育特征

5. 斜坡-深水盆地相

由台地边缘向裂陷槽内过渡，沉积水体深度逐渐变大，槽内发育斜坡-深水盆地相，然而由于川中地区裂陷槽内取心井的缺失，无法确认该相带的岩性。但在四川盆地北部边缘的杨坝和胡家坝露头剖面，可以见到斜坡-深水盆地相地层，以深灰色且致密的泥晶白云岩和泥质白云岩为主。

综上所述，川中地区灯二段沉积时期，由于裂陷槽发育程度较低，主要发育弱镶边碳酸盐岩台地环境，以局限台地沉积体系为主，到了灯四段沉积时期，由于台内裂陷槽的不断扩张，主要发育开阔台地沉积环境，以镶边碳酸盐岩台地沉积体系为主，具体的沉积亚相类型与主要岩石类型总结如表 7.1 所示。

表 7.1　川中地区灯影组沉积（亚）相、岩石类型与发育层位

沉积相类型	亚相类型	主要岩石类型	发育层位
局限台地相	台坪	粉晶白云岩、层纹石白云岩	灯二段、灯四段
	微生物丘	叠层石白云岩、凝块石白云岩	灯二段、灯四段
	颗粒滩	砂屑白云岩、核形石白云岩	灯二段、灯四段
	丘/滩间洼地	含膏白云岩、粉晶白云岩	灯二段、灯四段
台地边缘相	台缘丘滩	砂屑白云岩、砾屑白云岩、凝块石白云岩	灯二段、灯四段
斜坡-盆地相	—	泥晶白云岩、泥质白云岩	灯二段、灯四段
混积台地相	云坪	泥质白云岩、粉砂质白云岩	灯三段
		云质粉砂岩、云质泥岩	

（三）灯影组沉积相垂向发育特征

综合前人与本次单井沉积相研究表明，灯影组沉积期，碳酸盐岩台地相与沉积水体深度（或水体能量）具有明显的相关性。浪基面以下的斜坡-盆地相沉积水体深度最大，滩（丘）间洼地亚相次之，至浪基面附近沉积水体能量最强，以颗粒滩亚相为主，向上随着水体变浅和水体能量减弱，则依次发育微生物丘亚相和台坪亚相，其中在微生物丘亚相内部，向上变浅序列则依次为凝块石白云岩—叠层石白云岩—层纹石白云岩。

本次研究以发育在台地边缘相的高石 1 井（GS-1 井）为例，通过岩心标定测井曲线，结合录井资料，建立了台地相灯影组的垂向沉积相演化序列，明确了该时期的相对海平面变化。

如图 7.5 所示，台地相灯影组整体可以划分为两个三级层序和四个四级层序。灯一段以泥晶白云岩为主，属于滩（丘）间洼地亚相，水体深度相对较大；向上至灯二段下亚段开始发育微生物丘亚相，表明此阶段沉积水体深度逐渐变浅；至灯二段下亚段中部又变为滩（丘）间洼地亚相的泥晶白云岩沉积，表明古海平面又逐渐上升，至灯二段下亚段顶部又向台坪亚相沉积演化，说明水体深度又逐渐变浅。灯二段上亚段下部由微生物丘亚相逐渐过渡为滩（丘）间洼地亚相，表明沉积水体深度逐渐增大。其后随着微生物丘亚相发育程度逐渐增强，反映古海平面逐渐下降；至灯二段顶部演化为台坪亚相沉积，此时灯影组水体深度已达到最浅，随后受桐湾 I 幕运动影响，灯二段顶部暴露剥蚀，形成不整合面。灯三段沉积时，广泛发育的海侵在研究区形成混积台坪沉积，至灯四段下亚段底部时演化为滩（丘）间洼地亚相沉积，反映沉积水体深度属于逐渐增大的过程；向上逐渐增多的颗粒滩和微生物丘亚相则表明古海平面又逐渐下降；至灯四段上亚段底部的滩（丘）间洼地亚相则表明沉积水体深度有一个突然增大的过程，随后微生物丘和颗粒滩亚相的交替出现则表明相对海平面又开始逐渐下降。受桐湾 II 幕构造运动影响，研究区整体抬升，灯四段顶部暴露至地表，形成范围和持续时间更长的不整合面。

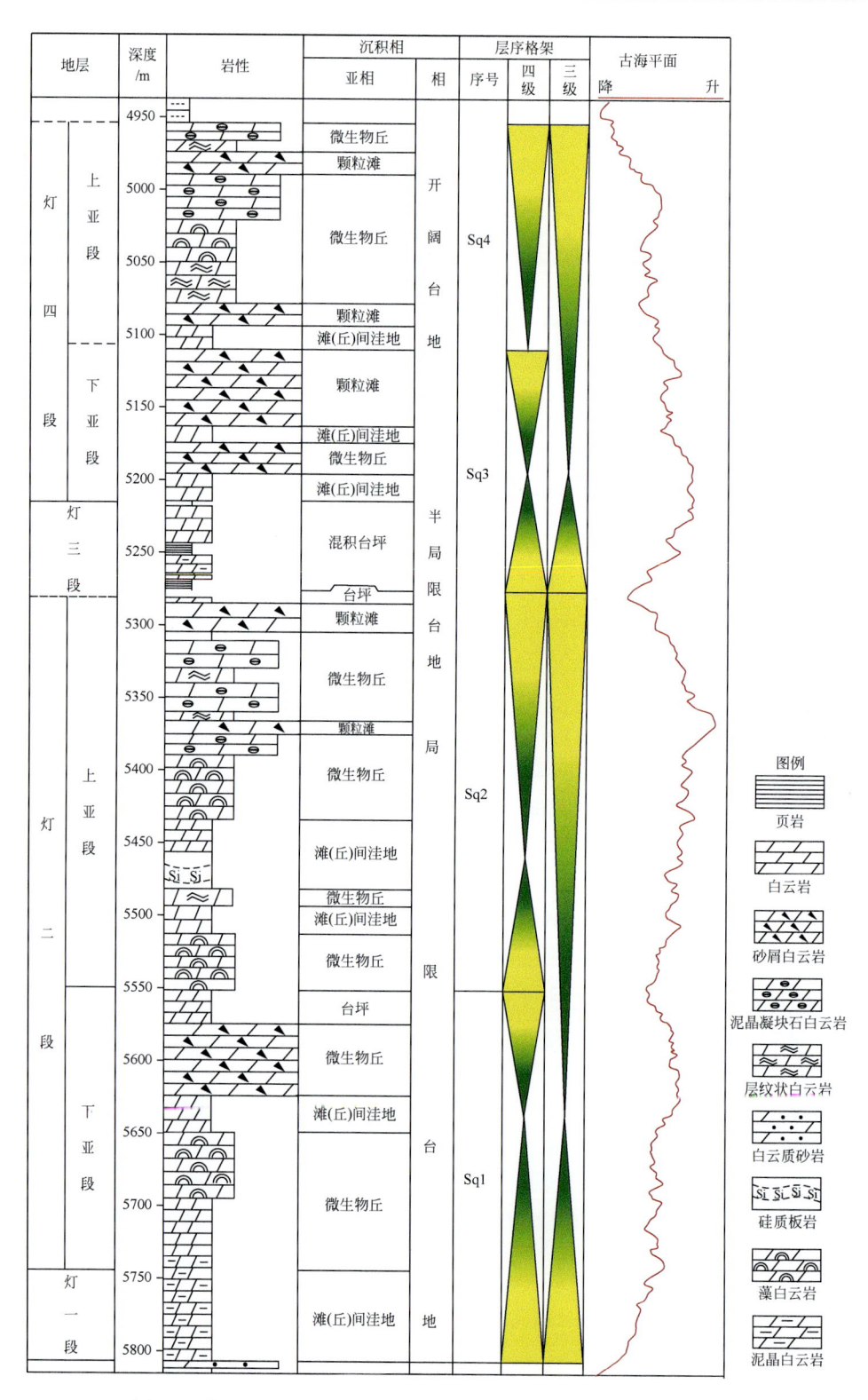

图 7.5　高石 1 井震旦系灯影组沉积相与相对海平面变化综合柱状图

二、灯影组构造-沉积过程数值模拟与沉积非均质性表征

沉积正演模拟能够在资料相对匮乏的条件下，基于质量和能量守恒定律，在一系列数学、物理公式和已知实际地质资料的约束下，正演模拟目的层的构造演化与沉积充填响应，动态恢复地层沉积演化过程，得到相对合理的三维精细沉积相模型。

本次研究利用基于模糊逻辑规则的碳酸盐岩和基于水动力学算法的碎屑岩沉积正演模拟方法，在灯影组沉积概念模型建立的基础上，综合多种方式，获取关键模拟参数，正演模拟灯影组沉积演化过程，并利用已知的地震、单井等资料对模拟结果进行约束，最终得到合理的灯影组沉积相三维模型，为后续盆地模拟地质建模奠定基础。

（一）川中地区灯影组沉积演化概念模型

川中地区灯影组沉积时期的最大特点为古裂陷槽的发育，灯影组沉积演化概念模型的核心就是确定裂陷槽的演化过程，因此，本次研究在大量文献调研基础上，系统梳理了裂陷槽的成因、演化过程和响应结果，表明不同的成因模式会导致川中地区灯影组具有截然不同的构造-沉积演化模式。

对于裂陷槽的形成机制与演化，前人已从不同方面开展了大量研究，形成许多重要认识，但同时也存在诸多方面不足，总结起来有以下5个观点。

（1）裂陷槽观点［图7.6（a）］：认为裂陷槽是在灯影组沉积时期由不同阶段、不同强度拉张作用形成，凹槽内灯影组为连续沉积（邹才能等，2014；魏国齐等，2015；杜金虎等，2016）。该观点主要根据现今沉积记录及不同时期裂陷槽形态所推测，一方面缺乏沉积期大地构造作用背景描述作理论支撑，另一方面缺少对灯影组沉积前裂陷槽发育的刻画。

（2）拉张槽观点［图7.6（b）］：基于兴凯地裂运动理论（黄汲清等，1980；罗志立，1981），一些学者提出裂陷槽是在灯影组沉积末期，由于地壳深部异常地幔活动导致浅部发生局部隆升、剥蚀，后由于拉张作用，隆升剥蚀区下沉形成拉张槽雏形，寒武纪早期在拉张背景下，拉张槽进一步发育（刘树根等，2013；钟勇等，2014）。该观点存在以下两方面不足：①缺乏可靠证据来解释在当时整体拉张构造背景下短时间发生局部大幅度隆升和沉降的构造运动机理是什么？当构造沉降速率达到多大时才能使凹槽在早寒武世初期就开始沉积深水暗色泥岩？模型在理论上是否合理？②无法解释为什么凹槽两侧（尤其是东侧）在灯影组内部（灯二段、灯四段）就开始发育相控的高能优质丘滩相储层（杜金虎等，2016；李双建等，2018）。

（3）侵蚀谷观点［图7.6（c）］：灯影组沉积末期，桐湾运动使四川盆地整体抬升，长期处于潜水基准面之上，低部位流体下切侵蚀形成侵蚀谷（杨雨等，2014；刘宏等，2015；周慧等，2015）。

（4）拉张-侵蚀谷观点［图7.6（d）］：认为凹槽在灯影组沉积末期由基底断裂多幕堑垒式活动导致灯影组差异抬升、差异侵蚀和差异溶蚀等多种地质过程综合作用形成（李忠权等，2015）。

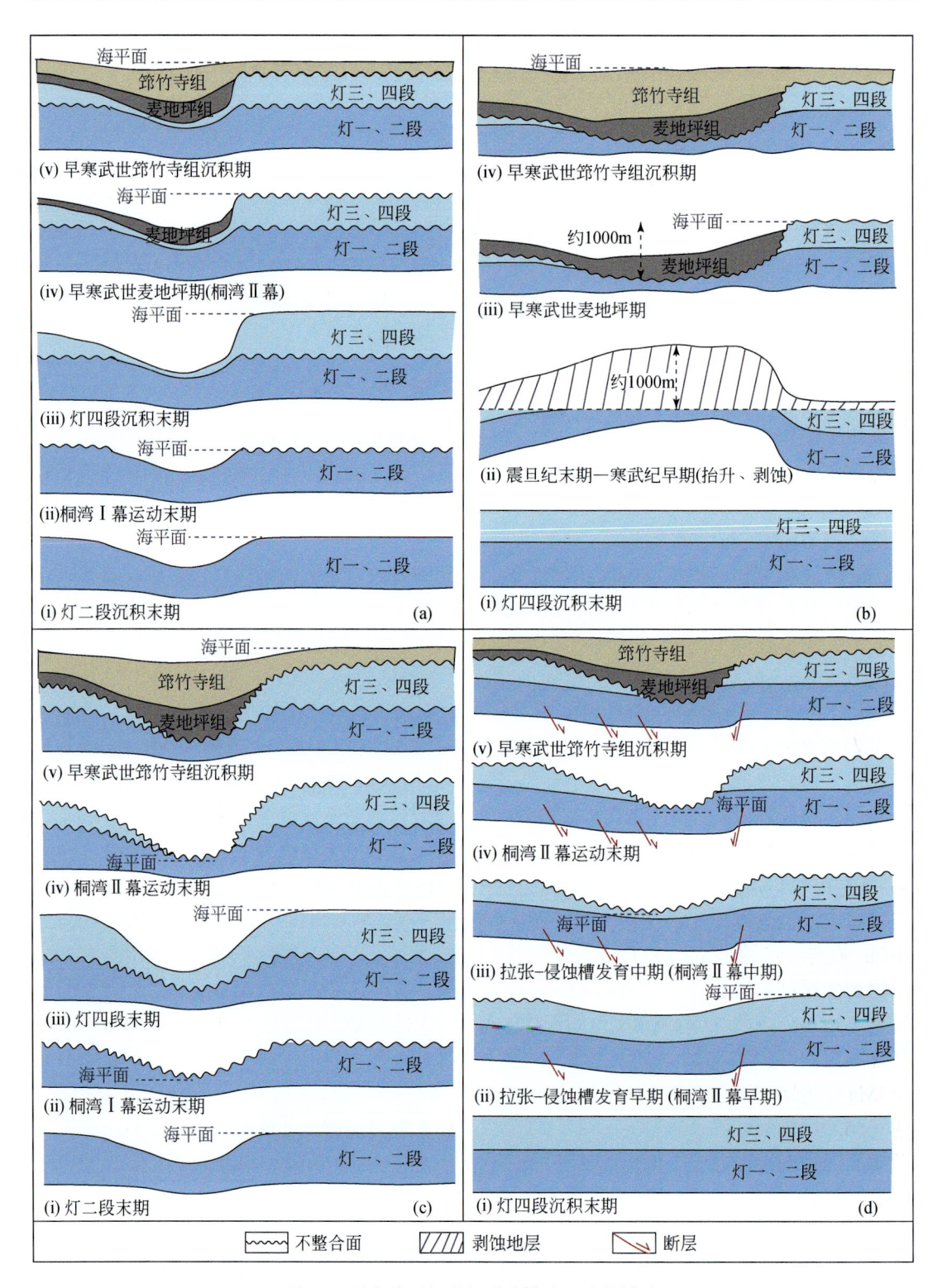

图 7.6 川中地区灯影组裂陷槽成因演化模式

(a) 克拉通内裂陷模式；(b) 拉张槽模式；(c) 侵蚀谷模式；(d) 拉张-侵蚀谷模式

(5) 拉张和侵蚀共同作用：不同于观点（4），该观点认为凹槽在灯影组沉积前已有雏形（文龙等，2016），灯影组沉积期在整体拉张背景下进一步发育，桐湾 I 幕、II 幕构造运动导致整个四川盆地抬升，相对海平面大幅度下降，凹槽在原有基础上叠加岩溶作用，进一步加深、扩宽（文龙等，2016；周进高等，2017；李双建等，2018）。

观点（3）～（5）的共性为凹槽的形成均与灯影组沉积末期大规模岩溶侵蚀作用密切相关，存在几个相似的不足：①无论在野外剖面、钻井，还是地震剖面上，寒武系底部由岩溶侵蚀作用留下的河流下切、高低起伏地形等证据均不明显（汪泽成等，2014；邢凤存等，2015）；②现代碳酸盐岩岩溶地貌（邹成杰和何宇彬，1995）、塔河地区奥陶系古岩溶地貌（蔡忠贤等，2009）和沉积数值模拟（Chen et al.，2014；Salles，2016）均显示，岩溶/侵蚀作用的发生和发展会沿着地层薄弱带形成许多沟壑纵横地貌，均与这三个观点的概念模型有差异；③形成如此规模的侵蚀谷在不同降雨量条件下需要多长时间尚缺乏定量研究。

在前期地质综合分析的基础上，初步认为克拉通内裂陷模式较为符合裂陷槽演化规律，也比较能与地质证据相匹配，因此，本次研究以该模式为初始概念模型，建立三维沉积模拟演化模型，并检验其合理性，然后再分别建立其他几种模式的概念模型，利用正演模拟方法分析各自的合理性与不合理性。

（二）关键模拟参数

1. 模拟时间

由于灯影组绝大多数地层（除灯三段外）以碳酸盐岩沉积为主，缺乏自生锆石而难以应用 U-Pb 同位素法进行直接定年，因此主要依据底部陡山沱组、顶部麦地坪组和内部灯三段内发育的凝灰层年龄来界定灯影组各段沉积时间。前人研究表明，陡山沱组顶部凝灰岩的锆石 U-Pb 定年获得灯影组沉积的起始时间为 551.1 ± 0.7Ma（Chung et al.，2020）。在三峡地区周家坳剖面利用二次离子质谱 U-Pb 技术，测得灯三段凝灰层的沉积年龄为 543.4 ± 3.5Ma（Chen and Feng，2019）。位于扬子地台斜坡相四坊井剖面的留茶坡组与灯四段属同时代沉积，其顶部碳同位素负漂移界面被认为是埃迪卡拉纪与寒武系分界面，U-Pb 测定的年龄为 540.7 ± 3.8Ma（朱日祥等，2009），该年龄可视为四川盆地寒武系沉积的起始时间。因此，本次研究将震旦系灯影组发育时间限定为 551.1～541Ma，持续时间为 10.1Ma。在这些关键界面时间限定下，主要根据地层发育厚度及构造活动强弱，再将灯影组划分成 6 个时间段：灯一段沉积期（551.1～549.1Ma）、灯二段沉积期（549.1～544Ma）、桐湾 I 幕构造期（544～543Ma）、灯三段沉积期（543～542.5Ma）、灯四段沉积期（542.5～541Ma）和桐湾 II 幕构造期（对应寒武系沉积初期）（541～535.2Ma）。按照每 20ka 输出一层模拟结果，可将灯影组模拟结果细分成 795 个小层，能充分体现沉积相与岩相非均质性。

2. 沉积初始底形

灯影组沉积底形即为其下覆陡山坨组沉积末期顶部形态。前人研究表明，陡山坨组沉积时期，四川盆地克拉通内存在内裂陷雏形，从各井陡山坨组厚度来看，内裂陷位于资阳 1 井周围（文龙等，2016）。根据此观点，并结合前人对灯影组古地理研究成果（魏国齐等，

2015；赵文智等，2017），恢复出灯影组沉积初期的底形形态，川中研究区在灯影组沉积初期整体处于近似平坦的浅水台地环境，仅在西北部存在向北开口的内裂陷，其内最大水体深度不超过 80m（图 7.7）。

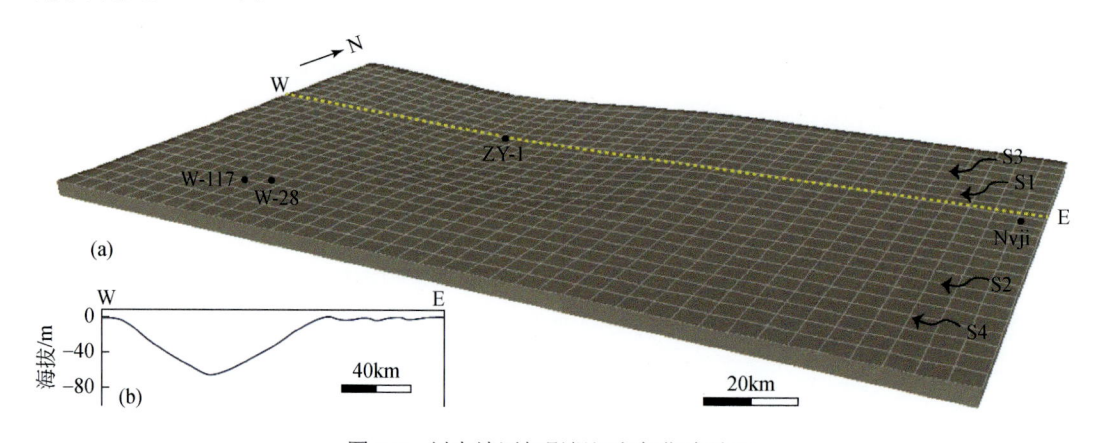

图 7.7 川中地区灯影组沉积初期古地形
（a）沉积初始底形三维显示图；（b）过内裂陷的东西向古地形深度剖面

3. 总沉降量

总沉降包括构造沉降和负载沉降，是可容空间发育的主要控制因素。根据灯影组现今的地层厚度，经过古水深校正与去压实恢复，得到总沉降量，并以此为初值，初步开展沉积模拟，后将模拟结果与实际钻井、地震数据进行反复校正与迭代，得到最合理的总沉降量输入数据。

4. 海平面变化

震旦系灯影组沉积时期，四川盆地处于海相沉积环境，此时全球处于"冰室"时期，受冰川形成、消亡周期性变化影响，全球海平面升降幅度较大，其中，全球 3 级海平面（1.5Ma）升降幅度达 90m 左右，4 级海平面（112ka）升降幅度在 30m 左右（Barnett et al.，2002）。前人研究表明，地球 5～0Ma 时期的偏心率周期，约为 100ka（Berger and Loutre，1991），与全球 4 级海平面变化周期基本一致，可以用偏心率变化曲线来指示全球海平面升降周期，由于震旦纪处于冰期，升降幅度设定为 30m。同样地，地球 0～5Ma 岁差周期平均约为 20ka（Berger and Loutre，1991），与全球 5 级海平面变化周期基本一致，可以用岁差变化曲线来指示 5 级海平面升降周期，升降幅度在 4m 左右。利用类比方法，推测在震旦纪时期，全球 4 级和 5 级海平面变化周期曲线可用 5～0Ma 时期的曲线近似代替，幅度与冰期升降幅度一致。

在上述方法指导下，首先，根据 Haq 和 Schutter（2008）全球海平面变化曲线，制作灯影组沉积时期（551.1～540Ma）低频海平面变化曲线（3 级，1～2Ma/旋回）；其次，叠加振幅为 30m、周期为 100ka 的 4 级海平面变化曲线；再次，叠加振幅为 4m、周期为 20ka 的 5 级海平面变化曲线；最后，生成灯影组沉积期的高频（3 级+4 级+5 级）海平面变化曲线，海平面变化幅度主要在–60～60m 之间变化（图 7.8）。

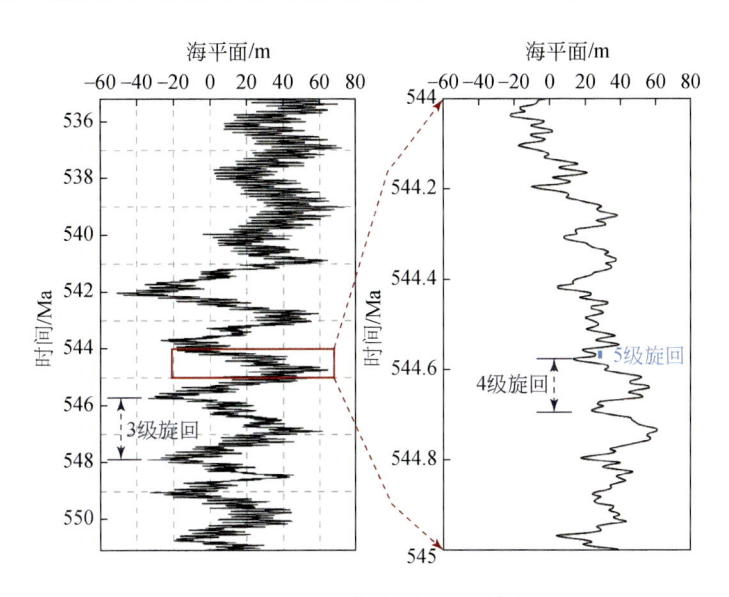

图 7.8 震旦纪灯影期高频海平面变化曲线

5. 水体古温度和古盐度

利用碳酸盐岩碳、氧同位素数值可以定量恢复沉积时期水体的古温度（Craig, 1965）和古盐度（Keith and Weber, 1964）。利用前人对四川盆地边缘先锋剖面震旦系灯影组的碳氧同位素连续测定结果（Zou et al., 2015），本次研究定量恢复了灯影组不同沉积时期古温度与古盐度变化趋势。结果表明（图 7.9），灯影组沉积时期的古水体温度在 8.6~31.4℃ 之间变化，在灯一段和灯二段沉积时期水体温度要低于灯三段和灯四段沉积时期的水体温度，古水体盐度 Z 值则主要分布在 123.4~137.5 之间，显示海相咸水沉积环境。

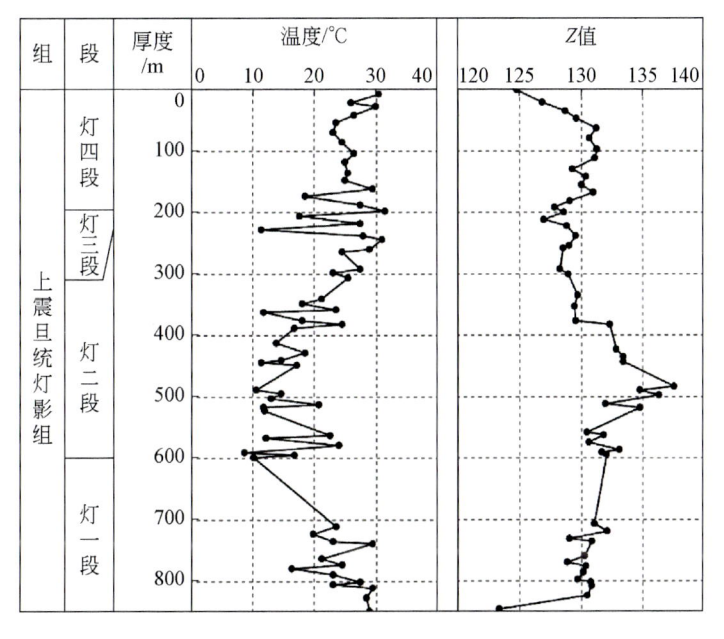

图 7.9 震旦纪灯影组沉积时期古水体温度和盐度 Z 值变化曲线

6. 碳酸盐岩生长（沉积）的模糊逻辑函数集

四川盆地灯影组可划分为多个沉积相，主要包括台地相、斜坡相和盆地相，其中台地相又可细分为台缘生物丘、台内生物丘、潮坪、潟湖亚相等。根据不同相带碳酸盐岩发育水深和能量不同等特征，本次模拟利用四种类型碳酸盐岩表示灯影组沉积时期的各种沉积相带：Carbonate1 表示台缘、台内微生物丘滩复合体相带，Carbonate2 表示台内洼地和潟湖亚相，Carbonate3 表示裂陷槽斜坡相，Carbonate4 表示裂陷槽深水盆地相。

（1）Carbonate1：台缘、台内微生物丘滩复合体相带

该类沉积主要发育在碳酸盐岩浅水台地相，其生长发育主要受水体深度、温度、盐度和能量的控制。根据类比的方法，调研了近-现代微生物碳酸盐岩适宜生长的水体深度。Sprachta 等（2001）认为，现代微生物岩生长水深一般<25m；Camoin 等（1999）通过对第四纪微生物岩研究表明，微生物岩适合生长在<30m 的水体环境中，且在 5~6m 水深范围，生长速率最大；Schlager（1992）对现代巴哈马地区珊瑚礁研究表明，生物礁生长水深一般<30m，且在<10m 范围内生长最快。综合上述信息，建立了灯影组台缘相微生物岩生长与水体深度之间的模糊逻辑关系［图 7.10（a）］，当水体深度在 0~6m 时，最适合该相带微生物岩生长，随水体深度增大，生长的概率（关联函数值）降低，当水深>20m 时，停止生长。

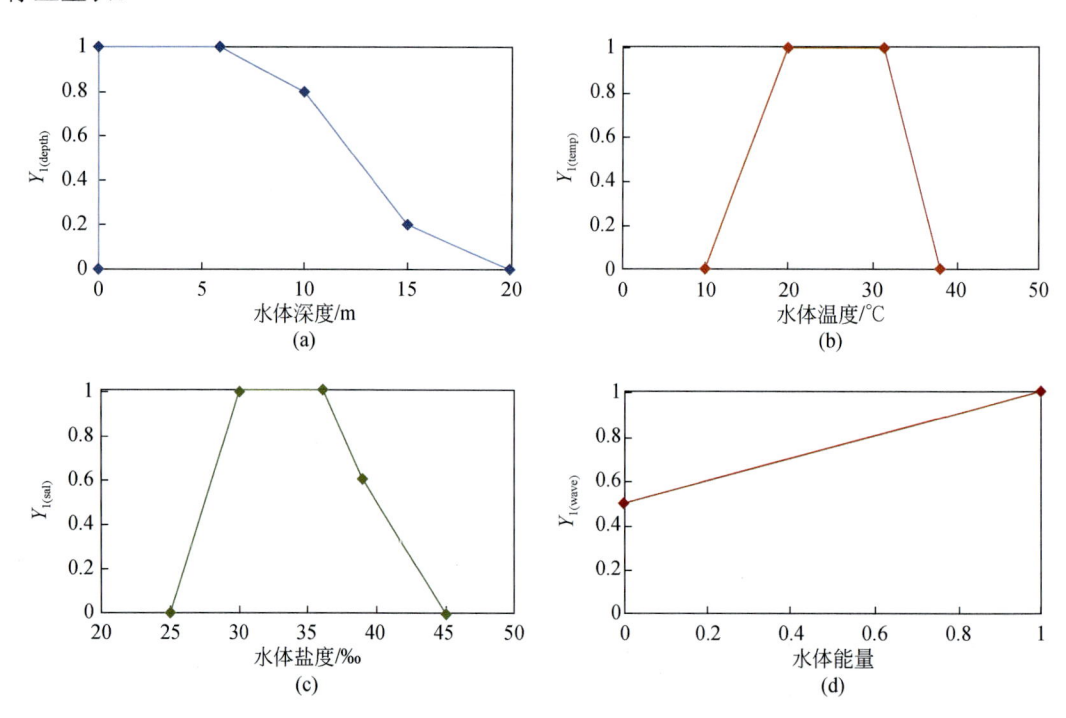

图 7.10　台缘、台内微生物丘（滩）亚相碳酸盐岩生长与其控制因素之间的模糊逻辑关系
(a) 水体深度；(b) 水体温度；(c) 水体盐度；(d) 水体能量

Gagan 等（1998）通过对现代海洋的三个地区研究，建立了珊瑚的 Sr/Ca 值与海水表面温度（SST，数据来源科考船和卫星探测）之间的定量关系，表明造礁珊瑚适合生长的温

度介于 20~31℃之间，随水体深度增加，温度快速降低，同时研究还表明，现代珊瑚适合生存的盐度范围在 28‰~39‰之间。据此，类比得到灯影组沉积时期的台缘带微生物岩生长与温度和盐度之间的模糊逻辑关系。当水体温度介于 20~31℃之间时，最适宜该类微生物岩生长，此时关联函数值为 1，随着水体温度升高和降低，适宜该类微生物岩生长的概率均降低，即关联函数值降低，直至 0 值 [图 7.10（b）]。当水体盐度介于 30‰~36‰之间时，最适宜该类微生物岩生长，随着水体盐度升高或降低，关联函数值均降低，直至 0 值 [图 7.10（c）]。台缘带生物礁一般适宜生存在水体能量相对较强的浅水海域，强的波浪作用能带来丰富营养物质，为微生物生长提供养分，因此，建立了该类型微生物生长与水体能量（受波浪作用程度）之间的模糊逻辑关系，认为水体能力较弱时（受波浪影响程度为 0，静水），只要满足其他几个必要条件，微生物也能生长，但生长概率相对低（关联函数值设定为 0.5），随着水体能量增大（受波浪影响程度增大至 1），微生物生长概率增大（关联函数增大至 1）[图 7.10（d）]。

在此基础上，建立了 Carbonate1 型碳酸盐生长与水体深度、温度、盐度和能量之间的模糊逻辑函数：

$$\text{Carbonate1}_{(rate)} = \text{Max}_{1(rate)} \times Y_{1(depth)} \times Y_{1(temp)} \times Y_{1(sal)} \times Y_{1(wave)} \tag{7.1}$$

式中，$\text{Carbonate1}_{(rate)}$ 为模拟过程中 Carbonate1 型碳酸盐实际生长速率；$\text{Max}_{1(rate)}$ 为 Carbonate1 型碳酸盐的最大生长速率；$Y_{1(depth)}$ 为生长速率与水体深度之间的关联函数值；$Y_{1(temp)}$ 为生长速率与水体温度之间的关联函数值；$Y_{1(sal)}$ 为生长速率与水体盐度之间的关联函数值；$Y_{1(wave)}$ 为生长速率与水体能量之间的关联函数值。

在模拟过程中，只有当四个条件同时完全满足时，即关联函数值均为 1，此时该类型碳酸盐的生长速率达到最大，即 $\text{Max}_{1(rate)}$；当其中一个条件完全不满足，即关联函数值均为 0，此时该类碳酸盐不生长；当四个条件都满足，但有的关联函数值在 0~1 之间，此时该类型碳酸盐的生长速率为最大生长速率与关联函数值的连乘。

（2）Carbonate2：台内洼地和潟湖相带

前人研究表明，碳酸盐岩台地相中的台内洼地、滩间海和潟湖亚相一般发育在水体深度小于 50m 的范围内（贾承造，2004），水深是影响该类岩相发育的最主要控制因素。因此，建立了台内洼地-潟湖岩相发育与水体深度之间的模糊逻辑关系，认为该类岩相主要发育在水体深度在 15~50m 之间的碳酸盐岩台地相，且在 20~45m 范围内最为发育 [图 7.11（a）]，在模拟过程中的生长速率为该类型碳酸盐岩的最大生长速率（图 7.12）与关联函数值的乘积。

（3）Carbonate3：裂陷槽斜坡相

前人研究表明，裂陷槽斜坡相一般发育在数十米至 200m 的水体范围内（贾承造，2004），水深是其最主要控制因素。因此，建立了裂陷槽斜坡岩相发育与水体深度之间的模糊逻辑关系，认为该类岩相主要发育在水体深度在 50~300m 之间，且在 50~200m 范围内最为发育 [图 7.11（b）]，在模拟过程中的生长速率为该类型碳酸盐岩的最大生长速率（图 7.12）与关联函数值的乘积。

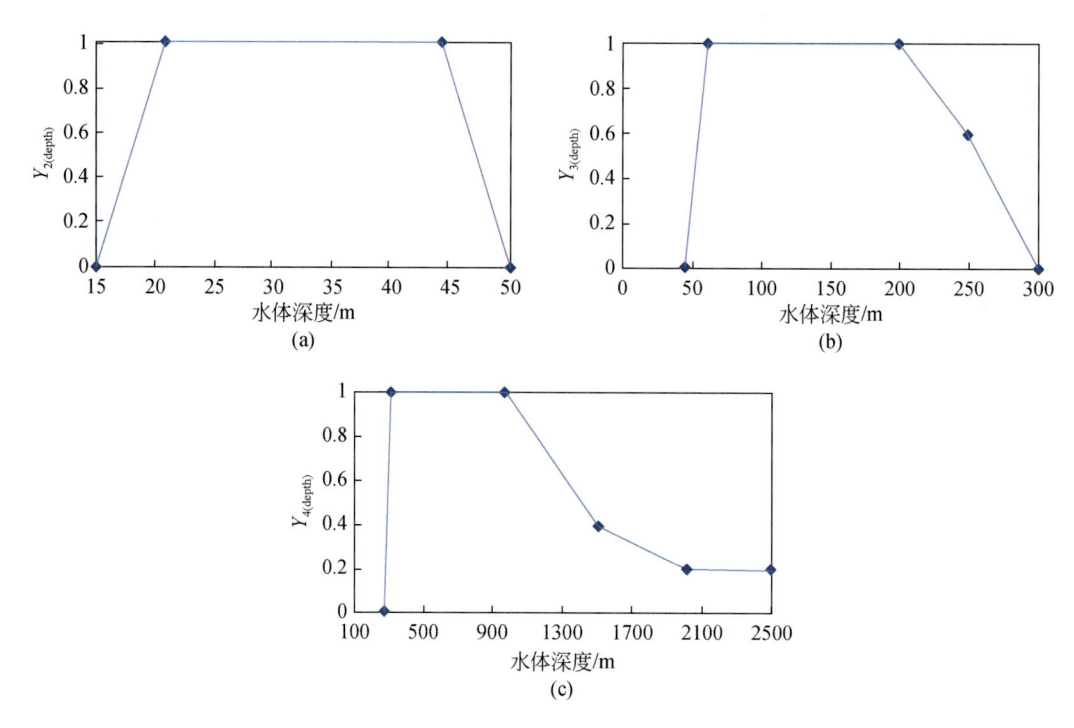

图 7.11 其他几种类型碳酸盐岩相与水体深度之间的模糊逻辑关系

（a）台内洼地和潟湖相带；（b）裂陷槽斜坡相；（c）裂陷槽深水盆地相

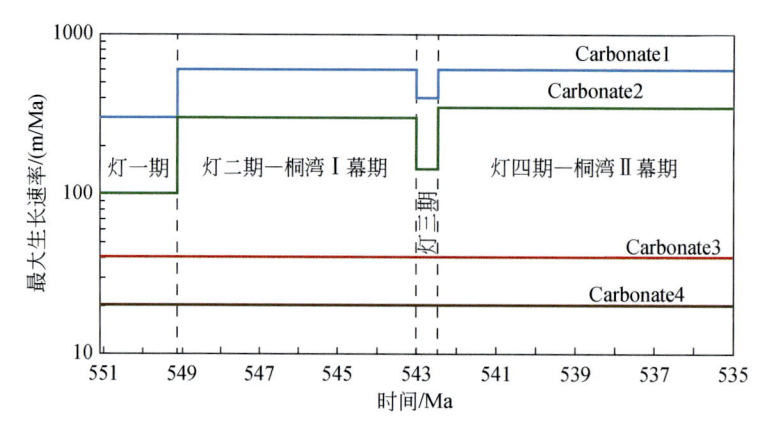

图 7.12 灯影组不同类型碳酸盐岩的最大生长速率

（4）Carbonate4：裂陷槽深水盆地相

裂陷槽深水盆地相一般发育在>200m 的水体范围且水深是其最主要控制因素。据此建立了深水盆地岩相发育与水体深度之间的模糊逻辑关系，认为该类岩相以水深范围 200~1000m 最为发育 [图 7.11（c）]，在模拟过程中的生长速率为该类型岩相的最大生长速率（图 7.12）与关联函数值的乘积。

（5）灯影组不同类型碳酸盐岩的最大生长速率

计算古代碳酸盐岩的沉积速率是一件相当困难的事情，因此本次研究除了使用现代微生物岩的研究成果来设置模糊函数集以外，还通过川中钻井获得的灯影组残余地层厚度和岩性数据来约束模糊函数集中不同类型碳酸盐岩沉积速率参数。前人研究表明台内碳酸盐岩台地水体深度在 20~30m 的透光带的沉积速率一般在 400~600m/Ma 之间（Bosence and Waltham, 1990; Enos, 1991）。在水体深度 50~100m 的微光带，碳酸盐岩的沉积速率仅能达到透光带的 30%~60%（Schlager, 2003），而在水体深度更大的无光带仅靠浮游生物产率，其碳酸盐岩的沉积速率可以降低到 20m/Ma（Warrlich et al., 2002）。基于以上信息以及数值模拟运行结果，确定了灯影组不同类型碳酸盐岩的最适宜沉积速率（图 7.12）。

7. 碳酸盐岩剥蚀的模糊逻辑函数集

一般认为，影响碳酸盐岩剥蚀的主要因素是构造抬升暴露作用，进一步可分为沉积水体深度和暴露时间两个因素。据此，本次研究分别建立了沉积水体深度和暴露地表时间与剥蚀速率之间的关联函数，设置为，只要水深小于 0（即暴露地表），就会发生剥蚀作用（关联函数值为 1）[图 7.13（a）]，且剥蚀速率与暴露时间成正比[图 7.13（b）]。在模拟过程中，碳酸盐岩的剥蚀速率为最大剥蚀速率与两个关联函数值的连乘。

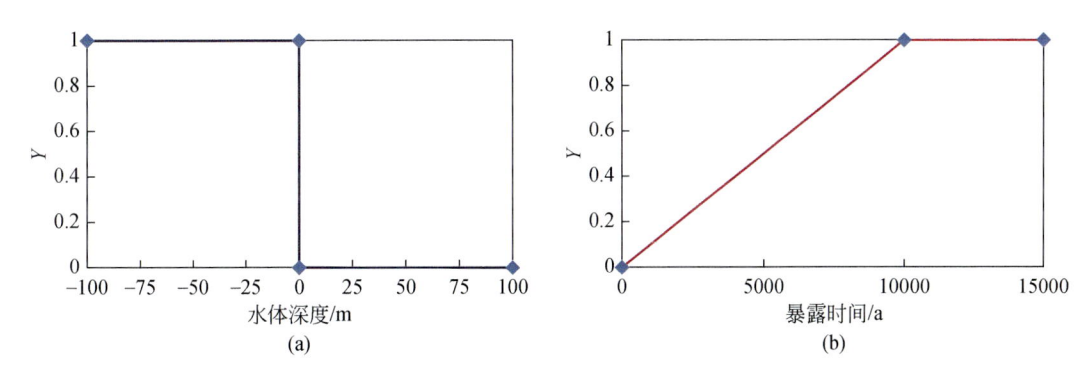

图 7.13 碳酸盐岩剥蚀与不同影响因素之间的模糊逻辑关系
（a）剥蚀与水体深度之间关联函数关系；（b）剥蚀与暴露时间之间关联函数关系

8. 碎屑岩沉积物源

陆源碎屑沉积主要发育在灯三期和桐湾Ⅱ幕构造时期，台地周边多处隆起形成古陆向盆地内供给物源，古地貌高地主要在研究区的 NE 方向。钻井揭示川中地区该段的岩性以粉砂岩和粉砂质泥岩为主，表明物源供给区距离研究区较远。通过多次对比模拟结果与实际钻井层段碎屑岩发育厚度、岩性组合，来调整碎屑岩输入速率和组分，最终得到合理的碎屑岩输入参数。

（三）模 拟 结 果

1. 灯影组构造-沉积演化过程

模拟结果显示，灯一段沉积时，裂陷槽雏形在研究区西北部发育，至灯一段沉积结束（549.1Ma），在局限台地范围沉积了厚度约 100m（未压实）的微生物丘滩亚相和丘（滩）间洼地亚相，而在裂陷槽内以较深水的斜坡相碳酸盐岩沉积为主[图 7.14（a）]；在灯二段沉积时期，局限台地上沉积了厚度达数百米的微生物丘滩亚相和丘（滩）间洼地亚相，两种相带垂向叠置且横向迁移交替［图 7.14（b）］。此阶段裂陷槽不断向东西两侧以及在南北方向上扩大，其内可见有厚度较薄的蒸发潟湖亚相和斜坡相碳酸盐岩沉积。桐湾Ⅰ幕运动导致研究区整体抬升地表，台地上微生物丘滩体及滩间洼地暴露地表形成不整合面，同时剥蚀作用产生的剥蚀物以及裂陷槽两侧的沉积物发生滑塌并向槽内搬运充填［图 7.14（c）］。灯三段沉积期，陆源碎屑从研究区东部和东北两个方向输入，以粉砂质和泥质为主，在研究区台地内部形成陆源碎屑与碳酸盐岩的混积沉积。同时裂陷槽不断进行拉张扩展导致台地边缘处发育较多的斜坡相沉积物，而在裂陷槽内部则沉积粒度更细且厚度更大的泥页岩［图 7.14（d）］。灯四段沉积期，裂陷槽向东西两侧快速拉张，其内部以盆地相沉积为主，而台地边缘丘、滩亚相则随着裂陷槽的拉张而不断向台地上迁移。同时在研究区台地内部，适宜的环境条件导致微生物丘/颗粒滩亚相以及丘（滩）间洼地在台地上快速堆积并不断侧向迁移，形成厚度可达几百米的微生物碳酸盐岩沉积［图 7.14（e）］。桐湾Ⅱ幕构造运动使整个研究区向上抬升，暴露地表的沉积物遭受差异剥蚀、溶蚀等地质作用，在灯四段顶部形成不整合面［图 7.14（f）］。

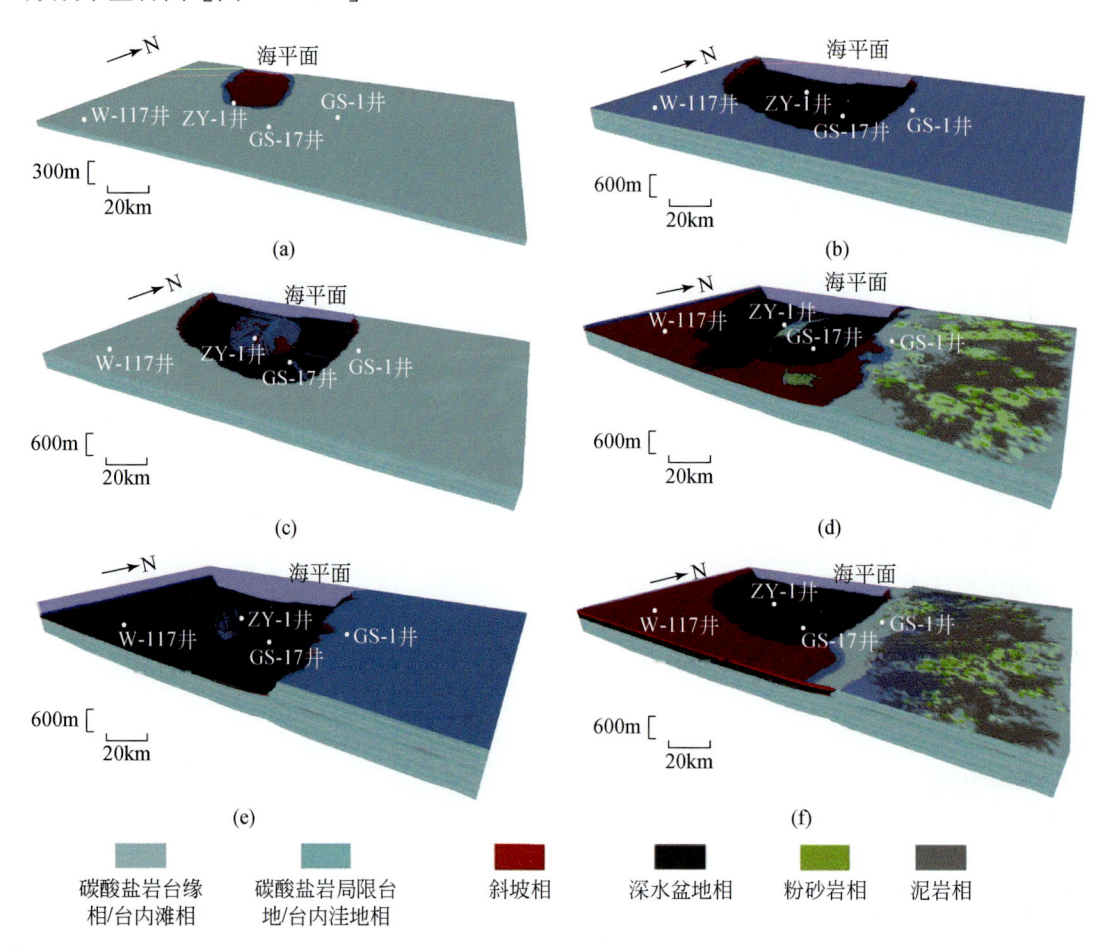

图 7.14 四川盆地中部震旦系灯影组构造-沉积演化过程的数值模拟

（a）灯一段沉积末期；（b）灯二段沉积末期；（c）桐湾Ⅰ幕运动末期；（d）灯三段沉积末期；（e）灯四段沉积末期；（f）桐湾Ⅱ幕运动末期

2. 灯影组滑塌重力流沉积发育特征

多种地质证据直接或间接表明，川中地区灯影组裂陷槽内存在滑塌重力流沉积：①川中地区位于四川盆地中部，灯影组无野外露头出露，但在盆地边缘的多个野外地质剖面中，已发现在灯三段、灯四段沉积时期，存在碳酸盐岩滑塌型重力流沉积（邢凤存等，2015；段金宝等，2019；李智武等，2019），其沉积环境与川中地区裂陷槽相同，因此推断在川中地区的裂陷槽深水盆地相中，也存在滑塌重力流沉积；②发育在川中裂陷槽内的高石 17 井和资 4 井岩心证据表明，灯影组的灯三段、灯四段存在重力流滑塌引起的变形构造特征（杜金虎等，2016；李双建等，2018）；③杂乱的地震反射特征以及裂陷槽两侧地震剖面局部斜坡角度较陡，均指示槽内可能发生碳酸盐岩滑塌作用和重力流沉积体；④前人综合多种地质证据建立的灯影组沉积模拟中，明确标明了在川中裂陷槽斜坡角发育重力流滑塌体沉积（杜金虎等，2016）。上述证据指示了，在川中地区裂陷槽内灯影组发育重力流沉积，但目前对碳酸盐岩斜坡滑塌过程和重力流沉积规模、位置等研究依然不足，亟须在资料匮乏条件下，利用沉积正演模拟技术，研究重力流发育特征，为川中地区超深层规模性有效储层研究提供新的勘探领域。

基于沉积模拟方法重建碳酸盐岩斜坡滑塌和重力流沉积过程的核心算法是，判断碳酸盐岩地层斜坡角度与临界滑塌角度之间的大小关系，如果实际沉积地层的角度大于用户自定义的临界滑塌角度，则碳酸盐岩地层发生滑塌，滑塌之后的沉积物，在水动力学作用下，继续向斜坡角和深水盆地相搬运，最终沉积下来，此时滑塌之后的地层角度小于临界角度，因此，研究的重点是确定不同类型碳酸盐岩的临界滑塌斜坡角度。

四川盆地震旦系灯影组台缘带发育微生物碳酸盐岩，微生物黏结灰岩具有较好的胶结程度，一般具有较大的斜坡角度。基于前期大量文献调研（Liu et al., 2022），明确了沉积期碳酸盐岩斜坡角度与碳酸盐岩岩性密切相关，随着碳酸盐岩颗粒增大，即由泥晶碳酸盐岩向颗粒碳酸盐岩过渡，碳酸盐岩能形成的斜坡角度不断增大，而微生物岩属于黏结灰岩，也具有较大的斜坡坡度，平均值为 33°，发育在水下 300m 以浅。基于灯影组碳酸盐岩的岩性特征，在沉积模拟时对水上、浅水和深水斜坡角度进行赋值和敏感性分析，模拟了川中地区灯影组碳酸盐岩斜坡沉积和滑塌重力流发育过程。

模拟结果显示（图 7.15），灯一段沉积时期，处于初始裂陷阶段，斜坡角度较小，不发育重力流沉积，而其他各时期均存在重力流沉积发育，彼此之间发育规模有差异，主要发育在裂陷槽的斜坡脚和凹槽中心，各时期最大厚度不超过 70m，且为多次滑塌产生的结果，灯二段由于沉积时期最长且台地相地层发育厚度最大，滑塌体发育的规模也最大。综合分析认为，川中地区裂陷槽内存在滑塌重力流沉积，但一方面由于现今地层埋深大、地震反射分辨率较低，另一方面由于重力流沉积为多次滑塌产生，每期厚度均不大，因此在地震剖面上不易识别，但通过数值模拟刻画出来的重力流沉积体范围和规模，可为该地区下一步超深层有效规模储集体的勘探提供可参考的新领域。

3. 沉积模拟结果合理性检验

沉积模拟结果需要与实际地质资料进行对比，来检验模拟结果的合理性。本次研究利用工区内灯影组单井地层厚度和多条地震剖面，来检验沉积正演模拟结果的合理性。

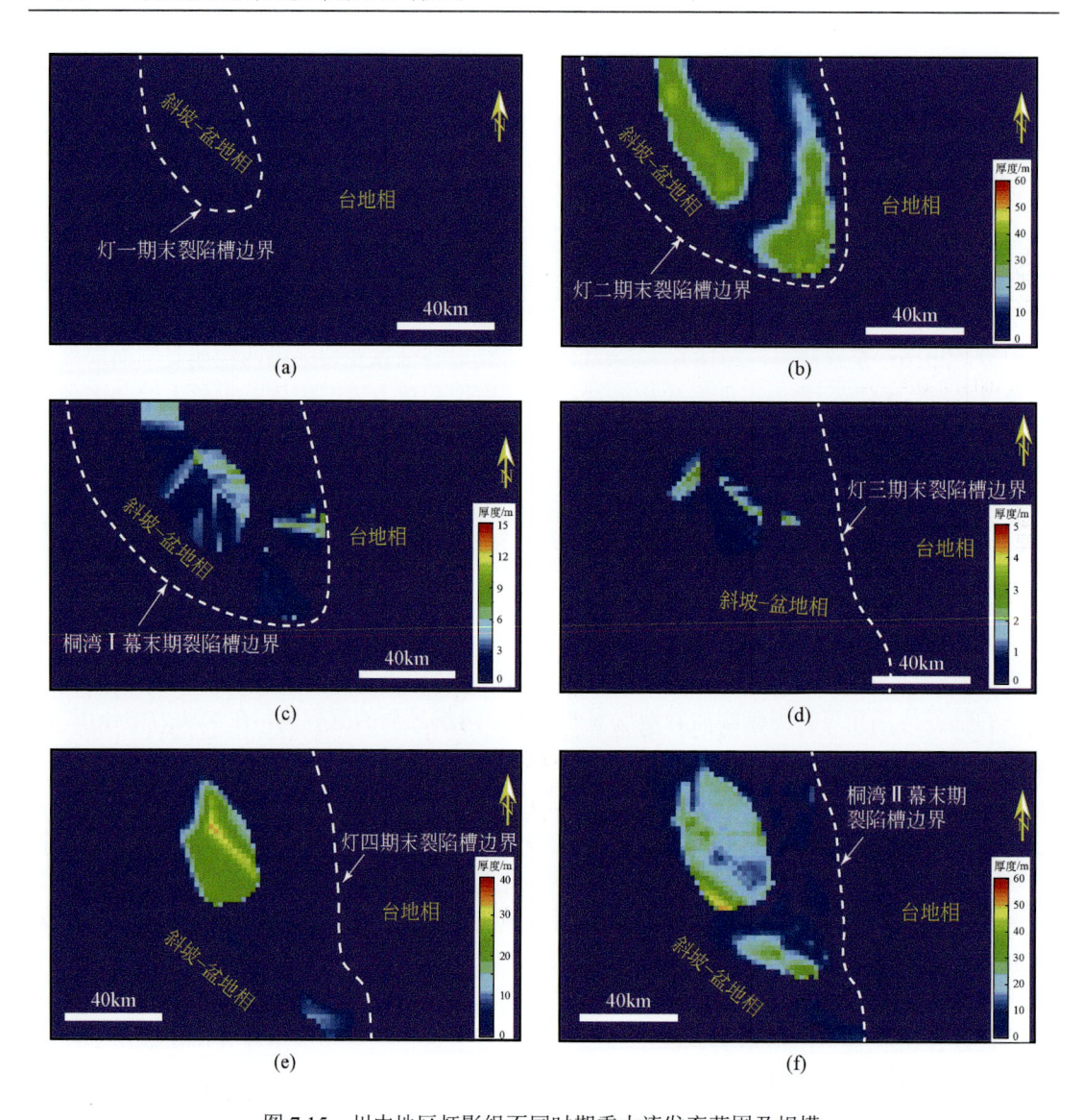

图 7.15 川中地区灯影组不同时期重力流发育范围及规模

(a) 灯一段沉积末期;(b) 灯二段沉积末期;(c) 桐湾Ⅰ幕运动末期;(d) 灯三段沉积末期;(e) 灯四段沉积末期;
(f) 桐湾Ⅱ幕运动末期

首先,统计了工区内分散的多口井的灯影组各段地层厚度,共 33 个数据,其中灯一段与灯二段的地层厚度数据主要来自威远和资阳地区,灯三段和灯四段的地层厚度数据来源于整个研究区,但主要分布在高石梯和磨溪地区。通过对比沉积模拟得到经过压实之后的各单井位置处的地层厚度与实际钻井揭示的各层段地层厚度,结果显示(图 7.16),两者之间数值比较接近,彼此之间相对误差均小于 10%,且大部分误差在 5%以内,表明了沉积结果得到的灯影组的地层厚度是合理的。

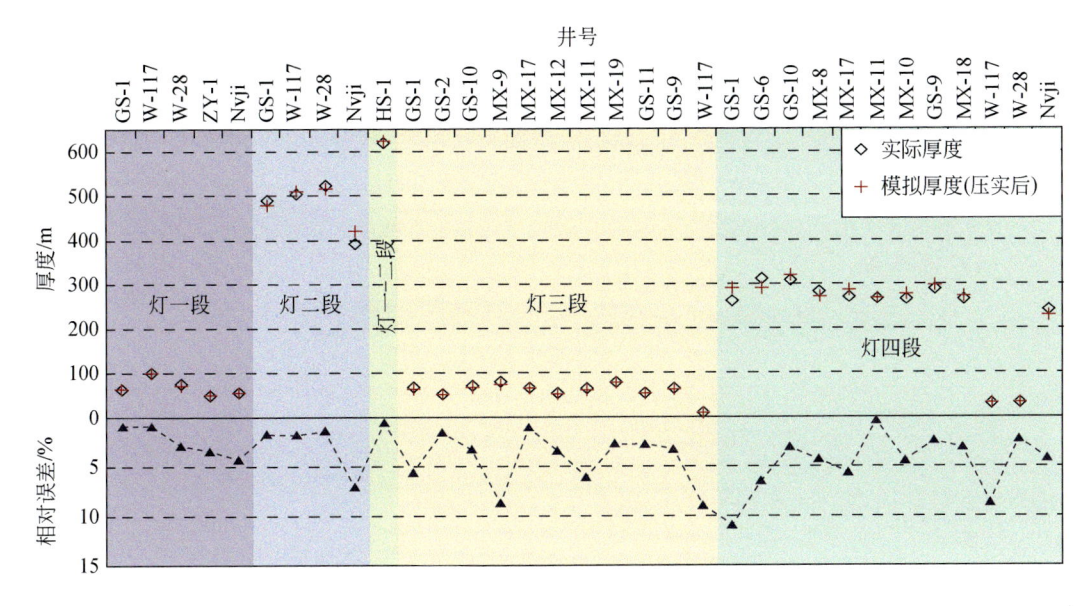

图7.16 沉积正演模拟预测各井所在位置地层厚度与实际钻井地层厚度对比

其次，分别选择了研究区北部、中部和南部横跨裂陷槽的三条近东西方向地震解释剖面[图 7.1（a）]，从地层发育厚度与形态等方面进行模拟结果的合理性验证。由于早寒武世沧浪铺组沉积末期，川中地区处于碳酸盐岩浅水台地相沉积环境，通过将其顶拉平可以反映下部地层沉积时期的地貌形态，因此将三条地震剖面均进行了下寒武统沧浪铺组顶界地层拉平。通过将相同位置处的沉积模拟地层剖面与实际地震剖面进行对比，结果显示（图7.17），模拟与实际地震剖面在地层厚度、形态、沉积样式等方面具有较高的吻合度，同样表明了模拟结果与实际地质认识较相符，模拟结果具有较高的可靠性。

（四）灯影组沉积非均质性定量表征

基于沉积模拟结果，可以得到灯影组三维精细地质体模型，包含了沉积环境、岩性和古水深等地质信息，其中岩性数据体子模型又包括了 6 种岩性，分别有 2 种碎屑岩岩性和 4 种碳酸盐岩岩性。理论上，每个模拟网格内都包含了这 6 种岩性信息，但一般在实际模拟过程中，每个网格会以其中 1 种或 2~3 种岩性为主。

通过调研，建立了基于水深与岩性约束的灯影组沉积相-岩相划分方案（表7.2，图7.18）（Mallarino et al., 2002; Della et al., 2002），在该赋值原则的约束下，进一步将灯影组细分成 9 类沉积（亚）相/岩相，即潮坪亚相、微生物丘亚相、颗粒滩亚相、台内洼地/滩间海亚相、混积陆棚粉砂岩相、混积陆棚泥岩相、斜坡相、深水盆地相和深水重力流沉积相，建立了充分考虑空间沉积非均质性的灯影组定量地质模型，可以看出灯影组层内具有强烈的垂向和横向岩相非均质性（图7.19），为后续盆地模拟提供必要的精细三维岩相数据体。

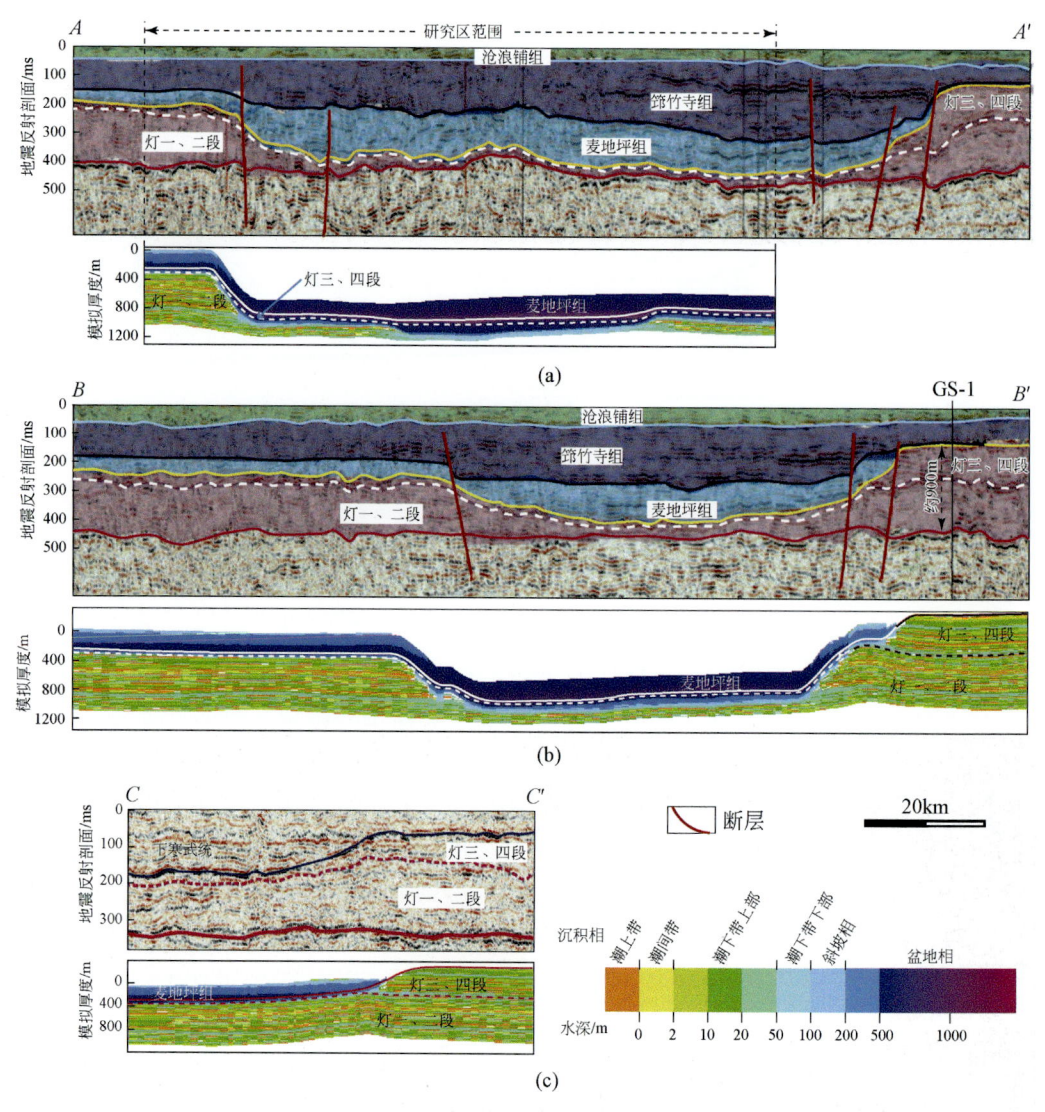

图 7.17 沉积正演模拟剖面与实际地震剖面对比图

(a) 工区北部 A-A'剖面；(b) 工区中部 B-B'剖面；(c) 工区南部 C-C'剖面

表 7.2 基于水深与岩性约束的灯影组沉积相-岩相划分结果

沉积（亚）相/岩相	赋值原则
潮坪亚相	平均高潮线以上，水深 0~5m
微生物丘亚相	平均低潮线到平均高潮线之间，水深 5~10m
颗粒滩亚相	平均低潮线至浪基面附近，水深 10~20m
台内洼地/滩间海亚相	在台缘内侧微生物丘以下，水深 20~50m
混积陆棚粉砂岩相	灯三段沉积期混积陆棚相粉砂岩
混积陆棚泥岩相	灯三段沉积期混积陆棚相泥岩（被认为有效烃源岩）

续表

沉积（亚）相/岩相	赋值原则
斜坡相	水深 50~300m
深水盆地相	水深＞300m
深水重力流沉积相	水深＞50m，且以台地、斜坡带岩相为主

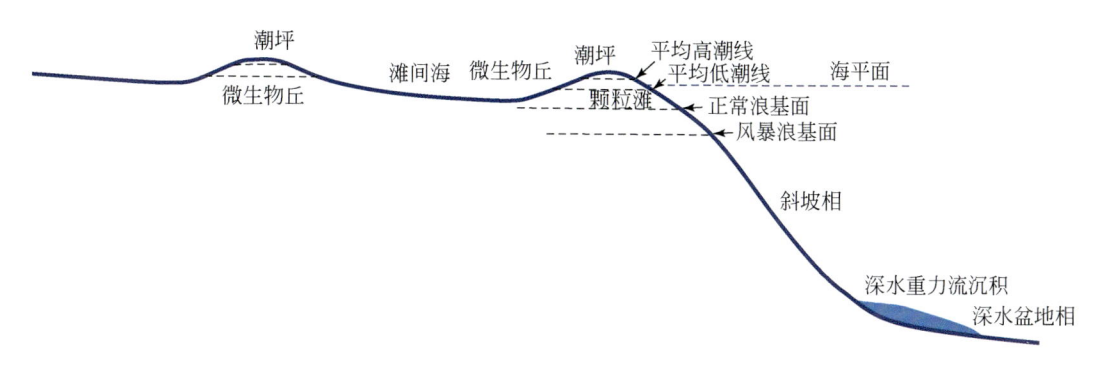

图 7.18 碳酸盐岩沉积亚相与水深之间关系

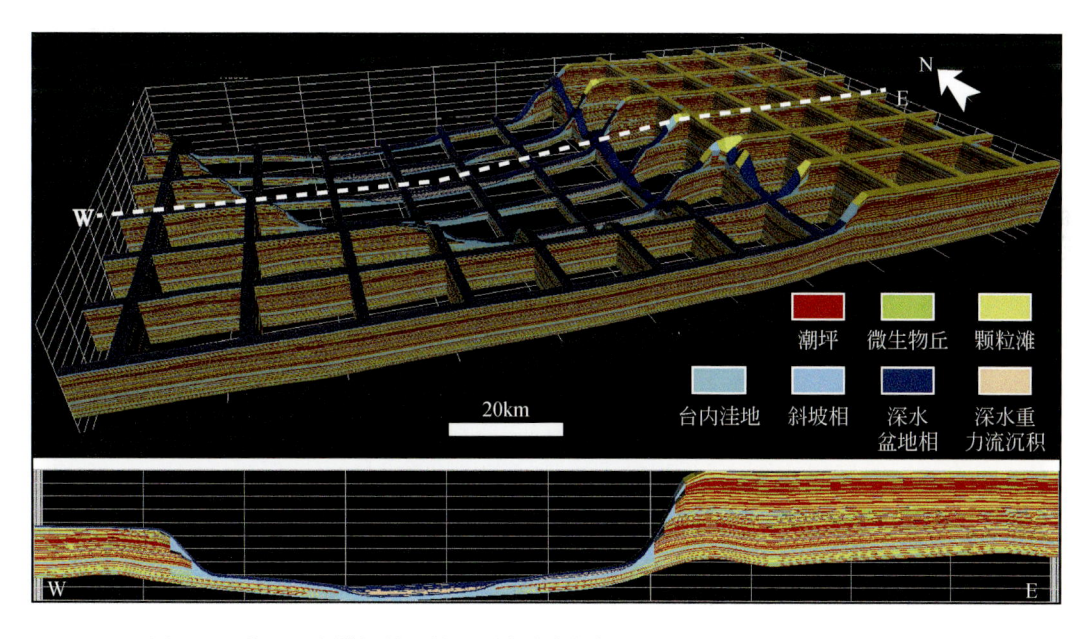

图 7.19 基于沉积模拟结果的四川盆地中部灯影组沉积相/岩相非均质地质模型

三、川中地区灯影组裂陷槽成因机制

为探讨川中地区灯影组沉积期裂陷槽成因机制，在上述沉积模拟基础上，还对其他几种类型"凹槽"成因模式进行了沉积正演模拟，讨论这几种模式的不合理性，然后基于上述合理的沉积模拟结果，选取三口典型单井，分析了裂陷槽内、外构造—沉积演化差异，提出了裂陷槽成因新模式。

（一）其他三种凹槽成因模式的不合理性分析

除克拉通内裂陷成因模式外，其他三种凹槽的成因模式（图7.6），大致可进一步分为两种类型：①凹槽是在差异隆升和沉降控制下发育的"伸展凹陷"模式；②凹槽是由隆升和剧烈岩溶作用形成的，特别是在低地时期。本次研究，通过沉积数值模拟定量评估两个模型的关键假设，检验两类模型的合理性。

1. "伸展凹陷"（拉张槽）模式

该模式认为，研究区在整个灯影组沉积时期均处于浅水台地相沉积环境，至灯影末期，沉积厚度约1200m [图7.20（a）]。受桐湾Ⅱ幕构造运动影响，在寒武纪初期出现差异隆升，工区中-北部快速抬升，隆升幅度最大超过1000m，而在工区东部隆升幅度仅为100m左右 [图7.20（b）]。抬升暴露的地层被完全剥蚀，最大剥蚀速率为500m/Ma左右，随后研究区经历了不同程度的沉降。在地震剖面和残余地层厚度的约束下，为了使灯影组底部与地震剖面几何形态相匹配，沉降的范围应该与隆起的范围接近。

分别选取了位于凹槽中心和东部台地相的两口虚拟井，设置了三种构造沉降模拟方案，模拟不同方案下的构造-沉积过程，探讨该模式的合理性。结果显示：方案1，当凹槽中部（P-1虚拟井）在539～538.5Ma期间沉降速率为2000m/Ma、在538.5～535.2Ma期间沉降速率为0m/Ma，且台地相（如GS-1井）不沉降时，模拟得到的伸展凹陷才与地震剖面几何形状相似 [图7.20（c）]；方案2，在其他参数不变的情况下，如果凹槽中心在539～538Ma期间沉降速率变为1000m/Ma，则工区中-西北部也会发育张拉凹陷 [图7.20（d）]，但其几何形状与地震剖面不匹配，西部沉积地层岩相类型与实际勘探认识也不同；方案3，在其他参数不变的情况下，如果凹槽范围在539～536Ma期间的沉降速率降低至333m/Ma，则不会形成伸展凹陷，因为浅水相碳酸盐岩的生长速度较快，可以将沉降产生的可容纳空间填满 [图7.20（e）]，模拟结果与实际结果完全不符。

定量模拟表明，上述伸展凹陷（拉张槽）模型是不合理和不现实的，原因如下：①根据Montaggioni等（2015）的估算，全球碳酸盐岩的侵蚀速率在10～300m/Ma之间。虽然这是一个不确定的参数，但如果采用最大侵蚀速率（300m/Ma），则仍可以约束早寒武世隆升和暴露时间至少需要持续3Ma。②伸展凹陷只在第一种情况下形成 [图7.20（c）]，然而，方案1模拟中使用的构造演化模型是不现实的，因为目前还没有已知的构造动力学机制或类似地区来解释洼陷区能在3Ma内剧烈隆起1000m，随后在0.5Ma内快速沉降1000m，而邻近地区则一直保持着微弱的构造运动。③如图7.20（c）（d）放大图所示，在寒武纪早期发育了浅水碳酸盐岩相，随着沉降速率的增加，浅水碳酸盐岩相厚度逐渐减小，这与观察到的槽内寒武系从一开始就以深水泥岩为主的岩性认识不一致。④在凹槽两侧未发现明显的伸展断层，地震剖面显示海槽内外同一段是连续的。因此，综合认为拉张槽观点是不合理的。

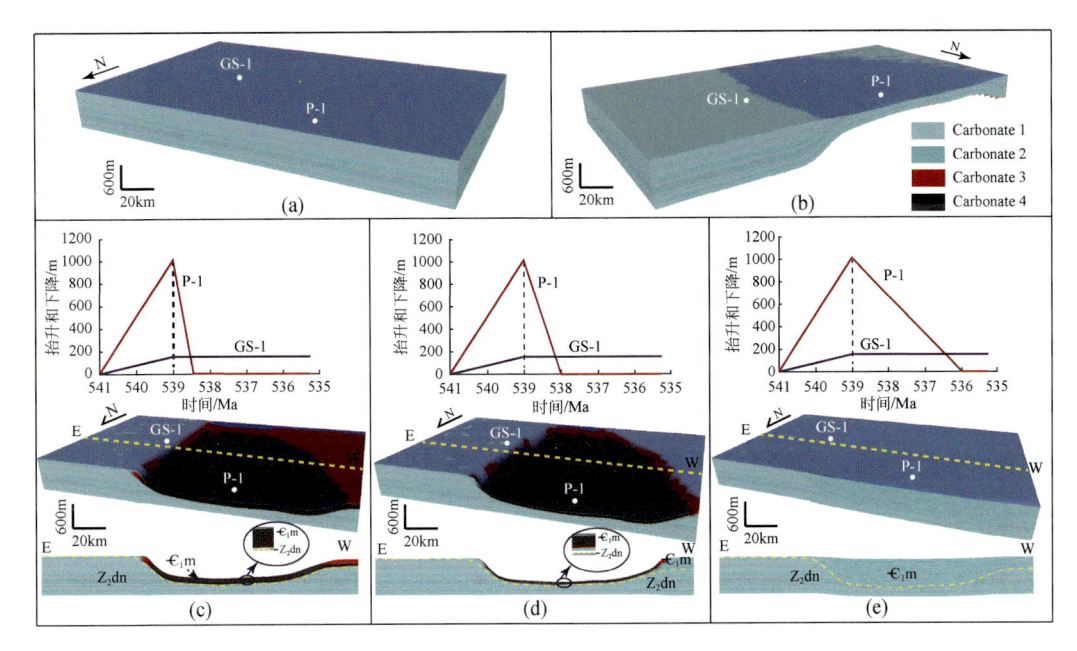

图 7.20　基于拉张槽模式的灯影组构造-沉积演化数值模拟

(a) 灯影组沉积末期；(b) 桐湾 II 幕构造运动使地层抬升剥蚀；(c) 方案 1 抬升、沉降模式下的模拟结果；(d) 方案 2 抬升、沉降模式下的模拟结果；(e) 方案 3 抬升、沉降模式下的模拟结果

2. 侵蚀谷和拉张-侵蚀谷模式

侵蚀谷和拉张-侵蚀谷模式均认为，灯四段沉积末期，受桐湾 II 幕构造运动影响，发生整体的构造抬升，海水从整个川中地区退出，台地和中央谷地均暴露，谷地的灯三段至灯四段碳酸盐岩地层在寒武纪早期被完全侵蚀。在这个概念模型约束下，利用 pyBadlands 地貌正演模拟软件，通过设置多种模拟方案，模拟了灯四段沉积末期，地表遭受大气淡水淋滤剥蚀的演化过程。基于实际地质资料分析，设计了灯影组沉积末期，起伏约 500~1000m 的模拟表面 [图 7.21 (a)]，海平面设定为约 -100m。在模拟过程中，假设当地层处于海平面之下时，地层不会被侵蚀。

首先，利用 200mm/a 的恒定降雨量对整个研究区进行侵蚀模拟。起初，研究区地表未发生侵蚀作用 [图 7.21 (a)]；1Ma 后，山谷两侧受到不同程度的侵蚀，形成了大小不等的沟壑，此时由于两侧水流汇合，山谷也发生不同程度侵蚀，然后向北部构造相对低的位置流出工区 [图 7.21 (b)]；随暴露时间的增加，侵蚀沟壑变得越来越宽、越来越深，山谷也变得越来越宽，厚度约 1000m 的碳酸盐岩沉积物主要在谷地及其两侧被侵蚀，谷地一直被侵蚀到侵蚀面与海平面持平的位置 [图 7.21 (c) ~ (f)]。

在其他参数保持不变的情况下，将年降雨量设计为从 50mm/a 到 800mm/a 变化，又进行了 5 次模拟，模拟时间均为 5Ma，代表了典型的干燥到潮湿的气候转变。结果表明，在谷地两侧均发育了侵蚀沟壑，且随着年降水量从 50mm/a 增加到 300mm/a，沟槽逐渐变宽、变深，并逐渐后退 [图 7.22 (a) ~ (d)]；当降雨量增加到 600mm/a 和 800mm/a 时，约 1000m 的原始碳酸盐台地的主体部分被完全侵蚀，仅有一些溶蚀残留山丘和低洼丘陵被留下 [图 7.22 (e) (f)]。

如果所提出的侵蚀谷或拉张-侵蚀谷模式是合理的，那么台地和谷地都经历了长期的侵蚀和岩溶作用，最终会形成不同规模的山脊和沟槽组成的不均匀古地形。然而，这两种模式很显然与本次模拟所得到的结果在地貌形态上差异很大，因此认为侵蚀谷或拉张-侵蚀谷模式也是不合理的。

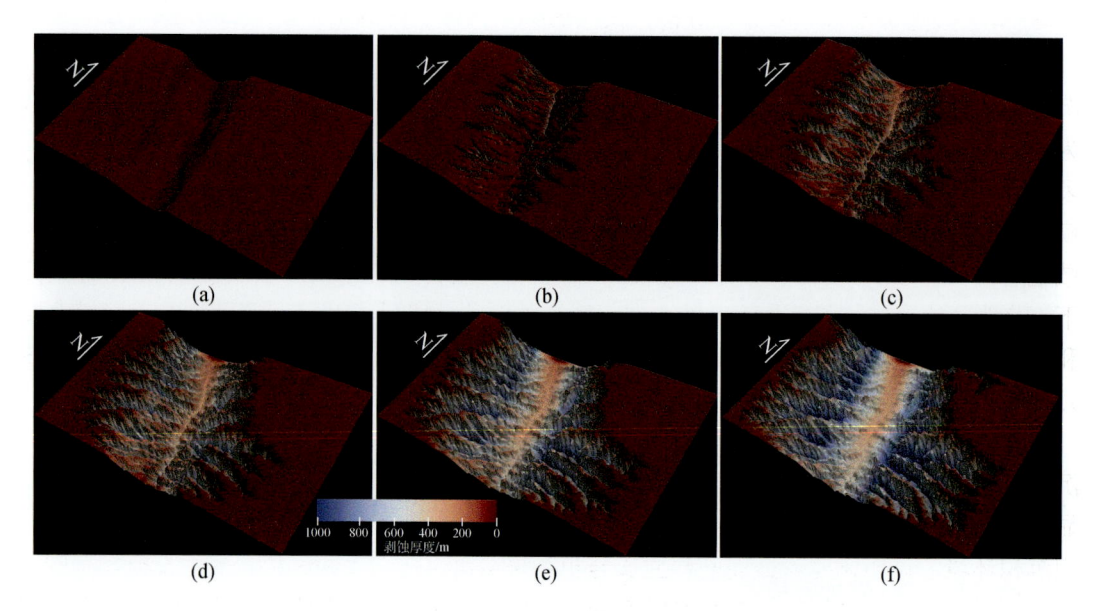

图 7.21　200mm/a 降雨条件下的灯四段顶部地貌侵蚀演化数值模拟
（a）0Ma；（b）1Ma；（c）2Ma；（d）3Ma；（e）4Ma；（f）5Ma

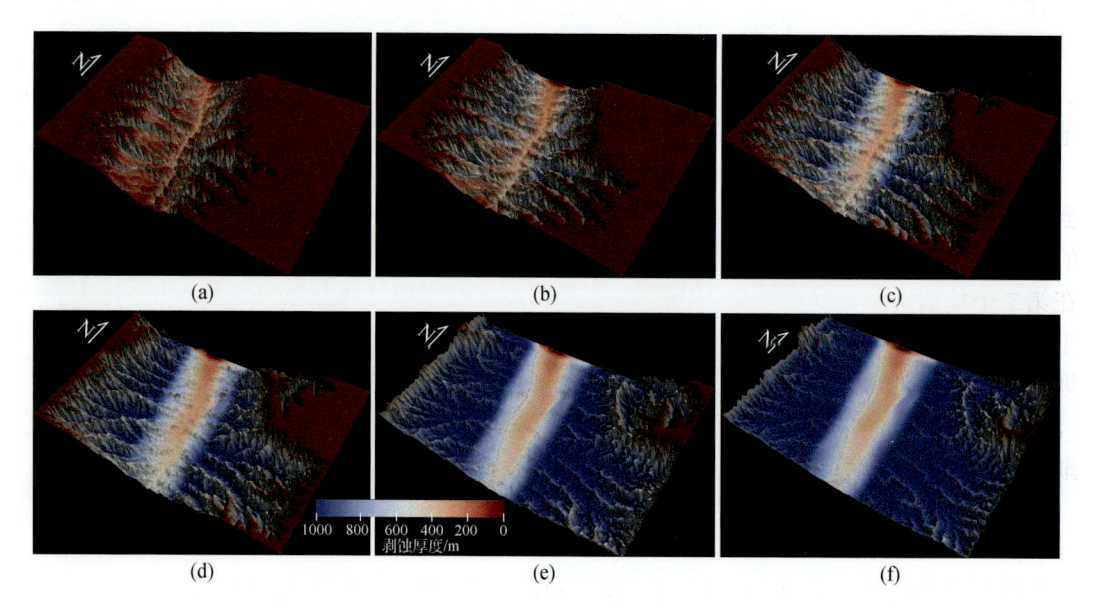

图 7.22　不同年降雨量条件下的灯影组顶部地貌侵蚀演化数值模拟（5Ma）
（a）50mm/a；（b）100mm/a；（c）200mm/a；（d）300mm/a；（e）600mm/a；（f）800mm/a

(二)裂陷槽内、外构造-沉积过程差异及成因模式

基于合理的裂陷槽发育与构造-沉积过程模拟结果,选取了裂陷槽内、外3口典型井,即高石1井(GS-1)、高石17井(GS-17)、威117井(W-117)(图7.14),开展详细的构造-沉积过程和地层完整性对比分析,提出裂陷槽的成因新模式。

GS-1井在灯影期经历两期构造沉降-抬升旋回,第一期沉降发生在灯一期—灯二期,沉降量约为800m,后发生桐湾Ⅰ幕运动抬升,第二期沉降在灯三期—灯四期,沉降幅度约为600m。在整个演化过程中,古水深(PWD)显示,GS-1井地区一直处在海平面附近,表现为台地相沉积环境,说明该地区碳酸盐岩生长与相对海平面保持为"并进型"的生长模式,碳酸盐岩产率相对较高。基于数值模拟结果,通过将单井的深度域地层转化为时间域地层,获得GS-1井地区整个演化过程中地层的生长与保存关系,计算得到在20ka尺度下,该地区的地层完整性只有0.33(完整性为1表示地层无缺失),即随着海平面频繁升降和碳酸盐岩并进型生长,碳酸盐岩频繁暴露并遭受剥蚀,大部分地层在时间尺度缺失[图7.23(a)]。

W-117井在灯影期经历了与GS-1井地区相似的两期构造沉降-抬升旋回,其中第一期沉降量约为800m,第二期沉降幅度较同时期GS-1井地区略大,约为700m。古水深(PWD)显示,W-117井地区在第一个构造沉降-抬升旋回过程中一直处在海平面附近,表现为台地相沉积环境,说明该地区碳酸盐岩生长与相对海平面保持为"并进型"的生长模式,碳酸盐岩产率相对较高;但在第二个升降旋回中,由于初始沉降幅度略大,造成灯三初期古水深增大,导致碳酸盐岩产率降低,后随着持续沉降,该地区碳酸盐岩生长由"追补型"过渡到"饥饿沉积"生长模式,产率不断降低,因此造成该地区自灯三期开始,沉积相由斜坡相演化到深水盆地相,凹槽在该区域形成。该地区在第一个构造沉降-抬升旋回时期,地层频繁暴露,完整性较低,但自灯三期开始处于水下,地层完整性高,整体上,W-117井地区地层完整性为0.75[图7.23(b)]。

与上述两口典型井相似,GS-17井在该时期同样经历了相似的两期构造沉降-抬升旋回,说明川中地区(裂陷槽内、外)经历的大的构造背景是一致的。但与上述两口井不同的是,GS-17井地区在第一个构造沉降期(主要在灯二期)的沉降量较大,约为1000m,在第二个构造沉降期的沉降量约为700m,与W-117井地区相似,略大于GS-1井地区。由于这样的局部构造沉降差异,导致GS-17井地区的碳酸盐岩生长模式和PWD与前述两个地区截然不同。PWD显示,该地区在灯一期处于浅水台地相,自灯二期开始,转变为斜坡-深水盆地相。碳酸盐岩表现为"并进型"→"追补型"→"饥饿沉积"生长模式,产率逐渐降低。地层完整性为0.95,灯二期开始进入深水沉积环境,地层完整性高[图7.23(c)]。

综合以上对裂陷槽内、外三口典型井的构造、沉积演化对比分析,认为川中地区震旦系裂陷槽形成时期的大构造背景是一致的,但在局部地区存在沉降差异,由此导致了碳酸盐岩生长模式的巨大差异,因此,认为拉张型区域构造背景下的"碳酸盐差异生长"是川中地区灯影组裂陷槽的成因模式。

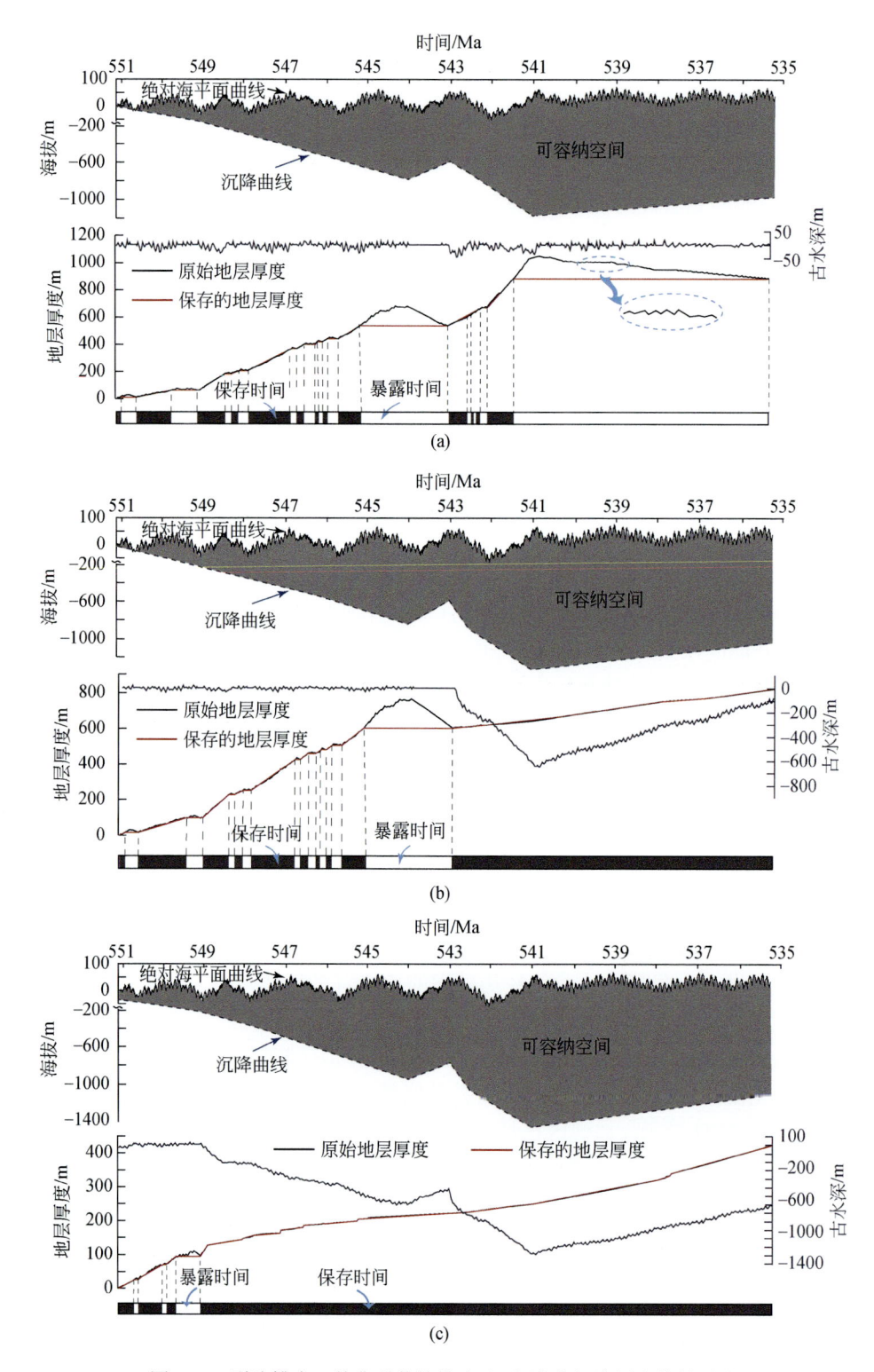

图 7.23　裂陷槽内、外典型井的构造-沉积演化与地层完整性对比

（a）高石 1 井；（b）威 117 井；（c）高石 17 井

第二节 灯影组不同相带碳酸盐岩成岩过程模拟与孔隙度演化

在沉积模拟的基础上，结合大量岩石学分析，总结出川中地区灯影组主要发育台地相、斜坡相和深水盆地相三种类型沉积相，其中台地相又可细分为台缘（内）微生物丘亚相、台缘（内）颗粒滩亚相、丘（滩）间洼地亚相、台（潮）坪亚相4类，深水盆地相包含了正常的盆地相沉积和滑塌型重力流沉积亚相。本节首先厘定了台地相碳酸盐岩的成岩作用类型，并在同位素和包裹体分析的基础上，建立了微生物碳酸盐岩的成岩演化序列，再以此为基础，分阶段对微生物丘亚相的成岩作用过程和孔隙度演化进行数值模拟，同步开展其他几种碳酸盐岩类型的成岩数值模拟，探讨彼此之间差异性。

一、灯影组碳酸盐岩成岩作用类型

基于大量普通岩石薄片、铸体薄片和阴极发光观察，总结了川中地区灯影组台地相碳酸盐岩的主要成岩作用类型，包括6种类型，又根据发育期次细分成12种（表7.3）。

表7.3 川中地区灯影组台地相碳酸盐岩成岩作用类型、特征及主要成岩阶段

成岩作用类型	成岩作用特征	主要成岩阶段
压实、压溶作用	少量颗粒云岩中见不太明显的颗粒变形；而以缝合线形式存在的压溶作用较发育	同生期—深埋藏成岩期
一期胶结作用	白云石胶结物呈纤状，以单层薄环边存在	海底潜流成岩期
二期胶结作用	由多圈层的纤状、叶片状白云石沿着溶沟、溶缝或溶壁呈同心环带状生长	潜流成岩期—浅埋藏成岩期
三期胶结作用	细-粗晶呈半自形-自形的白云石晶体以马赛克状镶嵌，充填残余孔隙空间	埋藏成岩期
一期充填作用	不规则状白云岩或石英碎屑垮塌物充填于大型溶沟、溶蚀孔洞中，余少量残余孔隙空间	表生成岩期
二期充填作用	黑色沥青环边状-团块状半充填或全充填于白云岩残余孔隙空间中	埋藏成岩期
选择性硅化作用	硅质选择性交代菌藻类或碳酸盐岩颗粒或者对藻凝块、藻纹层间格架孔进行有规律充填；野外观察硅质产物多呈纹层状	浅埋藏成岩期
非选择性硅化作用	硅质大多呈较大的自形石英晶体交代白云岩或存在于残余孔隙中，可能与热液活动有关	中-深埋藏成岩期
重结晶作用	凝块石白云岩或泥晶白云岩的暗色菌藻类中形成具有颗粒幻影或残余结构的粉-细晶白云岩	浅埋藏成岩期
同生-准同生期溶蚀作用	沿藻凝块、叠层或纹层的菌藻类遗迹中发育选择性溶蚀形成的孔隙，多被白云石胶结物充填	准同生期
表生岩溶作用	在灯二段或灯四段顶部存在的古风化壳及规模较大的溶孔、溶洞、溶沟、溶缝	表生成岩期
埋藏溶蚀作用	白云岩基质内常形成港湾状溶蚀孔隙并多被沥青充填，可能由石油降解过程中产生的有机酸、CO_2形成	埋藏成岩期

（1）压实、压溶作用

由于碳酸盐岩固结成岩的时间较早，且灯影组白云岩化时间较早（白云岩比灰岩具有更加坚硬的抗压实能力），因此在灯影组内可以观察到由于压实作用形成的砾屑破裂或颗粒碎片现象［图 7.24（a）］。同时在岩性较为纯净的泥-粉晶白云岩岩心和薄片中均可以观察到低角度泥质缝合线，这是深埋藏阶段压溶作用的产物［图 7.24（b）］。

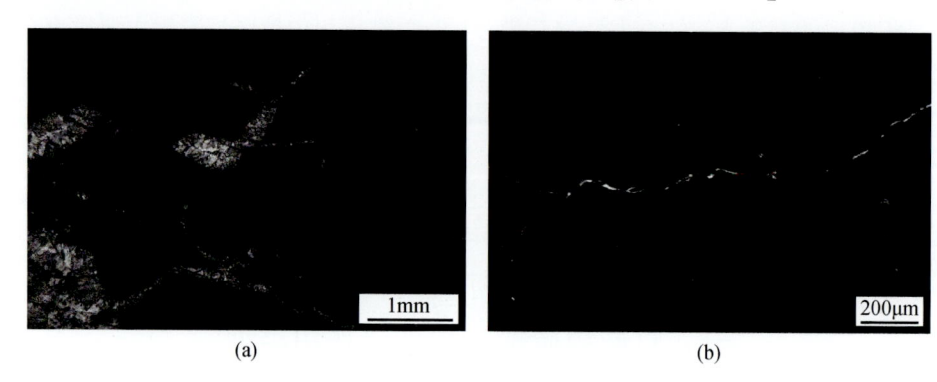

图 7.24　灯影组台地相碳酸盐岩压实和压溶成岩作用

(a) 压实作用，泥晶白云岩在压力作用下发生变形和破裂，灯四段，胡家坝剖面；(b) 压溶作用下产生的高角度泥质缝合线，灯二段，胡家坝剖面

（2）胶结作用

胶结作用是导致灯影组微生物岩储层物性降低的主要作用之一。大量岩相学与阴极发光观察表明，灯影组微生物岩储层中存在多期胶结作用，在不同类型的微生物岩中胶结物发育期次存在差异，而且不同时期形成的胶结物镜下岩石学特征具有明显的单晶形态、大小、结构方面的差异，在阴极发光条件下可以进行进一步区分［图 7.25（a）（b）］。

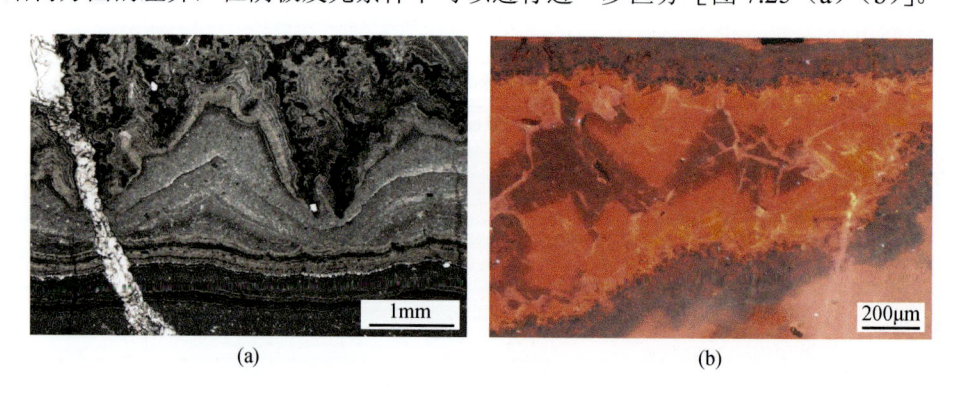

图 7.25　灯影组台地相碳酸盐岩胶结成岩作用

(a) 溶蚀孔洞中可见胶结物不连续沉淀形成的生长环带，灯二段，高石 6 井；(b) 阴极发光下的不同期次胶结特征差异明显，灯二段，磨溪 11 井

（3）充填作用

镜下观察显示，充填作用广泛存在于晶粒白云岩、微生物白云岩和角砾白云岩中，两期充填作用依次为渗流粉砂和沥青，是储层次生孔隙减小的原因之一。第一期充填作用主

要是来自上覆沉积物的粉砂-砂级白云石颗粒或泥晶白云石对小型溶孔、溶缝的填充［图7.26（a）］，主要发生在表生期之后的浅埋藏阶段，由于其发现数量少和存在时间短，推测其规模和厚度较小，对储层储集性能的影响不大。第二期充填主要是由灯影组储层孔隙内的液态烃在高温下裂解形成的沥青充填而成［图7.26（b）］，呈环边状或团块状半充填-全充填残余孔隙中，主要发生在深埋藏阶段。

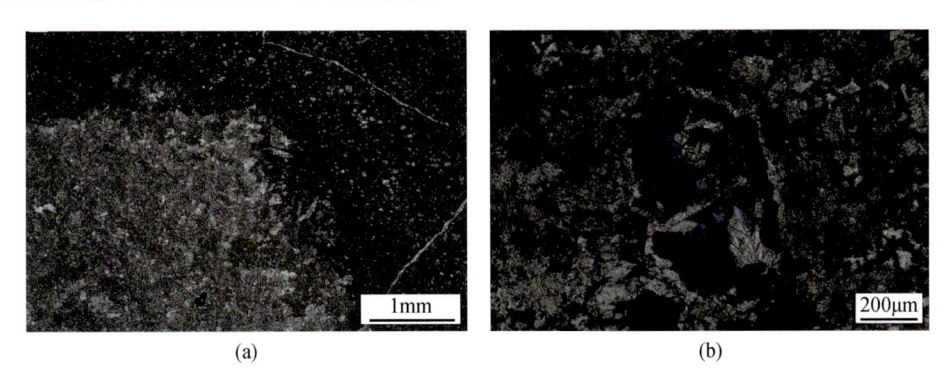

图 7.26 灯影组台地相碳酸盐岩储层孔隙充填作用

（a）渗流粉砂充填溶蚀孔洞，与原岩界限分明，灯二段，高石 6 井；（b）古油藏裂解后孔隙中充填残余沥青，灯四段，磨溪 9 井

（4）硅化作用

依据硅化作用产物的分布情况及硅化程度，在研究区灯影组储层可划分为选择性硅化作用和非选择性硅化作用两种类型。选择性硅化作用主要发育在富含有机质的微生物白云岩中，特别是泥晶凝块石白云岩内部常可见到细长的柱状石英晶体［图 7.27（a）］，或者是在发育葡萄花边构造的枳壳状白云石胶结物中见到自形程度极高的柱状石英晶体。非选择性硅化作用主要发育于晚二叠世上扬子地台的火山活动期，富含硅质的热液沿断层上涌，大规模交代白云石形成玉髓或石英［图 7.27（b）］，以及在溶蚀孔洞中缓慢沉淀出具有生长纹的石英胶结物。灯四段微生物岩地层中要比灯二段微生物岩地层更为普遍地发育这一类型的硅化作用，在局部地层甚至形成了硅质白云岩段或硅质岩段。

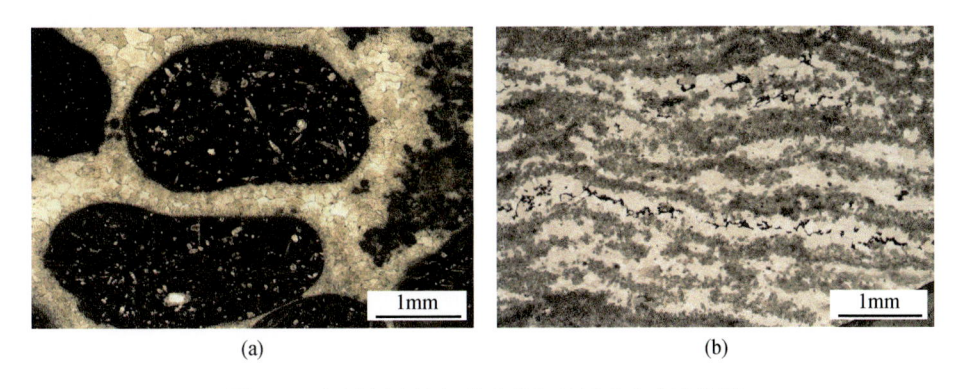

图 7.27 灯影组台地相碳酸盐岩储层硅化成岩作用

（a）选择性硅化作用，核型石内部发育针状石英，灯二段，磨溪 9 井；（b）非选择性硅化作用，热液沿高渗透部分优先交代白云石形成顺层石英分布，灯四段，磨溪 21 井

（5）重结晶作用

重结晶作用广泛发育在凝块石的核心部位、叠层石与层纹石中的暗色有机质纹层周围、微生物内碎屑或晶粒白云岩中［图7.28（a）］。例如，灯影组中的微生物岩最初是由微生物通过胞外聚合物（EPS）捕获黏结隐晶或泥晶白云石形成，但现今观察到的微生物碳化体周围或微生物凝块内部非胶结物部分已呈现为粉晶或细晶白云石［图7.28（b）］。原因可能是随着地层埋深增大，温度和压力逐渐升高导致这些部位的白云石发生重结晶作用，并且重结晶作用强度与微生物发育程度和不溶残余物的含量具有负相关关系。

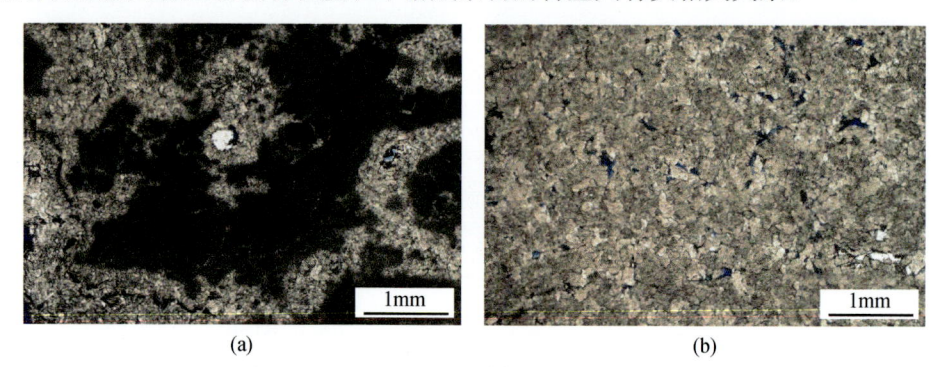

图7.28 灯影组台地相碳酸盐岩重结晶成岩作用

(a) 微生物凝块发生重结晶作用，与胶结物之间边界不清晰，灯四段，磨溪108井；(b) 凝块白云石重结晶作用形成细晶白云石，灯四段，磨溪108井

（6）溶蚀作用

镜下观察结果表明，灯影组内发生的溶蚀作用可分为同生-准同生期溶蚀作用、表生期岩溶作用和埋藏期溶蚀作用三种。表生期岩溶作用形成的次生孔隙数量多、规模大，是灯影组储层发育的主要原因。在灯影组沉积时期，微生物岩主要发育在台地内部的古地貌高部位，因此在同生-准同生期海平面周期性变化导致微生物岩频繁暴露地表，在微生物凝块或者纹层间形成具有组构选择性的粒间孔或格架孔［图7.29（a）］。由于桐湾Ⅰ幕和桐湾Ⅱ幕运动区域性的抬升作用，灯二段和灯四段的顶部形成了规模较大的风化壳和溶蚀孔洞［图7.29（b）］。此外，在埋藏阶段的初次生烃和液态烃裂解生气的过程中产生的有机酸和CO_2、H_2S等酸性物质也与灯影组发生规模较小的埋藏溶蚀作用并形成少量孔隙。

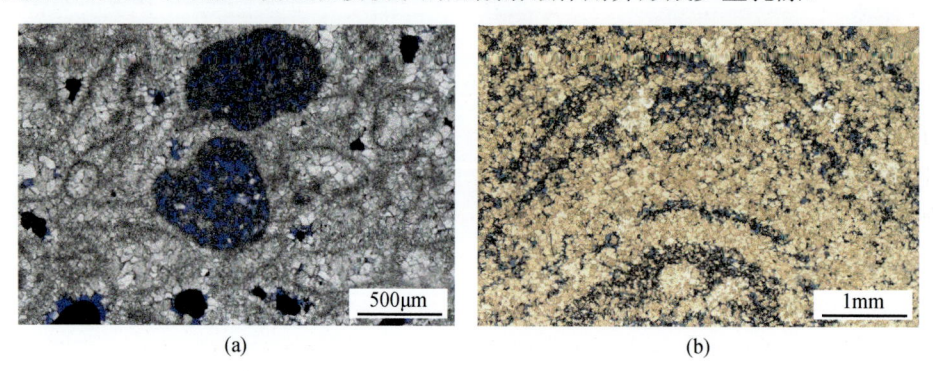

图7.29 灯影组台地相碳酸盐岩储层溶蚀成岩作用

(a) 早期选择性溶蚀颗粒被部分充填，灯二段，威117井；(b) 叠层石白云岩中发育的顺层溶蚀，灯二段，磨溪9井

二、灯影组不同相带碳酸盐岩成岩演化过程

川中地区震旦系灯影组碳酸盐岩经历了长达 5 亿年的演化历史，受多期次构造旋回运动和多类型成岩流体改造影响，其成岩演化过程非常复杂。本次研究综合前人研究成果，并结合大量岩石薄片观察、显微测温、碳氧同位素分析和盆地模拟等研究手段，系统梳理了台地相不同亚相碳酸盐岩的成岩演化序列和过程。

在参考《碳酸盐岩成岩阶段划分》(SY/T 5478—2019) 基础上，结合川中地区灯影组构造—热演化历史，将灯影组碳酸盐岩的成岩演化阶段划分成同生成岩阶段、早成岩阶段 A 期、表生成岩阶段、早成岩阶段 B 期、中成岩阶段和晚成岩阶段，不同阶段对应的地层温度范围和成岩环境见表 7.4。根据不同成岩阶段的成岩作用类型及其相互关系，建立了不同相带碳酸盐岩成岩演化序列。本次研究重点以微生物丘亚相为例进行详细介绍，其他几种亚相碳酸盐岩具有相似的研究过程，在此直接给出结论，不再赘述过程。

表 7.4　灯影组台地相碳酸盐岩成岩阶段划分　　　　　　（单位：℃）

成岩阶段	地层温度范围	成岩环境
同生成岩阶段	25	大气淡水环境、正常/咸化海水环境、混合水环境
早成岩阶段 A 期	25～85	浅埋藏成岩环境
表生成岩阶段	25	暴露、近地表环境
早成岩阶段 B 期	25～85	浅埋藏成岩环境
中成岩阶段	85～175	中埋藏成岩环境
晚成岩阶段	>175	深埋藏成岩环境

（一）微生物丘亚相成岩过程

微生物丘多发育在潮间带，其沉积环境除具有相对较高的水体能量外，还常因海平面升降变化而具有频繁暴露地表的特征，因此在这一环境中形成的微生物丘在同生-准同生期可以受到海水、大气淡水、混合水的强烈改造。此外，微生物丘往往发育在古地貌的相对高部位，因此在表生期常较早的暴露地表经受强烈的表生期溶蚀作用。因其孔隙连通性较好，埋藏后，其成岩流体的构成变化大，导致其成岩作用类型多且产物复杂。

灯影组微生物丘亚相碳酸盐岩的构造演化与成岩演化过程总结如图 7.30 所示。

(1) 同生成岩阶段

灯二段沉积时期，上扬子地台发育局限海台地环境。海水循环受限和蒸发作用导致浓缩的卤水渗入下部地层，打破水-岩系统动态平衡并引发 $CaCO_3$ 和 $CaSO_4$ 的沉淀，提高了 Mg^{2+}、Ca^{2+} 浓度的比值，为白云岩化作用打好了基础。此外，微生物活动可以通过将 Mg^{2+} 从 $CaSO_4$ 脱去、增加 Mg^{2+} 的可动性或者流体碱度的方式降低白云岩化的化学动力学障碍。然而，在不同岩石组构中白云岩化速率是不同的，微生物凝块以及深色纹层等微生物发育的位置要比凝块或者纹层间优先白云岩化。发育在古地貌高部位的微生物岩易频繁暴露于地表，形成具有高孔隙度的原始格架孔和少量铸模孔，在现代微生物岩中其孔隙度可达

40%。尽管绝大多数同生期形成的选择性溶孔会在后期成岩过程中被堵塞，但它可以扩大原生孔隙的表面积，进而增大微生物岩与地层水的物理与化学反应速率。经历过短暂的暴露之后，随着海水重新进入灯二段的原始格架孔隙之中，成岩环境发生改变导致微生物丘亚相的原始格架孔、颗粒滩亚相的原生粒间孔、台坪亚相中的鸟眼孔以及滩/丘间洼地亚相中的晶间孔中普遍发生胶结作用，形成第一期纤状环边胶结物，导致孔隙度迅速下降，同时富镁孔隙水与原始沉积的方解石发生交代作用，形成大量镁方解石。

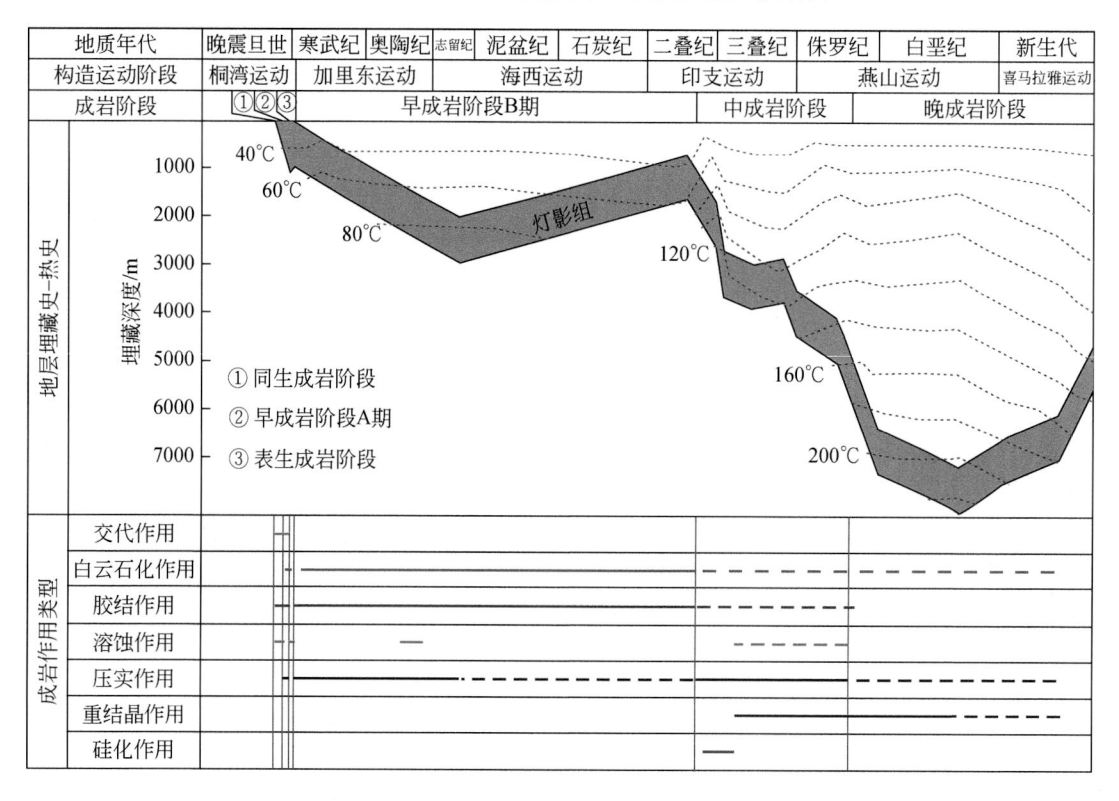

图 7.30 灯影组台地相微生物碳酸盐岩成岩演化过程

（2）早成岩阶段 A 期

桐湾Ⅰ幕运动短暂的暴露导致灯二段被抬升暴露地表，大气淡水迅速进入原始孔隙度较高的各类岩石孔隙之中，此时未交代完全的方解石和镁方解石发生溶蚀作用，孔隙度进一步上升。随着灯三段初期快速的海侵作用，灯一、二段重新进入水平潜流带环境，富镁离子的孔隙水进一步将方解石交代为镁方解石和白云石。第二次胶结作用导致"葡萄-花边"胶结物（等厚积壳状胶结物）广泛发育在灯二段当中，尤其是在原始孔隙格架孔极为发育的微生物丘亚相当中。此时，已经固结的微生物凝块或者内碎屑则发生泥晶化作用形成"泥晶套"，而在层纹石白云岩内的溶蚀孔隙和凝块石云岩的铸模孔隙当中则由于低孔隙度和连通性差，导致这期等厚环边胶结物不发育。围岩与第一期和第二期胶结物相似的主微量元素分布模式以及较为接近的碳氧同位素特征，表明此时地层水系统仍然与海水联通，可以持续进入灯影组孔隙中的海水则为白云石化提供镁离子，随着 Mg^{2+}/Ca^{2+} 值的降低和微生物活动的减弱，白云石化速率减小。

（3）表生成岩阶段

灯四段沉积期末，受桐湾Ⅱ幕运动影响，川中地区整体抬升于地表潜水面之上。凝块石中的凝块组构间、叠层石中浅色纹层间或者内碎屑中尚未白云石化的文石和高镁方解石等岩石组构易于溶解，由此在原始格架孔、粒间孔、晶间孔的基础上发生表生溶蚀作用形成溶蚀孔隙或溶蚀孔洞、顺层溶蚀孔、粒间溶孔、晶间溶孔。由于原始孔隙连通性差，大气淡水的表生溶蚀作用在层纹石白云岩中发育程度低于叠层石白云岩和凝块石白云岩。

（4）早成岩阶段 B 期

受埋藏后上覆地层压实，灯影组的温度和压力上升，一方面导致压实作用持续发生，另一方面中高孔白云岩沿着溶蚀扩大的格架孔、顺层溶孔和粒间溶孔广泛发育叶片状粉-细晶白云石胶结物，认为此阶段的胶结作用已与海水环境脱离，处于较浅的埋藏环境。前人研究表明，在奥陶纪晚期，上覆筇竹寺组已进入生烃门限，含有机酸的烃类流体进入灯影组，有机酸对地层中尚未完全白云石化的镁方解石溶蚀，同时地层温度的升高一方面增加了 Mg^{2+} 的溶解度，另一方面降低了白云石化反应的活化能，最终导致大量富 Mg^{2+} 方解石在长达 271.4Ma 内彻底转化为白云石。

（5）中成岩阶段

晚二叠世开始，研究区快速沉降，地层埋深迅速增大，不断升高的温度和压力再次导致了灯影组储层的压实和胶结作用。表面干净的半自形斑块状的细晶白云石胶结物在叶片状粉细晶白云石胶结物的基础上继续生长，但同时携带有机酸的烃类液体进入灯影组，对储集物性有一定改善作用。在中成岩阶段，大多数凝块内溶孔和铸模孔被完全充填，溶蚀扩大格架孔和顺层溶孔等次生孔隙也随之继续降低。近自形的单晶形态、黄色的阴极发光特征和相对更高的 FeO 和 MnO 含量以及较低的 $\delta^{18}O$ 值，表明该期胶结物形成于较高温度的封闭体系。受晚二叠世峨眉地裂运动影响，该区发育大规模断裂，断裂附近由于热液充足发生非选择性的硅化作用，在离断层较远部位发生选择性硅化作用。

（6）晚成岩阶段

燕山期和喜马拉雅期产生的裂缝内未见沥青充填，说明了油气裂解要早于燕山期构造运动。裂缝可以沟通残余溶孔，极大提高储层的渗透率。此阶段，持续的深埋藏作用导致灯影组孔隙度变小且地层水流动性差，以缓慢的白云石化和压溶作用为主。

（二）颗粒滩亚相成岩过程

在同生成岩阶段，受海平面变化的影响，颗粒滩亚相周期性地暴露在海平面以上，接受海水、大气淡水以及混合水的改造作用，形成原始粒间孔，同时较为迅速的水体流动也导致大部分内碎屑在泥晶化作用的同时胶结部分原始粒间孔。在灯二段和灯四段沉积末期，桐湾运动的抬升暴露导致颗粒滩亚相暴露地表接受淋滤风化，产生一定数量的次生粒间孔。在早成岩阶段 B 期，部分次生粒间孔被叶片状白云石胶结物充填，但仍有许多残余孔隙存在。在中成岩阶段，由于晚二叠世构造运动、来自深部地层的热液以及早侏罗世油气充注过程中伴随的有机酸和 CO_2、H_2S 的影响，在残余孔隙中分别发生第三期胶结作用、非选择性硅化作用和埋藏溶蚀作用。进入晚成岩阶段，古油藏发生裂解的同时伴随有燕山运动、喜马拉雅运动的构造破裂作用,使得颗粒滩亚相内的埋藏溶蚀作用进一步加强并改善储层。

(三)丘(滩)间洼地亚相成岩过程

在同生成岩阶段,丘(滩)间洼地亚相具有相对较大的沉积水体深度和较低的沉积水体能量,很少暴露在海平面以上,以沉积低能的泥-粉晶白云岩为主,原始孔隙度低,在海水成岩环境中发生少量白云石胶结物。在灯二段和灯四段沉积末期,尽管桐湾运动的抬升导致丘(滩)间洼地亚相暴露地表,接受淋滤风化,但此过程中仅产生少量次生溶孔。在早成岩阶段 B 期,大部分次生溶孔几乎被晶粒白云石胶结物全充填,导致中成岩阶段,晚二叠世构造运动形成的深部热液难以进入。受早侏罗世油气充注过程中伴随的有机酸和 CO_2、H_2S 的影响,在丘(滩)间洼地亚相中见少量埋藏溶蚀作用形成的较小溶孔。进入晚成岩阶段,燕山运动、喜马拉雅运动产生构造破裂作用,使丘(滩)间洼地亚相中的少量溶孔及裂缝被白云石胶结物充填。

(四)台(潮)坪亚相成岩过程

在同生成岩阶段,台(潮)坪亚相发育在海平面附近,但水体能量较低,频繁暴露地表作用使该类型沉积物遭受大气淡水和海水混合改造作用强烈,形成石膏、硬石膏和少量白云石胶结物。在早成岩阶段 A 期,由于混合水和地层水的成分发生变化导致膏质矿物溶解,形成一定规模的鸟眼孔、铸模孔和白云石胶结物。在灯二段和灯四段沉积末期,桐湾构造运动使区域地层抬升,暴露的地层导致这部分鸟眼孔和铸模孔进一步溶蚀扩大。在早成岩阶段 B 期,一部分次生溶孔被晶粒白云石充填,其余部分受中成岩阶段晚二叠世深部热液影响,发生非选择性硅化作用形成硅质胶结物。进入晚成岩阶段,燕山运动、喜马拉雅运动引发构造破裂作用,但在后期深埋过程中,裂缝被白云石胶结物充填。

三、不同相带碳酸盐岩成岩过程数值与孔隙度演化

根据灯影组台地相不同亚相碳酸盐岩成岩演化序列定性分析结果,利用基于过程约束的成岩数值模拟方法,分别对六个成岩阶段进行碳酸盐岩烃-水-岩反应、矿物转化、孔隙变化数值模拟,明确灯影组不同相带碳酸盐岩的成岩演化过程和孔隙度变化。六个成岩阶段分别为同生成岩阶段、早成岩阶段 A 期、表生成岩阶段、早成岩阶段 B 期、中成岩阶段、晚成岩阶段。每个成岩阶段的持续时间、温度、压力、地层流体与矿物类型等参数均基于川中研究区灯影组碳酸盐岩储层的岩石学测试分析及成岩演化等相关数据(表 7.5),基于样品实测值对初始矿物成分和流体化学数据进行推断。

虽然台地相碳酸盐岩经历的主要成岩阶段相同,但各亚相碳酸盐岩矿物成分、储层物性的差异,会导致彼此的成岩演化过程与孔隙度变化存在差异,需要对各亚相碳酸盐岩分别开展成岩数值模拟。本次研究以微生物丘碳酸盐岩为例,重点阐述其六个成岩阶段的成岩过程与孔隙度演化,而对于其他相带的碳酸盐岩,不再赘述模拟过程,直接给出最终孔隙度变化模拟结果。

表 7.5　灯影组台地相碳酸盐岩成岩模拟关键参数设置

成岩阶段	持续时间/Ma	温度/℃	压力/MPa	流体成分	矿物成分
同生成岩阶段	551.1~545.5	28	0.1	海水、大气淡水	文石或镁方解石
早成岩阶段 A 期	545.5~541	28~40	0.1~14.4	大气淡水、海水、混合水	镁方解石、方解石
表生成岩阶段	541~537.9	28	0.1	大气淡水	镁方解石、白云石
早成岩阶段 B 期	537.9~266.5	40~85	14.4~33.5	酸性流体、地层水	白云石、镁方解石
中成岩阶段	266.5~165.4	85~175	33.5~42.7	热液流体、地层水	白云石、方解石
晚成岩阶段	165.4~0	175~225	42.7~70.2	地层水	白云石、石英

微生物丘亚相碳酸盐岩的成岩过程与孔隙演化数值模拟结果表明：①同生成岩阶段，又可细分成三个阶段，首先，沉积物在海底阶段，海水循环较好，成岩流体中 Mg^{2+} 取代方解石中的 Ca^{2+}，生成大量镁方解石；其次，海平面在次级沉积旋回控制下暂时性下降，沉积物暴露于大气淡水环境中，镁方解石溶解，孔隙度上升，对储层改造具有建设性作用；最后，海平面回升，沉积物重新浸于海平面以下，孔隙水中 Ca^{2+}、Mg^{2+} 浓度增加，再次发生方解石胶结作用和白云石化作用，孔隙度降低至 21.5%［图 7.31（a）］。②早成岩阶段 A 期，随地层埋深增加，地层压力增大，方解石胶结物和白云石具有较强的抗压实能力，该阶段所受压实作用相对较弱。前期，下渗海水不断打破地层的水岩平衡，流体中 Mg^{2+} 取代方解石中的 Ca^{2+}，持续生成镁方解石；后期，地层水中的 Mg^{2+} 取代镁方解石中的 Ca^{2+}，生成白云石，镁方解石含量降低，白云石含量上升，孔隙度降低至 13%［图 7.31（b）］。③表生成岩阶段，桐湾Ⅰ幕运动的构造抬升，致使微生物丘暴露地表接受大气淡水淋滤。储层中的镁方解石发生溶解，产生大量次生溶孔、溶缝、溶洞，流体中的 Ca^{2+} 富集，再次达到水岩平衡，孔隙度大幅度升高至 36.1%［图 7.31（c）］。④早成岩阶段 B 期，随着埋深增加，逐步升高的地层温度使流体中的 Mg^{2+} 解溶剂化，即 Mg^{2+} 脱去与 H_2O 分子的包裹，形成活性更高的离子，提高了反应物的平均能量，降低了白云石化的反应活化能，地层中的镁方解石被完全交代为结构更稳定的白云石，白云石和方解石含量上升，孔隙度下降至 23.3%［图 7.31（d）］。⑤中成岩阶段，埋深增加，地层温度和压力持续升高，降低了方解石胶结和白云石化作用的反应活化能。地层水在流体压力以及构造运动的驱动下循环受限，仅发生较弱的方解石胶结作用和白云石化作用。受晚二叠世构造运动、来自深部地层的热液以及早侏罗世油气充注过程中伴随的有机酸和 CO_2 影响下，发生方解石溶解作用、硅化作用和白云石化作用。此阶段孔隙度首先在热液地层水影响下快速降低至 12.8%，随后在持续埋藏作用下，进一步降低至 9.3%［图 7.31（e）］。⑥晚成岩阶段前期，古油藏发生裂解的同时伴随有燕山运动、喜马拉雅运动的构造破裂作用，有机酸注入地层，方解石溶解作用加强，孔隙度上升。后期，地层水流动性较差，Ca^{2+} 供应受限，方解石沉淀速率较低。地层水中，Ca^{2+} 和 Mg^{2+} 浓度较高，发生方解石的胶结作用，同时交代为白云石，孔隙度最终降低至 6.3%［图 7.31（f）］，这与现今岩心实测孔隙度平均值 6.3% 相差不

大，说明模拟结果具有较高的可信度。将这六个成岩阶段结合，建立微生物丘亚相碳酸盐岩的孔隙度演化曲线［图7.31（g）］。

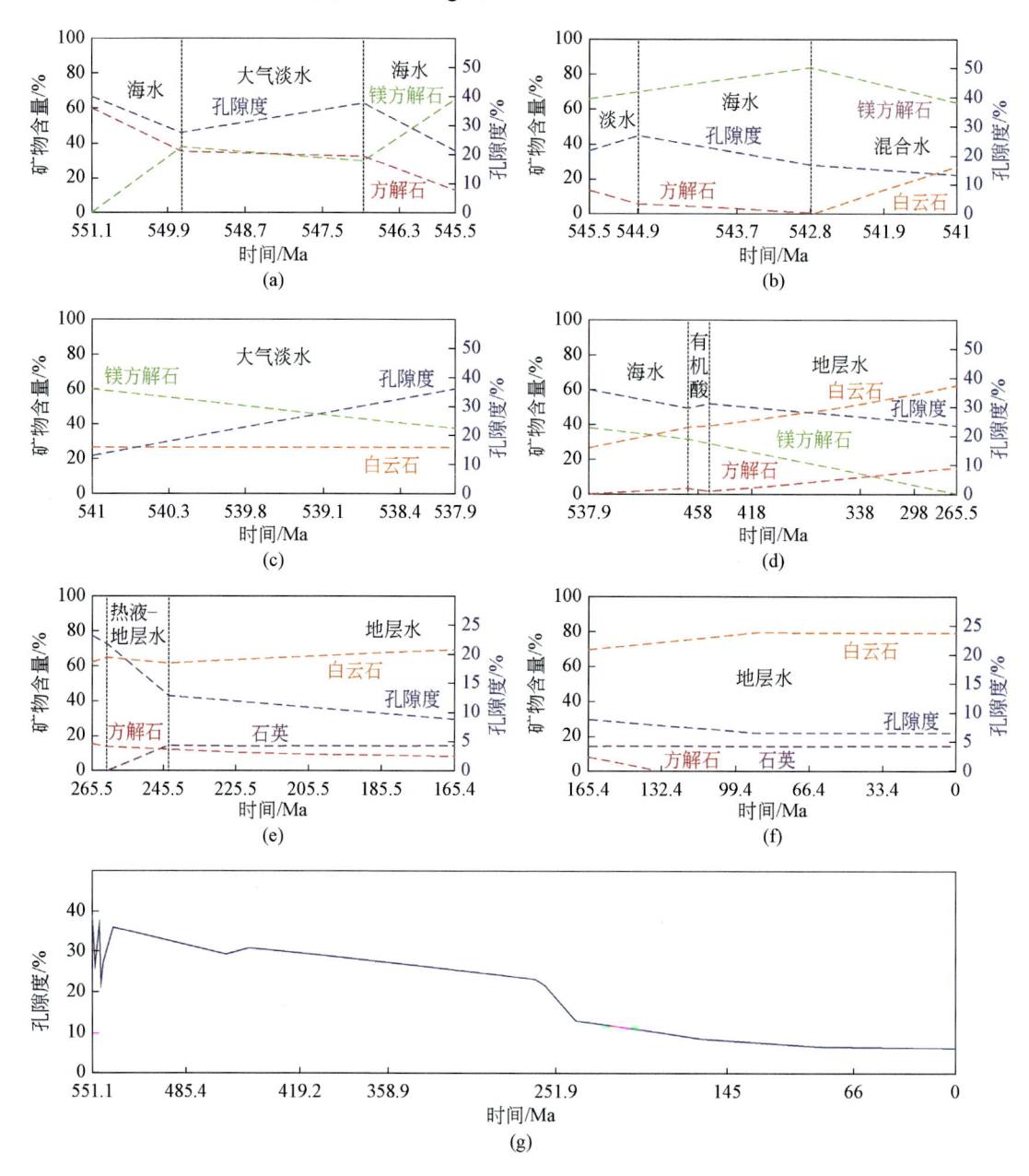

图 7.31　灯影组台地相微生物丘亚相碳酸盐岩成岩过程与孔隙度演化数值模拟

（a）同生成岩阶段；（b）早成岩阶段 A 期；（c）表生成岩阶段；（d）早成岩阶段 B 期；（e）中成岩阶段；（f）晚成岩阶段；（g）灯影组微生物丘亚相碳酸盐岩孔隙度演化曲线

利用相同方法，模拟了灯影组台地相中的其他几个（亚）相碳酸盐岩和发育在斜坡-盆地相的重力流滑塌体的成岩演化过程，建立了各自的孔隙度演化曲线（图7.32）。对于台地相的其他几种亚相碳酸盐岩，由于其经历的成岩阶段与微生物丘亚相相似，不再赘述各自的成岩模拟过程，但对于滑塌重力流沉积体的成岩演化过程，由于滑塌物源不确定以及成岩环境与浅水碳酸盐岩差异较大，故对其进行详细阐述。

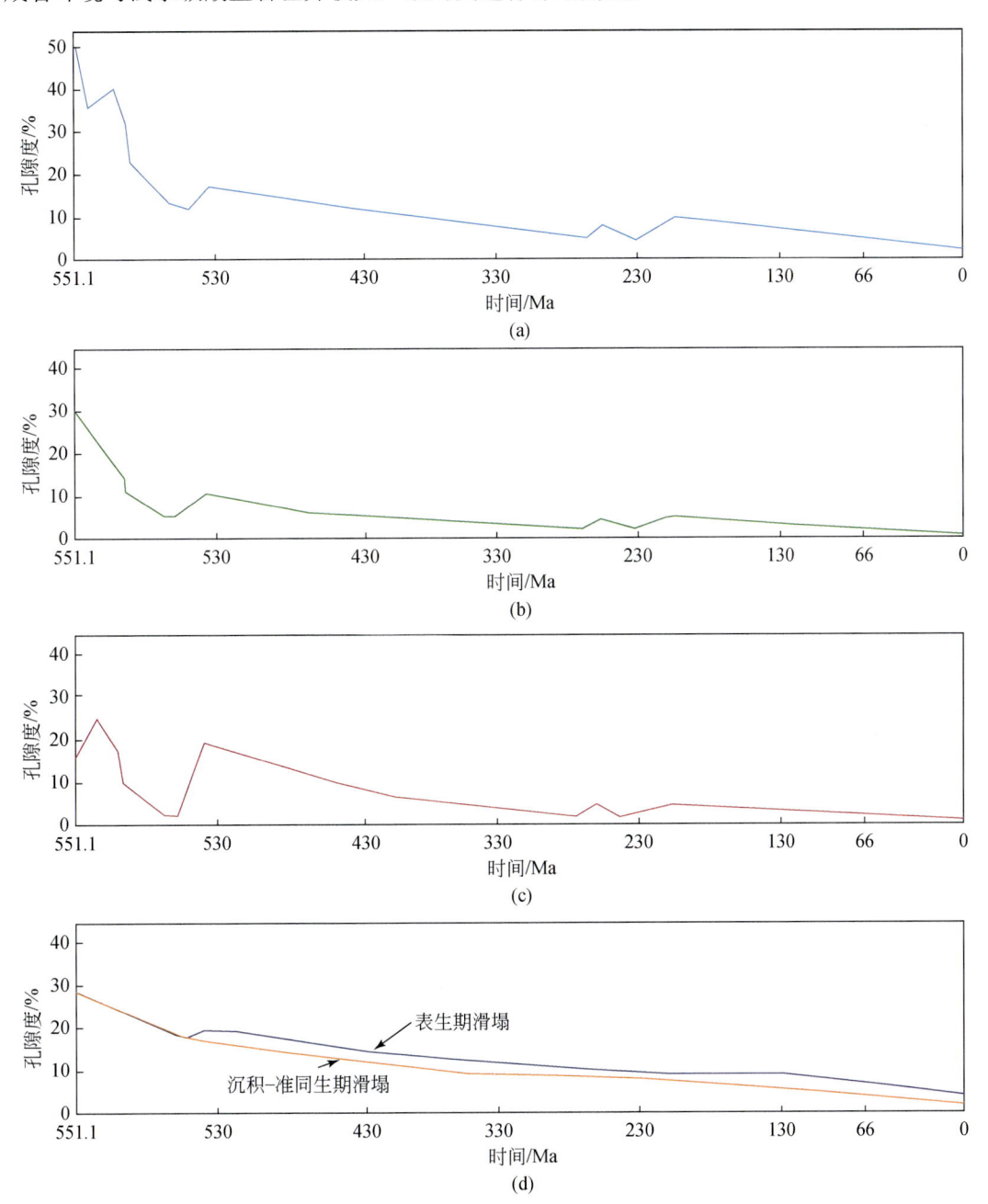

图 7.32 灯影组不同岩相带孔隙度演化曲线

（a）颗粒滩亚相；（b）丘（滩）间洼地亚相；（c）台（潮）坪亚相；（d）滑塌重力流沉积相

灯影组沉积模拟和其他地质证据均表明，川中地区灯影组裂陷槽内发育碳酸盐岩滑塌重力流沉积，滑塌体物源可能来自同生成岩阶段或表生成岩阶段的碳酸盐岩台地边缘相带，因此基于台地边缘相的成岩过程分析，设置了两种情形的碳酸盐岩滑塌重力流发育，并进行成岩过程和孔隙度变化数值模拟［图7.32（d）］。

（1）同生成岩阶段滑塌重力流沉积：在同生成岩阶段，灯影组处于"文石海"环境，初始沉积物以文石为主。相对干旱环境的间断性暴露作用以及微生物沉积过程中对Mg^{2+}的富集作用，导致文石在转化过程中Ca^{2+}逐渐被Mg^{2+}取代，生成大量镁方解石，同时由于孔隙水体流动导致原始粒间孔隙被胶结物充填，孔隙度从初始的30%下降至21.47%。在这一阶段由于台地边缘同沉积断层的活动，形成不久刚固结成岩的微生物丘或者颗粒滩体受构造活动影响发生滑塌作用，在斜坡角或深水盆地相堆积形成滑塌体。后期的桐湾Ⅱ幕运动未将其抬升至地表，因此在表生期没有遭受大气淡水的溶蚀作用。在早成岩阶段A期，通过地层水与海水中Mg^{2+}的持续供给而继续发生交代作用并持续生成镁方解石。直至早成岩阶段B期，地层中的镁方解石和文石被完全交代为结构更稳定的白云石，孔隙度值也因压实作用而逐渐从21.47%下降至18%。随着地层埋深增加，温度、压力升高，方解石的胶结作用和压实作用持续进行，孔隙度从18%持续下降至11.97%。在中成岩阶段，深层热液沿断层不断上涌，携带的富Si^{4+}流体进入地层水中，同时由于地温升高导致有机质不断生成有机酸及烃类气体。这一阶段地层流体pH降低，有利于白云石发生埋藏溶蚀作用，使得孔隙度下降趋势减缓，但孔隙度值仍从11.9%下降至7.95%。至晚成岩阶段，由于地层孔隙连通性的降低及喉道变窄导致地层水流动性差，流体中离子反应速率降低，同时压溶作用使得地层进一步被压实，导致孔隙度从7.95%下降至2.39%。

（2）表生成岩阶段滑塌重力流沉积：同生成岩阶段至早成岩阶段A期，滑塌体经历的成岩作用与台地相微生物丘亚相碳酸盐岩相同，在表生期，受桐湾Ⅱ幕运动影响，台地边缘相暴露地表，发生大气淡水淋滤溶蚀作用，孔隙度增大。随后发生滑塌作用，这部分碳酸盐岩搬运至斜坡角和深水盆地相。进入早成岩阶段B期，地层中的镁方解石和文石被完全交代为结构更稳定的白云石。随着地层埋深增加，温度、压力升高，方解石的胶结作用和压实作用持续进行，孔隙度持续下降。在中成岩阶段，深层热液沿断层不断上涌，携带的富Si^{4+}流体进入地层水中，同时由于地温升高导致有机质不断生成有机酸及烃类气体。这一阶段地层流体pH降低，有利于白云石发生埋藏溶蚀作用，使得孔隙度下降趋势减缓。至晚成岩阶段，地层进一步被压实，导致孔隙度下降至4.57%。

四、台地相各亚相碳酸盐岩成岩演化差异与控制因素

综合对比分析灯影组台地相不同亚相碳酸盐岩的成岩演化序列与数值模拟结果（图7.30～图7.32），明确了各亚相碳酸盐岩的成岩演化差异和储层发育的控制因素。

（1）沉积相是储层形成的物质基础，对碳酸盐岩成岩演化有决定性作用

沉积环境不仅决定了岩相类型，还能够极大地影响碳酸盐岩的成岩作用。高能环境中形成的颗粒滩亚相和微生物丘亚相，具有较高的初始孔隙度，能够保证成岩流体与地层流体的不断交换，有利于各种成岩作用的发生。具有更高连通性的沉积岩层在经历表生成岩

作用时更有利于大气淡水的溶蚀作用，更易于形成有效储层。如颗粒滩亚相和微生物丘亚相，尽管颗粒滩亚相的初始孔隙度高于微生物丘亚相，但微生物丘亚相存在的格架孔连通性要高于颗粒滩的粒间孔，因此在表生期可以产生更多、更大的溶蚀孔洞。

（2）表生成岩作用发生时间越早越有利于优质储层的形成

灯影组碳酸盐岩在经历弱压实的早成岩阶段 A 期后，就由于桐湾运动抬升至地表，使其在孔隙连通性较高时经历了表生溶蚀作用，即使连通性相对较差的丘（滩）间洼地沉积相中也形成了一定量的溶蚀孔隙。

（3）原始组分和沉积环境共同控制了有效储层发育

滩相储层沉积时水体能量高，早期海水胶结作用导致孔隙度迅速下降，因此其溶蚀期形成的孔隙度要低于丘相储层，但这种早期胶结和白云石化有利于增强抗压实能力，使其埋藏期孔隙度降低反而变得缓慢，储层可以有效保存；而丘相储层则必须要经历表生期溶蚀才可以形成高孔隙度储层，否则后期压实作用特别是深部埋藏作用容易导致孔隙在多期胶结作用下快速降低。台（潮）坪和丘（滩）间洼地在经历过桐湾运动的表生溶蚀作用后，尽管储层物性得到一定程度改善，但在经历深部地层压实、压溶作用后孔隙度仍较低，导致储层非均质性增强。

第三节 震旦系—寒武系油气成藏耦合模拟与有利区预测

在考虑灯影组沉积与成岩非均质性的基础上，建立了研究区震旦系以上地层的三维盆地模拟耦合地质模型，模拟了震旦系、寒武系关键烃源岩层的生烃演化过程，动态恢复了灯影组油气成藏过程，对比验证了沉积-成岩-成藏耦合模拟结果的合理性，预测了灯影组深层油气分布有利区。

一、耦合灯影组沉积与成岩模拟结果的三维盆地模拟地质模型

选取与沉积模拟范围相同的区域作为盆地模拟的研究工区[图 7.1（a）]。在充分调研和地质分析的基础上，首先需要建立研究区震旦系以上地层的简单层状三维盆地模拟地质模型，其中，重点关注震旦系—寒武系下组合油气系统，对这两套地层进行了细分。简单层状地质模型自下而上划分了 18 套地层，分别为震旦系陡山沱组，灯一段，灯二段，灯三段，灯四段；寒武系筇竹寺组，沧浪铺组，龙王庙组，高台组，洗象池群；奥陶系；志留系；二叠系中统，上统；三叠系下统，中统，上统；侏罗系；白垩系（表 7.6）。地质模型建立所需的关键输入参数包括：地层发育时间、构造等值线图或地层等厚图、地层沉积相图、构造事件期次与时间、剥蚀量图、成藏要素划分等。这些参数的获取途径包括前人发表的研究成果、油田或研究院的基础地质研究成果、专家交流讨论以及国际地层年代资料等。在上述关键参数获取的基础上，建立了川中地区震旦系至今的简单层状三维地质模型，其中烃源岩主要发育在陡山沱组、灯三段和下寒武统筇竹寺组，而且筇竹寺组烃源岩厚度最大、有机质含量最高，属于下组合油气系统最重要的烃源岩。

表 7.6 川中地区震旦纪至今三维盆地模拟地质模型的关键输入参数（单位：Ma）

地层		地层年代		剥蚀事件		岩相赋值依据	成藏要素
		开始	结束	开始	结束		
白垩系		145	100	100	0	沉积相	上覆地层
侏罗系		190	145			沉积相	
三叠系	上统	237	210	210	190	沉积相	
	中统	247	237			沉积相	
	下统	252	247			沉积相	
二叠系	上统	259	252			沉积相	
	中统	280	259			沉积相	
志留系		444	427	427	280	沉积相	
奥陶系		485	444			沉积相	
寒武系	中-上统洗象池群	497	485			沉积相	储层
	中统高台组	509	497			沉积相	盖层
	下统龙王庙组	514	509			沉积相	储层
	下统沧浪铺组	521	514			沉积相	储层
	下统筇竹寺组	537	521			泥岩	烃源岩
震旦系	灯四段	544	541	541	537	沉积相	储层
	灯三段	545	544			泥岩	烃源岩
	灯一段、灯二段	551.1	545			沉积相	储层
	陡山沱组	560	551.1			泥岩	烃源岩

上述三维简单层状地质模型没有考虑灯影组岩相非均质性，也没有对灯影组不同岩相带孔隙演化模型进行改进，因此，在上述模型基础上，参考第五章耦合模型建立步骤，融合了沉积模拟得到的灯影组精细岩相结果和成岩模拟得到的灯影组不同相带孔隙度演化模型，建立了耦合沉积、成岩模拟结果的三维盆地模拟精细地质模型。①基于沉积模拟结果，可建立灯影组横向最多 9 种岩相、垂向 506 个小层的精细地质模型。尽管在操作上可以直接把灯影组包含 506 个小层的精细岩相模型输入模拟软件中，但考虑软件模拟油气运移、聚集所需的运行时间较长且适当粗化模型不影响地层整体的非均质性，本次研究将灯影组的精细岩相模型在垂向上粗化为 50 个小层。将灯影组 50 个小层压实后的地层厚度、沉积古水深和沉积相-岩相三维数据体输入上述简单层状地质模型中，对该模型中的灯影组进行替换，建立充分考虑目的层垂向和横向岩相非均质性的三维盆地模拟地质模型［图 7.33（a）］，与传统的简单层状三维地质模型相比，耦合沉积模拟结果的灯影组岩相划分模型更

为精细，可以更充分地刻画目的层垂向与横向的沉积非均质性[图7.33(b)]。②将成岩模拟结果融合到该地质模型中，具体为：针对灯影组不同相带碳酸盐岩，如微生物丘亚相、颗粒滩亚相、丘(滩)间洼地亚相、台(潮)坪亚相、滑塌重力流沉积亚相，首先将成岩数值模拟得到的时间域孔隙度演化曲线转换成深度域曲线，再输入盆地模拟的压实模型中，然后将各条曲线赋值给对应的沉积亚相，建立起灯影组不同相带碳酸盐岩孔隙度演化模型。至此建立了充分考虑目的层沉积与成岩非均质性的三维盆地模拟地质模型[与图7.33(a)基本一致，只改变了模拟过程中的压实曲线]，用于后续的烃源岩生排烃和油气运移与成藏过程模拟。

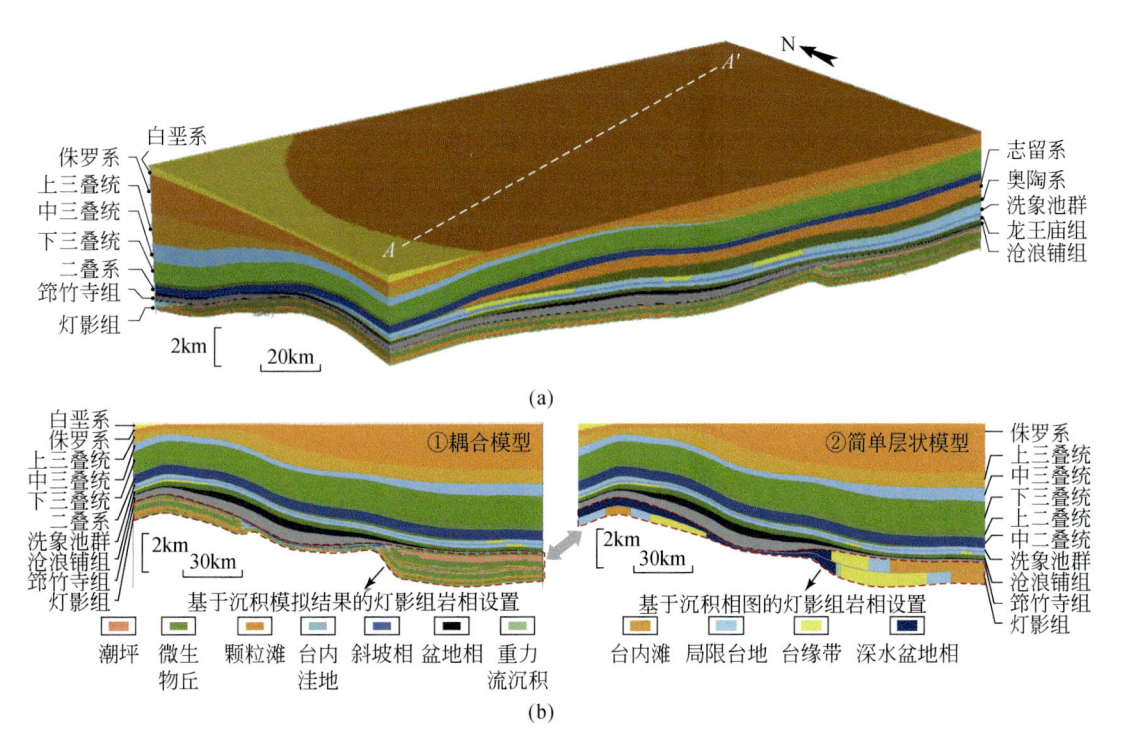

图7.33 耦合沉积与成岩模拟结果的川中地区三维地质模型及其与简单层状地质模型对比
(a)耦合沉积与成岩模拟结果的三维地质模型；(b)耦合模型与简单层状模型对比

二、烃源岩生烃演化特征

在三维耦合地质模型的基础上，考虑四川盆地震旦纪至今的热演化史(何丽娟等，2011；Liu et al., 2018)和震旦系—寒武系的烃源岩(陡山沱组、灯三段和筇竹寺组)分布及有机地球化学特征，模拟了川中地区的构造-热演化与烃源岩生烃过程。川中地区经历了寒武纪—志留纪的持续埋藏期、泥盆纪—石炭纪的缓慢抬升剥蚀期、二叠纪—侏罗纪的快速埋藏期和白垩纪至今的强烈抬升剥蚀期4个主要构造-沉积阶段。受晚二叠世峨眉山大火山岩构造事件和三叠纪时期地层快速埋藏影响，震旦系灯影组在三叠纪时期地层温度快速升高，达到220℃以上，后期受区域构造抬升影响，自白垩纪至今地层温度缓慢降低[图7.34(a)]。

在这种构造—热演化背景下，震旦系和上寒武统烃源岩在志留纪开始生成原油，后期受二叠系—三叠系快速埋深以及二叠纪末期—三叠纪早期构造—热演化事件影响，烃源岩快速成熟，在三叠纪早期生成大量原油，之后又在三叠纪晚期—侏罗纪发生原油裂解，天然气主要在三叠纪—侏罗纪生成，包括干酪根裂解气以及烃源岩内和早期油藏内的原油裂解气[图7.34（b）]。

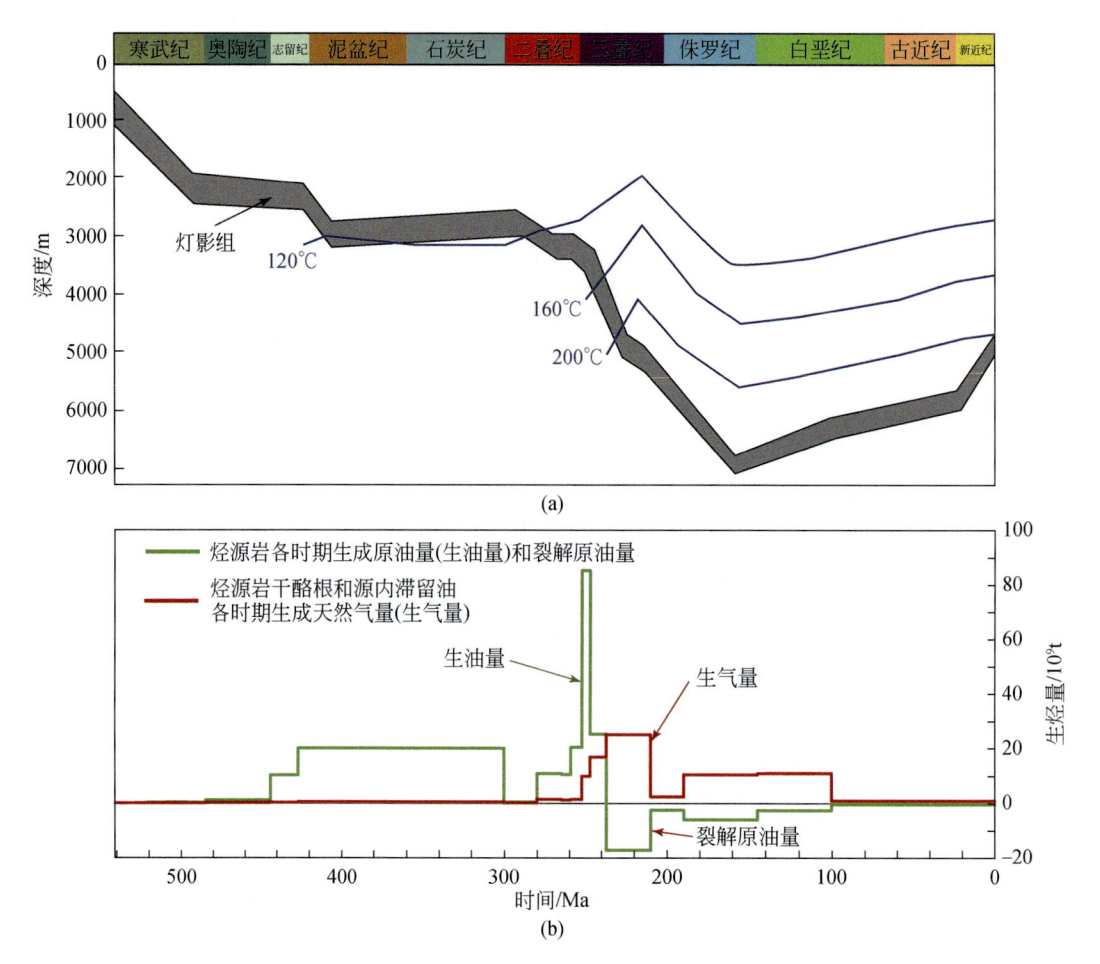

图 7.34 川中地区灯影组埋藏史和震旦系—下寒武统烃源岩生烃演化史
（a）构造埋藏史与热史；（b）生烃演化史

烃源岩生烃量模拟结果表明（图7.35）：①工区范围内筇竹寺组烃源岩累积生烃量最大，占绝对优势，生烃量占总生烃量约 91.3%，其次为陡山沱组烃源岩（占比 5.3%），灯三段烃源岩生烃量最低（占比 3.4%）；②自震旦系陡山沱组沉积时期发育的古裂陷槽控制了三套烃源岩的发育厚度和展布，是烃源岩的生烃中心，远大于各套烃源岩在槽外的生烃量，控制着震旦系—寒武系烃类的生成，也是后期油气运移的主要供烃灶。

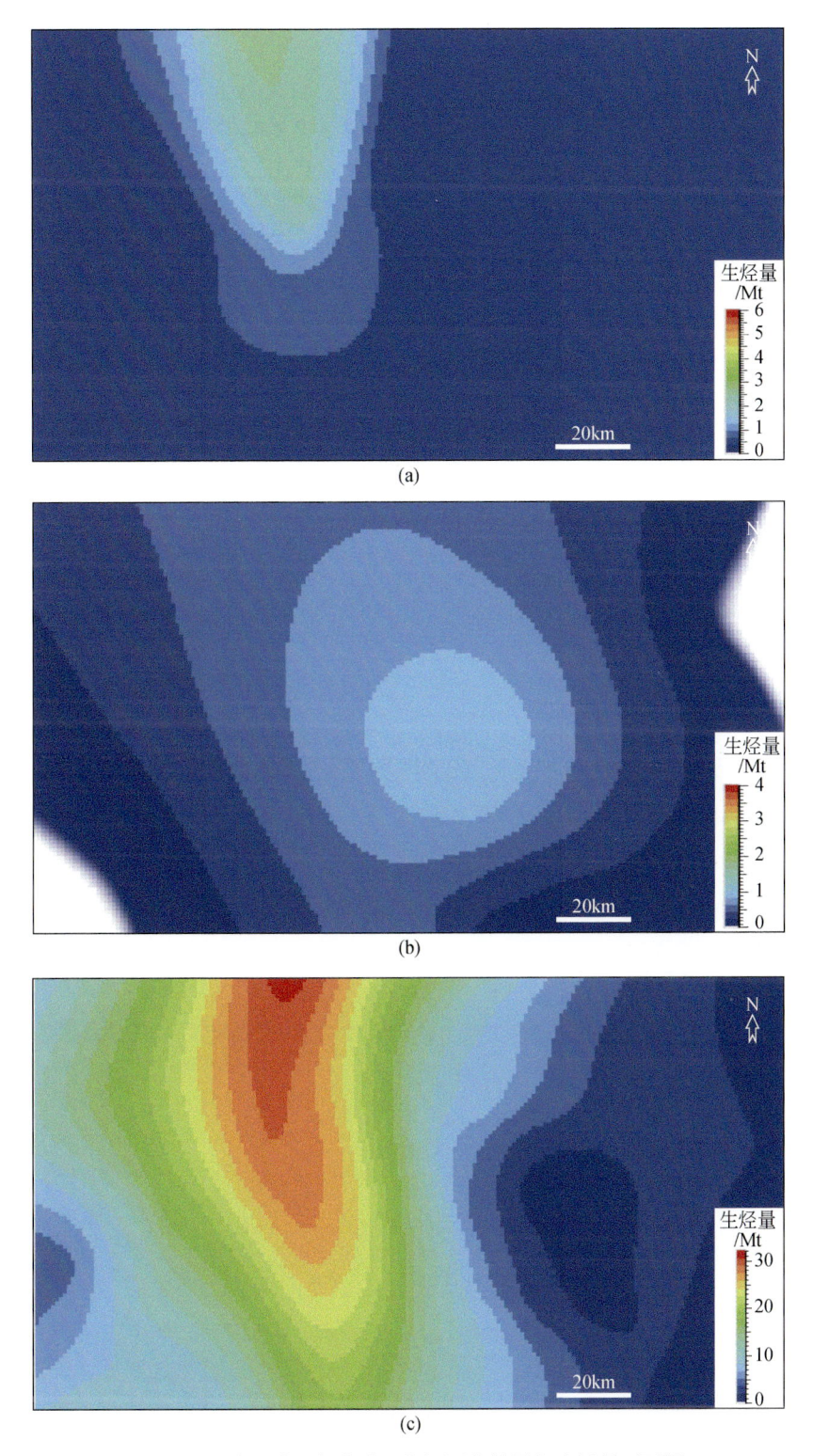

图 7.35 震旦系—寒武系三套烃源岩的累积生烃量平面图

(a) 震旦系陡山沱组；(b) 震旦系灯三段；(c) 下寒武统筇竹寺组

三、灯影组油气运聚过程模拟与有利区预测

研究区灯影组的沉积-成岩-成藏耦合盆地模拟结果表明：①奥陶纪末期，烃源岩的生烃量较少，少量油气在灯影组的台缘带聚集［图7.36（a）］；②志留纪时期，烃源岩生成大量原油，原油主要从克拉通裂陷槽内部向外运移并在灯影组台缘带、台内滩和槽内滑塌体内部聚集［图7.36（b）］；③泥盆纪—二叠纪早期，受加里东期—海西期构造运动影响，研究区地层抬升，早期形成的油气藏进行调整改造，之后，在二叠纪中-晚期持续埋深的影响下，生成的油气在裂陷槽内以及台缘与台内的有利相带富集［图7.36（c）］；④三叠纪为主

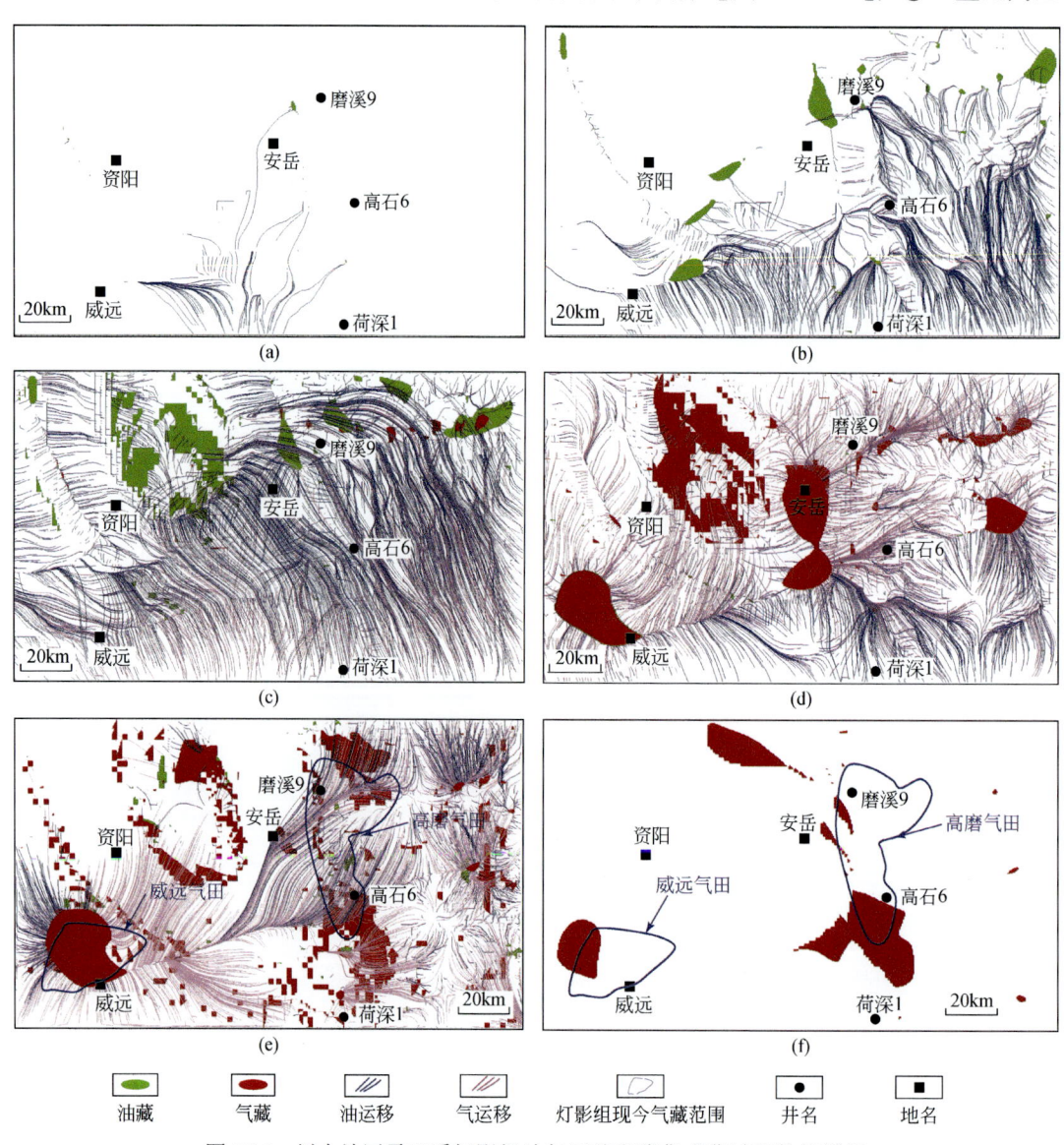

图7.36 川中地区震旦系灯影组油气运移和聚集成藏过程数值模拟

（a）奥陶纪末期；（b）志留纪末期；（c）二叠纪末期；（d）三叠纪末期；（e）现今-耦合模拟结果；（f）现今-传统简单层状模型模拟结果

生烃期，此时筇竹寺组烃源岩大量生烃，以干酪根生气和源内滞留原油裂解生成天然气为主，大量天然气充注到灯影组，在高磨地区（高石梯-磨溪地区）、威远地区和裂陷槽内富集[图7.36（d）]；⑤喜马拉雅期，四川盆地主体经历了强烈构造运动，地层大规模抬升，油气藏发生调整，油气向高部位聚集，油气主要富集在裂陷槽两侧的高磨地区和威远地区以及裂陷槽内的重力流沉积体内，形成现今的富集状态[图7.36（e）]。

与传统的盆地模拟结果相比[图7.36（f）]，沉积-成岩-成藏耦合的盆地模拟结果充分考虑了灯影组的沉积与成岩非均质性，能模拟灯影组内部由于地层沉积相变而形成在岩性圈闭内的油气聚集过程。与实际勘探认识的灯影组威远气田和高磨气田的富集位置相比，尽管两个模型的预测结果均与实际存在一定差距，但耦合模型预测的天然气运移方向和气藏发育位置显然更为吻合[图7.36（f）]。沉积-成岩-成藏耦合的盆地模拟结果还预测了在灯影组裂陷槽内和与源岩交互发育的滑塌重力流沉积中富集天然气，即有效地模拟了源内/近源富集短距离运移的非常规油气、远源富集长距离运移的构造和岩性气藏的特征，为下一步川中地区超深层油气勘探提供区带优选的重要参考。

参 考 文 献

蔡春芳. 1996. 沉积盆地流体-岩石相互作用研究的现状. 地球科学进展, 6: 57-61.

蔡忠贤, 刘永立, 段金宝. 2009. 岩溶流域的水系变迁: 以塔河油田 6 区西北部奥陶系古岩溶为例. 中国岩溶, 28(1): 30-34.

操应长, 徐琦松, 王健. 2018. 沉积盆地"源-汇"系统研究进展. 地学前缘, 25(4): 116-131.

陈红汉, 吴悠, 丰勇, 等. 2014. 塔河油田奥陶系油气成藏期次及年代学. 石油与天然气地质, 35(6): 806-819.

陈金勇, 李振鹏. 2010. 碳酸盐岩储层的主要影响因素. 海洋地质动态, 26(4): 19-25.

崔护社, 王明君, 王其允, 等. 1996. 超级盆地模拟系统: ProBases. 中国海上油气(地质), 8(5): 304-310.

代世峰, 任德贻, 李生盛. 2006. 内蒙古准格尔超大型镓矿床的发现. 科学通报, 51(2): 177-185.

窦立荣, 温志新. 2021. 从原型盆地叠加演化过程讨论沉积盆地分类及含油气性. 石油勘探与开发, 48(6): 1100-1113.

杜金虎, 汪泽成, 邹才能, 等. 2016. 上扬子克拉通内裂陷的发现及对安岳特大型气田形成的控制作用. 石油学报, 37(1): 1-16.

段金宝, 梅庆华, 李毕松, 等. 2019. 四川盆地震旦纪-早寒武世构造-沉积演化过程. 地球科学, 44(3): 738-755.

高志前, 樊太亮, 杨伟红, 等. 2012. 塔里木盆地下古生界碳酸盐岩台缘结构特征及其演化. 吉林大学学报(地球科学版), 42(3): 657-665.

顾忆, 黄继文, 贾存善, 等. 2020. 塔里木盆地海相油气成藏研究进展. 石油实验地质, 42(1): 1-12.

郭秋麟, 米石云, 石广仁, 等. 1998. 盆地模拟原理方法. 北京: 石油工业出版社.

郭秋麟, 谢红兵, 任洪佳, 等. 2018. 盆地与油气系统模拟. 北京: 石油工业出版社.

何登发, 贾承造, 童晓光, 等. 2004. 叠合盆地概念辨析. 石油勘探与开发, 31(1): 1-7.

何光玉. 1998. 南海珠三坳陷含油气系统动力学研究. 武汉: 中国地质大学.

何丽娟, 许鹤华, 汪集暘. 2011. 早二叠世—中三叠世四川盆地热演化及其动力学机制. 中国科学: 地球科学, 41(12): 1884-1891.

何治亮, 马永生, 朱东亚, 等. 2021. 深层-超深层碳酸盐岩储层理论技术进展与攻关方向. 石油与天然气地质, 42(3): 533-546.

贺晓苏. 1990. SLBSS 盆地模拟系统几个问题的探讨. 新疆石油地质, 11(1): 59-66.

贺勇, 黄擎宇, 谢世文, 等. 2011. 塔里木盆地下奥陶统蓬莱坝组沉积相特征. 新疆地质, 29(3): 306-310.

胡圣标, 汪集暘. 1995. 沉积盆地热体制研究的基本原理和进展. 地学前缘, 2(3-4): 171-180.

黄汲清, 任纪舜, 姜春发, 等. 1980. 中国大地构造及其演化: 1∶400 万中国大地构造图简要说明. 北京: 科学出版社.

黄思静, 谢连文, 张萌, 等. 2004. 中国三叠系陆相砂岩中自生绿泥石的形成机制及其与储层孔隙保存的关系. 成都理工大学学报(自然科学版), 31(3): 273-281.

黄秀. 2012. 澳大利亚鲨鱼湾微生物席沉积相多尺度正演模拟研究. 北京: 中国地质大学.

贾承造. 2004a. 塔里木盆地板块构造与大陆动力学. 北京: 石油工业出版社.

贾承造. 2024b. 中国石油工业上游前景与未来理论技术五大挑战. 石油学报, 45(5): 1-14.

贾承造, 庞雄奇. 2015. 深层油气地质理论研究进展与主要发展方向. 石油学报, 36(12): 1457-1469.

贾承造, 姚慧君, 魏国齐, 等. 1992. 塔里木盆地板块构造演化和主要构造单元地质构造特//塔里木盆地油气勘探论文集. 乌鲁木齐: 新疆科技卫生出版社.

金晓辉, 孟庆强, 孙冬胜, 等. 2023. 万米钻探工程的石油地质理论依据与勘探方向. 石油实验地质, 45(5): 973-981.

琚宜文, 孙盈, 王国昌, 等. 2015. 盆地形成与演化的动力学类型及其地球动力学机制. 地质科学, 50(2): 503-523.

匡立春, 支东明, 王小军, 等. 2021. 新疆地区含油气盆地深层—超深层成藏组合与勘探方向. 中国石油勘探, 26(4): 1-16.

李继亮, 肖文交, 闫臻. 2003. 盆山耦合与沉积作用. 沉积学报, 21(1): 52-60.

李双建, 高平, 黄博宇, 等. 2018. 四川盆地绵阳-长宁凹槽构造演化的沉积约束. 石油与天然气地质, 39(5): 889-898.

李阳, 薛兆杰, 程喆, 等. 2020. 中国深层油气勘探开发进展与发展方向. 中国石油勘探, 25(1): 45-57.

李智武, 冉波, 肖斌, 等. 2019. 四川盆地北缘震旦纪—早寒武世隆-坳格局及其油气勘探意义. 地学前缘, 26(1): 59-85.

李忠权, 刘记, 李应, 等. 2015. 四川盆地震旦系威远—安岳拉张侵蚀槽特征及形成演化. 石油勘探与开发, 42(1): 26-33.

林畅松, 张燕梅. 1995. 拉伸盆地模拟理论基础与新进展. 地学前缘, 2(3): 79-88.

林畅松, 夏庆龙, 施和生, 等. 2015. 地貌演化、源-汇过程与盆地分析. 地学前缘, 22(1): 9-20.

刘池洋. 2008. 沉积盆地动力学与盆地成藏(矿)系统. 地球科学与环境学报, 30(1): 1-23.

刘池洋, 赵红格, 杨兴科, 等. 2002. 前陆盆地及其确定和研究. 石油与天然气地质, 23(4): 307-313.

刘池洋, 谭成仟, 孙卫, 等. 2005. 多种能源矿产共存成藏(矿)机理与富集分布规律研究//刘池洋.盆地多种能源矿产共存富集成藏(矿)研究进展. 北京: 科学出版社.

刘池洋, 王建强, 赵红格, 等. 2015. 沉积盆地类型划分及其相关问题讨论. 地学前缘, 22(3): 1-26.

刘池洋, 赵红格, 赵俊峰, 等. 2017. 能源盆地沉积学及其前沿科学问题. 沉积学报, 35(5): 1032-1043.

刘池洋, 王建强, 黄雷, 等. 2022. 沉积盆地类型及其成因和称谓研究回顾与进展. 西北大学学报(自然科学版), 52(6): 891-909.

刘峰. 2010. 地球化学反应模型用于水-岩相互作用的研究. 北京: 中国地质大学.

刘合. 2023. 油气勘探开发数字化转型 人工智能应用大势所趋. 石油科技论坛, 42(3): 1-9, 47.

刘宏, 罗思聪, 谭秀成, 等. 2015. 四川盆地震旦系灯影组古岩溶地貌恢复及意义. 石油勘探与开发, 42(3): 283-293.

刘建良, 刘可禹. 2021. 碳酸盐岩地层完整性分析及其影响因素定量评价: 来自地层正演模拟的启示. 中国科学: 地球科学, 51(1): 150-158.

刘可禹, 刘建良. 2017. 盆地和含油气系统模拟(BPSM)研究现状及发展趋势. 石油科学通报, 2(2): 161-175.

刘可禹, 刘建良. 2023. 盆地沉积充填演化与含油气系统耦合模拟方法在超深层油气成藏模拟中的应用:

以四川盆地中部震旦系灯影组为例. 石油学报, 44(9): 1445-1458.

刘可禹, 杨鹏, 杨海军, 等. 2023. 重新审视深层油气成藏模式: 以塔里木盆地为例. 地质学报, 97(9): 2820-2841.

刘树根, 孙玮, 罗志立, 等. 2013. 兴凯地裂运动与四川盆地下组合油气勘探. 成都理工大学学报(自然科学版), 40(5): 511-520.

刘树根, 王一刚, 孙玮, 等. 2016. 拉张槽对四川盆地海相油气分布的控制作用. 成都理工大学学报(自然科学版), 43(1): 1-23.

罗志立. 1981. 中国西南地区晚古生代以来地裂运动对石油等矿产形成的影响. 四川地质学报, 2(1): 1-22.

庞雄奇. 2010. 中国西部叠合盆地深部油气勘探面临的重大挑战及其研究方法与意义. 石油与天然气地质, 31(5): 517-534, 541.

庞雄奇, 金之钧, 姜振学, 等. 2002. 叠合盆地油气资源评价问题及其研究意义. 石油勘探与开发, 29(1): 9-13.

庞雄奇, 邱楠生, 姜振学, 等. 2005. 油气成藏定量模拟. 北京: 石油工业出版社.

彭作林, 郑建京, 黄华芳, 等. 1995. 中国主要沉积盆地分类. 沉积学报, 13(2): 150-159.

邱楠生, 何丽娟, 常健, 等. 2020. 沉积盆地热历史重建研究进展与挑战. 石油实验地质, 42(5): 790-802.

饶丹, 秦建中, 许锦, 等. 2014. 塔河油田奥陶系油藏成藏期次研究. 石油实验地质, 36(1): 83-88, 101.

沈传波, 梅廉夫, 凡元芳, 等. 2005. 磷灰石裂变径迹热年代学研究的进展与展望. 地质科技情报, 24(2): 57-63.

沈照理, 王焰新. 2002. 水-岩相互作用研究的回顾与展望. 地球科学, 27(2): 127-133.

盛秀杰, 金之钧, 郭勤涛. 2014. 油气资源评价一体化技术及软件实现的探讨. 地质论评, 60(1): 159-168.

石广仁. 2004. 油气盆地数值模拟方法. 第3版. 北京: 石油工业出版社.

石广仁. 2009. 盆地模拟技术30年回顾与展望. 石油工业计算机应用, 61(1): 3-6.

石广仁, 李惠芬, 王素明, 等. 1989. 一维盆地模拟系统BAS1. 石油勘探与开发, 16(6): 1-11.

石广仁, 郭秋麟, 米石云, 等. 1996. 盆地综合模拟系统BASIMS. 石油学报, 17(1): 1-9.

苏涛, 封国林. 2015. 基于不同再分析资料的全球蒸发量时空变化特征分析. 中国科学: 地球科学, 45(3): 351-365.

孙龙德, 邹才能, 朱如凯, 等. 2013. 中国深层油气形成、分布与潜力分析. 石油勘探与开发, 40(6): 641-649.

田在艺, 张庆春. 1996. 中国含油气沉积盆地论. 北京: 石油工业出版社.

田作基, 罗志立, 罁垫潭, 等. 1996. 新疆阿瓦提陆内前陆盆地. 石油与天然气地质, 17(4): 282-286.

汪泽成, 姜华, 王铜山, 等. 2014. 四川盆地桐湾期古地貌特征及成藏意义. 石油勘探与开发, 41(3): 305-312.

汪泽成, 赵振宇, 黄福喜, 等. 2024. 中国中西部含油气盆地超深层油气成藏条件与勘探潜力分析. 世界石油工业, 31(1): 33-48.

王成善, 李祥辉. 2003. 沉积盆地分析原理与方法. 北京: 高等教育出版社.

王钧, 黄尚瑶, 黄歌山, 等. 1990. 中国地温分布的基本特征. 北京: 地震出版社.

王清华, 徐振平, 张荣虎, 等. 2024. 塔里木盆地油气勘探新领域、新类型及资源潜力. 石油学报, 45(1): 15-32.

王伟元, 王明君, 崔护社, 等. 1995. ProBases二维盆地模拟评价系统在崖13-1气田区的应用. 中国海上油气(地质), 7(3): 179-190.

魏国齐, 杨威, 杜金虎, 等. 2015. 四川盆地震旦纪—早寒武世克拉通内裂陷地质特征. 天然气工业, 35(1): 24-35.

文龙, 杨跃明, 游传强, 等. 2016. 川中—川西地区灯影组沉积层序特征及其对天然气成藏的控制作用. 天然气工业, 36(7): 8-17.

吴冲龙, 王燮培, 何光玉. 2000. 论油气系统与油气系统动力学. 地球科学, 25(6): 604.

吴亚生, 范嘉松. 2000. 钙质海绵之古生态. 古生物学报, 39(4): 544-547.

肖笛. 2017. 海相碳酸盐岩早成岩期岩溶及其储层特征研究: 以中国西部三大盆地为例. 成都: 西南石油大学.

肖维德, 唐贤君. 2014. 平衡地质剖面技术发展现状与实际应用: 以苏北盆地溱潼凹陷为例. 海洋地质前沿, 30(5): 58-63.

邢凤存, 侯明才, 林良彪, 等. 2015. 四川盆地晚震旦世—早寒武世构造运动记录及动力学成因讨论. 地学前缘, 22(1): 115-125.

熊连桥, 姚根顺, 熊绍云, 等. 2019. 基于平衡剖面对断裂带地层展布恢复的方法: 以川西地区中泥盆统观雾山组为例. 大地构造与成矿学, 43(6): 1079-1093.

徐长贵. 2013. 陆相断陷盆地源-汇时空耦合控砂原理: 基本思想、概念体系及控砂模式. 中国海上油气, 25(4): 1-11, 21, 88.

徐长贵, 龚承林. 2023. 从层序地层走向源-汇系统的储层预测之路. 石油与天然气地质, 44(3): 521-538.

徐旭辉, 朱建辉, 金晓辉. 2010. 中国海相残留盆地油气资源潜力评价技术探索. 石油与天然气地质, 31(6): 865-870.

徐旭辉, 方成名, 陆建林, 等. 2020. 原型控源、迭加控藏: 油气盆地资源分级评价与有利勘探方向优选思维及技术. 石油实验地质, 42(5): 824-836.

许天福, 金光荣, 岳高凡, 等. 2012. 地下多组分反应溶质运移数值模拟: 地质资源和环境研究的新方法. 吉林大学学报(地球科学版), 42(5): 1410-1425.

杨磊磊, 陈冬华, 于林姣, 等. 2020. 成岩早期大气淡水淋滤作用对碳酸盐岩储集层的影响: 以塔里木盆地顺南地区为例. 矿物岩石地球化学通报, 39(4): 843-852, 870.

杨文璐. 2014. 构造平衡剖面技术及其在海塔盆地中的应用. 大庆: 东北石油大学.

杨学文, 田军, 王清华, 等. 2021. 塔里木盆地超深层油气地质认识与有利勘探领域. 中国石油勘探, 26(4): 17-28.

杨雨, 黄先平, 张健, 等. 2014. 四川盆地寒武系沉积前震旦系顶界岩溶地貌特征及其地质意义. 天然气工业, 34(3): 38-43.

查明, 张一伟. 1992. 盆地数值模拟方法研究与发展. 石油大学学报(自然科学版), 16(2): 106-114.

张光亚, 马锋, 梁英波, 等. 2015. 全球深层油气勘探领域及理论技术进展. 石油学报, 36(9): 1156-1166.

张景廉, 李相博, 刘化清. 2013. "石油无机成因说"的理论与实践. 西安石油大学学报(自然科学版), 28(1): 1-11, 17.

张庆春, 石广仁, 田在艺. 2001. 盆地模拟技术的发展现状与未来展望. 石油实验地质, 23(3): 312-317.

张渝昌. 1997. 中国含油气盆地原型分析. 南京: 南京大学出版社.

张渝昌, 徐旭辉, 江兴歌, 等. 2005. 展望盆地模拟. 石油与天然气地质, 26(1): 29-36.

赵文智, 何登发, 范土芝. 2002. 含油气系统术语、研究流程与核心内容之我见. 石油勘探与开发, 29(2): 1-7.

赵文智, 胡素云, 刘伟, 等. 2014. 再论中国陆上深层海相碳酸盐岩油气地质特征与勘探前景. 天然气工业, 34(4): 1-9.

赵文智, 魏国齐, 杨威, 等. 2017. 四川盆地万源—达州克拉通内裂陷的发现及勘探意义. 石油勘探与开发, 44(5): 659-669.

赵喆. 2019. 近10年全球油气勘探特征分析及启示. 石油科技论坛, 38(3): 58-64.

郑兴平, 张艳秋, 张君龙, 等. 2014. 塔里木盆地东部寒武系碳酸盐深水重力流沉积及其储集性能. 海相油气地质, 19(4): 1-8.

钟大康, 朱筱敏, 张枝焕, 等. 2003. 东营凹陷古近系砂岩次生孔隙成因与纵向分布规律. 石油勘探与开发, 30(6): 51-53.

钟勇, 李亚林, 张晓斌, 等. 2014. 川中古隆起构造演化特征及其与早寒武世绵阳-长宁拉张槽的关系. 成都理工大学学报(自然科学版), 41(6): 703-712.

周慧, 李伟, 张宝民, 等. 2015. 四川盆地震旦纪末期—寒武纪早期台盆的形成与演化. 石油学报, 36(3): 310-323.

周进高, 张建勇, 邓红婴, 等. 2017. 四川盆地震旦系灯影组岩相古地理与沉积模式. 天然气工业, 37(1): 24-31.

周中毅, 潘长春. 1992. 沉积盆地古地温测定方法及其应用. 广州: 广东科技出版社.

朱光有, 闫慧慧, 陈玮岩, 等. 2020. 塔里木盆地东部南华系—寒武系黑色岩系地球化学特征及形成与分布. 岩石学报, 36(11): 3442-3462.

朱红涛, Liu Ke-yu, 杜远生, 等. 2007. 层序地层学模拟研究进展及趋势. 地质科技情报, 26(5): 27-34.

朱红涛, 朱筱敏, 刘强虎, 等. 2022. 层序地层学与源-汇系统理论内在关联性与差异性. 石油与天然气地质, 43(4): 763-776.

朱日祥, 李献华, 侯先光, 等. 2009. 梅树村剖面离子探针锆石 U-Pb 年代学: 对前寒武纪-寒武纪界线的年代制约. 中国科学 D 辑: 地球科学, 39(8): 1105-1111.

邹才能, 杜金虎, 徐春春, 等. 2014. 四川盆地震旦系—寒武系特大型气田形成分布、资源潜力及勘探发现. 石油勘探与开发, 41(3): 278-293.

邹成杰, 何宇彬. 1995. 喀斯特地貌发育的时空演化问题初论. 中国岩溶, 14(1): 49-59.

Allen P A. 2008. From landscapes into geological history. Nature, 451(7176): 274-276.

Allen P A, Allen J R. 2005. Basin analysis: principles and applications. Hoboken: Blackwell Publishing.

Arab M, Belhai D, Granjeon D, et al. 2016. Coupling stratigraphic and petroleum system modeling tools in complex tectonic domains: case study in the North Algerian Offshore. Arabian Journal of Geosciences, 9(4): 289.

Armitage J J, Dunkley Jones T, Duller R A, et al. 2013. Temporal buffering of climate-driven sediment flux cycles by transient catchment response. Earth and Planetary Science Letters, 369: 200-210.

Athy L F. 1930. Density, porosity and compaction of sedimentary rocks. AAPG Bulletin, 14: 1-24.

Aziz K, Settari A. 2002. Petroleum Reservoir Simulation. London: Elsevier.

Bally A W, Snelson S. 1980. Realms of subsidence//Miall A D. Facts and principles of world petroleum occurrence. Canadian Society of Petroleum Geologists Memoir, Calgary, 6: 9-94.

Barker C E. 1989. Temperature and time in the thermal maturation of sedimentary organic matter//Naeser N D, Mccullon T H.Thermal history of sedimentary basin - methods and case histories. New York: Springer Verlag.

Barnett A J, Burgess P M, Wright V P. 2002. Icehouse world sea-level behavior and resulting stratal patterns in lata Visean (Mississippian) carbonate platforms: integration of numerical forward modelling and outcrop studies. Basin Research, 14: 417-438.

Battistelli A, Calore C, Pruess K. 1997. The simulator TOUGH2/EWASG for modelling geothermal reservoirs with brines and non-condensible gas. Geothermics, 26(4): 437-464.

Baur F, Di Primio R, Lampe C, et al. 2011. Mass balance calculations for different models of hydrocarbon migration in the Jeanne d'arc basin, offshore Newfoundland. Journal of Petroleum Geology, 34(2): 181-198.

Bear J. 1972. Dynamics of Fluids in Porous Media. New York: Elsevier.

Beardsmore G R, Cull J P. 2001. Crustal heat flow: a guide to measurement and modelling. New York: Cambridge University Press.

Belaid A, Krooss B M, Littke R. 2010. Thermal history and source rock characterization of a Paleozoic section in the Awbari Trough, Murzuq Basin, SW Libya. Marine and Petroleum Geology, 27(3): 612-632.

Benson S W. 1968. Thermodynamical Kinetics. Hoboken: Wiley.

Berger A, Loutre M F. 1991. Insolation values for the climate of the last 10 million years. Quaternary Science Reviews, 10(4): 297-317.

Bhattacharya J P. 2011. Practical problems in the application of the sequence stratigraphic method and key surfaces: integrating observations from ancient fluvial–deltaic wedges with Quaternary and modelling studies. Sedimentology, 58(1): 120-169.

Bosence D, Waltham D. 1990. Computer modeling the internal architecture of carbonate platforms. Geology, 18(1): 26.

Bourdet J, Pironon J, Levresse G, et al. 2008. Petroleum type determination through homogenization temperature and vapour volume fraction measurements in fluid inclusions. Geofluids, 8(1): 46-59.

Bowwan S A, Vail P R. 1993. Carbonate sedimentation process in Phil. American Association of Petroleum Geologists Ann Convention Program, 78.

Broadbent S R, Hammersley J M. 1957. Percolation processes. Mathematical Proceedings of the Cambridge Philosophical Society, 53(3): 629-641.

Bruneau B, Chauveau B, Duarte L V, et al. 2018.3D numerical modelling of marine organic matter distribution: example of the Early Jurassic sequences of the Lusitanian Basin (Portugal). Basin Research, 30(S1): 101-123.

Burgess P M. 2001. Modeling carbonate sequence development without relative sea-level oscillations. Geology, 29(12): 1127.

Burnham A K, Braun R L. 1999. Global kinetic analysis of complex materials. Energy and Fuels, 13(1): 1-22.

Burton R, St C Kendall C G, Lerche I. 1987. Out of our depth: on the impossibility of fathoming eustasy from the stratigraphic record. Earth-Science Reviews, 24(4): 237-277.

Camoin G F, Gautret P, Montaggioni L F, et al. 1999. Nature and environmental significance of microbialites in Quaternary reefs: the Tahiti paradox. Sedimentary Geology, 126(1-4): 271-304.

Cantrell D L, Griffiths C M, Hughes G W. 2015. New tools and approaches in carbonate reservoir quality prediction: a case history from the Shu'aiba Formation, Saudi Arabia. Geological Society, London, Special Publications, 406(1): 401-425.

Carruthers D J. 2003. Modeling of secondary petroleum migration using Invasion Percolation techniques. Multidimensional Basin Modeling, 7: 21-37.

Catuneanu O. 2019. Model-independent sequence stratigraphy. Earth-Science Reviews, 188: 312-388.

Catuneanu O, Abreu V, Bhattacharya J P, et al. 2009. Towards the standardization of sequence stratigraphy. Earth-Science Reviews, 92(1-2): 1-33.

Chandler R, Koplik J, Lerman K, et al. 1982. Capillary displacement and percolation in porous media. Journal of Fluid Mechanics, 119: 249-267.

Chang C, Zhou Q L, Xia L, et al. 2013. Dynamic displacement and non-equilibrium dissolution of supercritical CO_2 in low-permeability sandstone: an experimental study. International Journal of Greenhouse Gas Control, 14: 1-14.

Chen A, Darbon J, Morel J M. 2014. Landscape evolution models: a review of their fundamental equations. Geomorphology, 219: 68-86.

Chen C, Feng Q L. 2019. Carbonate carbon isotope chemostratigraphy and U-Pb zircon geochronology of the Liuchapo Formation in South China: constraints on the Ediacaran-Cambrian boundary in deep-water sequences. Palaeogeography, Palaeoclimatology, Palaeoecology, 535: 109361.

Chung C H, You C F, Schopf J W, et al. 2020. NanoSIMS U-Pb dating of fossil-associated apatite crystals from Ediacaran (~570 Ma) Doushantuo Formation. Precambrian Research, 349: 105564.

Connan J, Cassou A M. 1980. Properties of gases and petroleum liquids derived from terrestrial kerogen at various maturation levels. Geochimica et Cosmochimica Acta, 44(1): 1-23.

Coogan L A, Parrish R R, Roberts N M. 2016. Early hydrothermal carbon uptake by the upper oceanic crust: insight from in situ U-Pb dating. Geology, 44(2): 147-150.

Craig H. 1965. The measurement of oxygen isotope paleotemperatures//Tongiorgi E. Stable isotopes in oceanographic studies and paleotemperatures. Consiglio Nazionale delle Ricerche: 161-182.

Crombez V, Rohais S, Baudin F, et al. 2017. Controlling factors on source rock development: implications from 3D stratigraphic modeling of Triassic deposits in the Western Canada Sedimentary Basin. Bulletin de la Société Géologique de France, 188(5): 30.

Crowley K D. 1991. Thermal history of Michigan Basin and Southern Canadian Shield from apatite fission track analysis. Journal of Geophysical Research: Solid Earth, 96(B1): 697-711.

Dahlstrom C D A. 1969. Balanced cross sections. Canadian Journal of Earth Sciences, 6(4): 743-757.

Darcy H. 1856. Les fontaines publiques de la ville de Dijon. Dijon: Annales de la ville de Dijon.

Della P G, Kenter J A M, Bahamonde J R. 2002. Microfacies and paleoenvironment of *Donezella* accumulations across an upper Carboniferous high-rising carbonate platform (Austurias, NW Spain). Facies, 46(1): 149-168.

Demicco R V, Klir G J. 2001. Stratigraphic simulations using fuzzy logic to model sediment dispersal. Journal of Petroleum Science and Engineering, 31(2-4): 135-155.

Demicco R V, Klir G J. 2004. Fuzzy Logic in Geology. Boston: Elsevier Academic Press.

Dewhurst D N, Yang Y L, Aplin A C. 1999. Permeability and fluid flow in natural mudstones. Geological Society, London, Special Publications, 158(1): 23-43.

Dickinson W R. 1974. Plate tectonics and sedimentation//Dickinson W R. Tectonics and Sedimentation. Tulsa, Oklahoma: Special Publication Society of Ecomomic Paleonologists and Mineralogists.

Dickinson W R. 1976. Plate tectonic evolution of sedimentary basin// Dickinson W R, Yarbough H. Plate Tectonics and Hydrocarbon Accumulation. AAPG Continuing Education Course Note Series, 1: 1-63.

Duan T, Cross T A, Lessenger M A. 2000. 3-D carbonate stratigraphic model based on energy and sediment flux. New Orleans, Louisiana: AAPG Annual Convention.

Duan T, Cross T A, Lessenger M A. 2006. 3D carbonate stratigraphic model based on energy and sediment flux. http: //www.mines.edu/research/gsrp/Carbsim/CarbModel/.

Duddy I R, Green P F, Laslett G M. 1988. Thermal annealing of fission tracks in apatite 3. Variable temperature behaviour. Chemical Geology: Isotope Geoscience Section, 73(1): 25-38.

Duller R A, Whittaker A C, Fedele J J, et al. 2010. From grain size to tectonics. Journal of Geophysical Research: Earth Surface, 115(F3): 2009JF001495.

Duran E R, Di Primio R, Anka Z, et al. 2013. 3D-basin modelling of the Hammerfest Basin (southwestern Barents Sea): a quantitative assessment of petroleum generation, migration and leakage. Marine and Petroleum Geology, 45: 281-303.

Dyman T S, Crovelli R A, Bartberger C E, et al. 2002. Worldwide Estimates of Deep Natural Gas Resources Based on the U.S. Geological Survey World Petroleum Assessment 2000. Natural Resources Research, 11(3): 207-218.

El-Shahat W, Villinski J C, El-Bakry G. 2009. Hydrocarbon potentiality, burial history and thermal evolution for some source rocks in October oil field, northern Gulf of Suez, Egypt. Journal of Petroleum Science and Engineering, 68(3/4): 245-267.

England W A, MacKenzie A S, Mann D M, et al. 1987. The movement and entrapment of petroleum fluids in the subsurface. Journal of the Geological Society, 144(2): 327-347.

Enos P. 1991. Sedimentary parameters for computer modeling, in Franseen, E.K., et al., eds., Sedimentary modeling: computer simulations and methods for improved parameter definition. Kansas Geol. Survey Bulletin, 233: 63-99.

Falta R W, Pruess K, Finsterle S, et al. 1995. T2VOC User's Guide. Berkeley: Lawrence Berkeley Laboratory.

Falvey D A, Middleton F M. 1981. Passive continental margins: evidence for pro-break up deep crustal metamorphic subsidence mechanism. Oceanological Acta, 4: 103-114.

Fang R H, Li M J, Lü H T, et al. 2017. Oil charging history and pathways of the Ordovician carbonate reservoir in the Tuoputai region, Tarim Basin, NW China. Petroleum Science, 14(4): 662-675.

Fattore F, Bertolini T, Materia S, et al. 2014. Seasonal trends of dry and bulk concentration of nitrogen compounds over a rain forest in Ghana. Biogeosciences, 11(11): 3069-3081.

Finsterle S. 2007. iTOUGH2 User's Guide. Report LBNL-40041, Berkeley: National Laboratory.

Franks S G, Zwingmann H. 2010. Origin and timing of late diagenetic illite in the Permian–Carboniferous Unayzah sandstone reservoirs of Saudi Arabia. AAPG Bulletin, 94(8): 1133-1159.

Gagan M K, Ayliffe L K, Hopley D, et al. 1998. Temperature and surface-ocean water balance of the mid-Holocene tropical western Pacific. Science, 279(5353): 1014-1018.

Galloway W E. 1989. Genetic stratigraphic sequences in basin analysis, I. Architecture and genesis of flooding-surface bounded depositional units. AAPG Bulletin, 73: 125-142.

Ganti V, Straub K M, Foufoula-Georgiou E, et al. 2011. Space-time dynamics of depositional systems: experimental evidence and theoretical modeling of heavy-tailed statistics. Journal of Geophysical Research: Earth Surface, 116: F02011.

Garcia-Fresca B, Lucia F J, Sharp J M Jr, et al. 2012. Outcrop-constrained hydrogeological simulations of brine reflux and early dolomitization of the Permian San Andres Formation. AAPG Bulletin, 96(9): 1757-1781.

Ge X, Shen C B, Selby D, et al. 2020. Petroleum evolution within the Tarim basin, northwestern China: insights from organic geochemistry, fluid inclusions, and rhenium–osmium geochronology of the halahatang oil field. AAPG Bulletin, 104(2): 329-355.

Gier S, Worden R H, Johns W D, et al. 2008. Diagenesis and reservoir quality of Miocene sandstones in the Vienna basin, Austria. Marine and Petroleum Geology, 25(8): 681-695.

Glasstone S, Laidler K J, Eyring H. 1941. The Theory of Rate Processes. New York: McGraw-Hill.

Godeau N, Deschamps P, Guihou A, et al. 2018. U-Pb dating of calcite cement and diagenetic history in microporous carbonate reservoirs: Case of the Urgonian Limestone, France. Geology, 46(3): 247-250.

Goldstein R H, Reynolds T J. 1994. Systematics of fluid inclusions in diagenetic minerals. SEPM (Society for Sedimentary Geology) Short Course, 31: 199.

Gong S, George S C, Volk H, et al. 2007. Petroleum charge history in the Lunnan Low Uplift, Tarim Basin, China—Evidence from oil-bearing fluid inclusions. Organic Geochemistry, 38(8): 1341-1355.

Granjeon D, Joseph P. 1999. Concepts and applications of a 3-D multiple lithology, diffusive model in stratigraphic modeling// Harbaugh J W, Watney W L, Rankey E C, et al. Numerical Experiments in Stratigraphy: Recent Advances in Stratigraphic and Sedimentologic Computer Simulations. SEPM Special Publication, 62: 197-210.

Green P F, Duddy I R, Gleadow A J W, et al. 1986. Thermal annealing of fission track in apatite: a qualitative description. Chemical Geology, 59: 237-253.

Green P F, Duddy I R, Gleadow A J W, et al. 1989. Apatite fission track analysis as a paleotemperature indicator for hydrocarbon exploration// Naeser N D, McCulloh T H. Thermal History of Sedimentary Basin: Methods and Case Histories. New York: Springer-Verlag.

Griffiths C M, Hadler-Jacobsen F. 1995. Practical dynamic modelling of clastic basin fill. Norwegian Petroleum Society Special Publications, 5: 31-49.

Griffiths C M, Dyt C, Paraschivoiu E, et al. 2001. Sedsim in hydrocarbon exploration// Merriam D, Davis J C. Geologic Modelling and Simulation. New York: Kluwer Academic.

Hantschel T, Kauerauf A I. 2009. Fundamentals of basin and petroleum systems modeling. Berlin Heidelberg: Springer-Verlag.

Haq B U, Schutter S R. 2008. A chronology of Paleozoic sea-level changes. Science, 322(5898): 64-68.

Haq B U, Hardenbol J, Vial P R. 1987. Chronology of fluctuating sea levels since the Triassic. Science,

235(4793): 1156-1167.

He D F, Jia C Z, Liu S B, et al. 2002. Dynamics for multistage pool formation of Lunnan low uplift in Tarim Basin. Chinese Science Bulletin, 47(1): 128-138.

Hill J, Tetzlaff D, Curtis A, et al. 2009. Modeling shallow marine carbonate depositional systems. Computers and Geosciences, 35(9): 1862-1874.

Hubbert M K. 1956. Darcy's law and the field equations of the flow of underground fluids. Transactions of the AIME, 207(1): 222-239.

Hutton E W H, Syvitski J P M. 2008. Sedflux 2.0: an advanced process-response model that generates three-dimensional stratigraphy. Computers and Geosciences, 34(10): 1319-1337.

Ingersoll R V, Busby C J. 1995. Tectonics of sedimentary basins//Busby C J, Ingersoll R V. Tectonics of Sedimentary Basins. Oxford: Blackwell Science.

Jones G D, Xiao Y T. 2005. Dolomitization, anhydrite cementation, and porosity evolution in a reflux system: insights from reactive transport models. AAPG Bulletin, 89(5): 577-601.

Keith M H, Weber J H. 1964. Isotopic composition and environmental classification of selected limestones and fossils. Geochimica et Cosmochimica Acta, 28: 1787-1816.

Lander R H, Bonnell L M. 2010. A model for fibrous illite nucleation and growth in sandstones. AAPG Bulletin, 94(8): 1161-1187.

Lee I H, Ni C F. 2015. Fracture-based modeling of complex flow and CO_2 migration in three-dimensional fractured rocks. Computers & Geosciences, 81: 64-77.

Lerche I, Yarzab R F, Kendall C. 1984. Determination of paleoheat flux from vitrinite reflectance data. AAPG Bulletin, 68(11): 1704-1717.

Li M, Wang T, Xiao Z, et al. 2018. Practical application of reservoir geochemistry in petroleum exploration: case study from a Paleozoic carbonate reservoir in the Tarim Basin (northwestern China). Energy and Fuels, 32(2): 1230-1241.

Lin C S, Yang H J, Liu J Y, et al. 2012. Distribution and erosion of the Paleozoic tectonic unconformities in the Tarim basin, northwest China: significance for the evolution of paleo-uplifts and tectonic geography during deformation. Journal of Asian Earth Sciences, 46: 1-19.

Liu J L, Liu K Y, Huang X. 2016. Effect of sedimentary heterogeneities on hydrocarbon accumulations in the Permian Shanxi Formation, Ordos Basin, China: insight from an integrated stratigraphic forward and petroleum system modelling. Marine and Petroleum Geology, 76: 412-431.

Liu J L, Liu K Y, Salles T, et al. 2022. Factors controlling carbonate slope failures: insight from stratigraphic forward modelling. Earth-Science Reviews, 232: 104108.

Liu K, Pigram C J, Paterson L, et al. 1998. Computer simulation of a Cainozoic carbonate platform, the Marion Plateau, northeast Australia//Camoin G F, Davies P J. Reefs and Carbonate Platforms in the Pacific and Indian Oceans. International Association of Sedimentologists Special Publication, 25: 145-162.

Liu K, Liu J, Huang X. 2021. Coupled stratigraphic and petroleum system modeling: examples from the Ordos Basin, China. AAPG Bulletin, 105: 1-28.

Liu W, Qiu N S, Xu Q C, et al. 2018. Precambrian temperature and pressure system of Gaoshiti-Moxi block in the central paleo-uplift of Sichuan Basin, southwest China. Precambrian Research, 313: 91-108.

Luo X R, Zhou B, Zhao S X, et al. 2007. Quantitative estimates of oil losses during migration, part i: the saturation of pathways in carrier beds. Journal of Petroleum Geology, 30(4): 375-387.

Magoon L B, Dow W G. 1994. The petroleum system//Magoon L B, Dow W G. The petroleum system—from source to trap: AAPG Memoir, 60: 3-24.

Makowitz A, Lander R H, Milliken K L. 2006. Diagenetic modeling to assess the relative timing of quartz cementation and brittle grain processes during compaction. AAPG Bulletin, 90(6): 873-885.

Mallarino G, Goldstein R H, Di Stefano P. 2002. New approach for quantifying water depth applied to the Enigma of drowning of carbonate platforms. Geology, 30(9): 783.

Mann U, Hantschel T, Schaefer R G, et al. 1997. Petroleum migration: mechanisms, pathways, efficiencies and numerical simulations//Petroleum and Basin Evolution. Berlin, Heidelberg: Springer.

Mckenzie D. 1978. Some remarks on the development of sedimentary basins. Earth and Planetary Science Letters, 40(1): 25-32.

Menotti T, Scheirer A H, Meisling K, et al. 2019. Integrating strike-slip tectonism with three-dimensional basin and petroleum system analysis of the Salinas Basin, California. AAPG Bulletin, 103(6): 1443-1472.

Miall A D. 1984. Principles of Sedimentary Basin Analysis. New York, NY: Springer.

Middleton F M, Falvey D A. 1983. Maturation modeling in Otway basin, Austria. AAPG Bulletin, 67: 271-279.

Miller K G, Kominz M A, Browning J V, et al. 2005. The Phanerozoic record of global sea-level change. Science, 310(5752): 1293-1298.

Mohsen-Nia M, Modarress H, Rasa H. 2005. Measurement and modeling of density, kinematic viscosity, and refractive index for poly (ethylene glycol) aqueous solution at different temperatures. Journal of Chemical & Engineering Data, 50(5): 1662-1666.

Molchan G M, Turcotte D L. 2002. A stochastic model of sedimentation: probabilities and multifractality. European Journal of Applied Mathematics, 13(4): 371-383.

Montaggioni L F, Borgomano J, Fournier F, et al. 2015. Quaternary atoll development: new insights from the two-dimensional stratigraphic forward modelling of Mururoa Island (Central Pacific Ocean). Sedimentology, 62(2): 466-500.

Moridis G J, Kowalsky M B, Pruess K. 2008. TOUGH+HYDRATE v1.0 user's manual: a code for the simulation of system behavior in hydrate-bearing geologic media. Berkeley: Lawrence Berkeley National Laboratory.

Nakayama K. 1987. Hydrocarbon-expulsion model and its application to Niigata Area, Japan. AAPG Bulletin, 71(7): 810-821.

Nakayama K. 1988. Two-dimensional simulation model for petroleum basin evaluation. Journal of the Japanese Association for Petroleum Technology, 53(1): 41-50.

Nakayama K, Van Siclen D C. 1981. Simulation model for petroleum basin exploration. AAPG Bulletin, 65(7): 1230-1255.

Nelskamp S, David P, Littke R. 2008. A comparison of burial, maturity and temperature histories of selected wells from sedimentary basins in The Netherlands. International Journal of Earth Sciences, 97(5): 931-953.

Nordlund U. 1999. FUZZIM: forward stratigraphic modeling made simple. Computers & Geosciences, 25(4):

449-456.

Nordlund U, Silfversparre M. 1994. Fuzzy logic—a means for incorporating qualitative data in dynamic stratigraphic modeling. International Association for Mathematical Geology.

Oelkers E H, Bjørkum P A, Walderhaug O, et al. 2000. Making diagenesis obey thermodynamics and kinetics: the case of quartz cementation in sandstones from offshore mid-Norway. Applied Geochemistry, 15(3): 295-309.

Oldenburg C M, Pruess K. 1995. Dispersive transport dynamics in a strongly coupled groundwater-brine flow system. Water Resources Research, 31(2): 289-302.

Oldenburg C M, Moridis G J, Spycher N, et al. 2004. EOS7C Version 1.0: TOUGH2Module for Carbon Dioxide or Nitrogen in Natural Gas (Methane) Reservoirs. Berkeley: Lawrence Berkeley National Laboratory.

Paola C. 2000. Quantitative models of sedimentary basin filling. Sedimentology, 47(s1): 121-178.

Paola C, Ganti V, Mohrig D, et al. 2018. Time not our time: physical controls on the preservation and measurement of geologic time. Annual Review of Earth and Planetary Sciences, 46: 409-438.

Pau G S H, Bell J B, Pruess K, et al. 2010. High-resolution simulation and characterization of density-driven flow in CO_2 storage in saline aquifers. Advances in Water Resources, 33(4): 443-455.

Pegaz-Fiornet S, Carpentier B, Michel A, et al. 2012. Comparison between the different approaches of secondary and tertiary hydrocarbon migration modeling in basin simulators//Peters K E, Curry D J, Kacewicz M. Basin Modeling: New Horizons in Research and Applications. AAPG Hedberg, 4: 221-236.

Pelletier J D, Turcotte D L. 1997. Synthetic stratigraphy with a stochastic diffusion model of fluvial sedimentation. Journal of Sedimentary Research, 67: 1060-1067.

Perfilieva I. 2003. Fuzzy transform: application to the reef growth problem// Demicco R V, Klir G J. Fuzzy Logic in Geology. Amsterdam: Elsevier Inc.

Perrodon A. 1980. Geodynamique petroliere: genese et repartition des gisements d'hydrocarbures. Paris: Masson-Elf Aquitaine.

Perry E A, Hower J. 1972. Late-stage dehydration in deeply buried politic sediments. AAPG Bulletin, 56: 2013-2021.

Peters K E, Walters C C, Moldowan J M. 2005. The Biomarker Guide, volume 1 and 2. Cambridge: Cambridge University Press.

Peters K E, Curry D J, Kacewicz M. 2012. An overview of basin and petroleum system modeling: definitions and concepts// Peters K E, Curry D, Kacewicz M. Basin modeling: New Horizons in Research and Applications. AAPG Hedberg Series, 4: 1-16.

Peters K E, Burnham A K, Walters C C. 2015. Petroleum generation kinetics: single versus multiple heating-ramp open-system pyrolysis. AAPG Bulletin, 99(4): 591-616.

Pruess K, Spycher N. 2007. ECO_2N—a fluid property module for the TOUGH2 code for studies of CO_2 storage in saline aquifers. Energy Conversion and Management, 48(6): 1761-1767.

Pruess K, Oldenburg C, Moridis G. 1999. TOUGH2 User's Guide, Version 2.0. Berkeley: Lawrence Berkeley National Laboratory.

Radke M. 1988. Application of aromatic compounds as maturity indicators in source rocks and crude oils. Marine and Petroleum Geology, 5(3): 224-236.

Radke M, Rullkötter J, Vriend S P. 1994. Distribution of naphthalenes in crude oils from the Java sea: source and maturation effects. Geochimica et Cosmochimica Acta, 58(17): 3675-3689.

Reijmer J J G, Mulder T, Borgomano J. 2015. Carbonate slopes and gravity deposits. Sedimentary Geology, 317: 1-8.

Rivenæs J C. 1992. Application of a dual-lithology, depth-dependent diffusion equation in stratigraphic simulation. Basin Research, 4(2): 133-146.

Rivers J M, Kurt Kyser T, James N P. 2012. Salinity reflux and dolomitization of southern Australian slope sediments: the importance of low carbonate saturation levels. Sedimentology, 59(2): 445-465.

Roberts N M W, Walker R J. 2016. U-Pb geochronology of calcite-mineralized faults: absolute timing of rift-related fault events on the northeast Atlantic margin. Geology, 44(7): 531-534.

Roberts N M W, Drost K, Horstwood M S A, et al. 2020. Laser ablation inductively coupled plasma mass spectrometry (LA-ICP-MS) U-Pb carbonate geochronology: strategies, progress, and limitations. Geochronology, 2(1): 33-61.

Rochelle-Bates N, Roberts N M W, Sharp I, et al. 2021. Geochronology of volcanically associated hydrocarbon charge in the pre-salt carbonates of the Namibe Basin, Angola. Geology, 49(3): 335-340.

Romans B W, Castelltort S, Covault J A, et al. 2016. Environmental signal propagation in sedimentary systems across timescales. Earth-Science Reviews, 153: 7-29.

Sadler P M, Strauss D J. 1990. Estimation of completeness of stratigraphical sections using empirical data and theoretical models. Journal of the Geological Society, 147(3): 471-485.

Salles T. 2016. Badlands: a parallel basin and landscape dynamics model. SoftwareX, 5: 195-202.

Salles T, Pall J, Webster J M, et al. 2018. Exploring coral reef responses to millennial-scale climatic forcings: insights from the 1-D numerical tool pyReef-Core v1.0. Geoscientific Model Development, 11(6): 2093-2110.

Scheibner C, Kuss J, Speijer R P. 2003. Stratigraphic modelling of carbonate platform-to-basin sediments (Maastrichtian to Paleocene) in the Eastern Desert, Egypt. Palaeogeography, Palaeoclimatology, Palaeoecology, 200(1-4): 163-185.

Scheirer A H, Liu K Y, Liu J L, et al. 2022. Integrating forward stratigraphic modeling with basin and petroleum system modeling//Rotzien J, Yeilding C, Sears R, et al. Deepwater Sedimentary Systems: Science, Discovery and Applications. Amsterdam: Elsevier.

Schlager W. 1992. Sedimentology and sequence stratigraphy of reefs and carbonate platforms. AAPG Continuing Education Course Notes Series, 34: 71.

Schlager W. 2003. Benthic carbonate factories of the Phanerozoic. International Journal of Earth Sciences, 92(4): 445-464.

Schlager W. 2010. Ordered hierarchy versus scale invariance in sequence stratigraphy. International Journal of Earth Sciences, 99(1): 139-151.

Schneider F, Potdevin J L, Wolf S, et al. 1996. Mechanical and chemical compaction model for sedimentary basin simulators. Tectonophysics, 263(1-4): 307-317.

Schumer R, Jerolmack D J. 2009. Real and apparent changes in sediment deposition rates through time. Journal of Geophysical Research: Earth Surface, 114(F3): F00A06.

Schumer R, Jerolmack D, McElroy B. 2011. The stratigraphic filter and bias in measurement of geologic rates. Geophysical Research Letters, 38(11): L11405.

Schwarzacher W. 1966. Sedimentation in subsiding basins. Nature, 210: 1349-1350.

Sclater J, Christie P A F. 1980. Continental stretching: an explanation of the Post-Mid-Cretaceous subsidence of the central North Sea Basin. Journal of Geophysical Research, 85: 3711-3739.

Shuster M W, Aiger T. 1994. Two-dimensional synthetic seismic and log cross section from stratigraphic forward models. AAPG Bulletin, 78: 409-431.

Sloss L L. 1962. Stratigraphic models in exploration. Journal of Sedimentary Research, 32: 415-422.

Sposito G, Coves J, Foundation K. 1988. Soilchem: a Computer Program for the Calculation of Chemical Speciation in Soils. California: Kearney Foundation of Soil Science.

Sprachta S, Camoin G, Golubic S, et al. 2001. Microbialites in a modern lagoonal environment: nature and distribution, Tikehau atoll (French Polynesia). Palaeogeography, Palaeoclimatology, Palaeoecology, 175(1-4): 103-124.

Steefel C I, Appelo C A J, Arora B, et al. 2014. Reactive transport codes for subsurface environmental simulation. Computational Geosciences, 19(3): 445-478.

Strauss D, Sadler P M. 1989. Stochastic models for the completeness of stratigraphic sections. Mathematical Geology, 21(1): 37-59.

Strobel J, Cannon R, St Christopher G, et al. 1989. Interactive (SEDPAK) simulation of clastic and carbonate sediments in shelf to basin settings. Computers & Geosciences, 15(8): 1279-1290.

Sweeney J J, Burnham A K. 1990. Evaluation of a simple model of vitrinite reflectance based on chemical kinetics. AAPG Bulletin, 74: 1559-1570.

Sylta Ø. 1991. Modelling of secondary migration and entrapment of a multicomponent hydrocarbon mixture using equation of state and ray-tracing modelling techniques. Geological Society, London, Special Publications, 59(1): 111-122.

Syvitski J P M, Hutton E W H. 2001. 2D SEDFLUX 1.0C: an advanced process-response numerical model for the fill of marine sedimentary basins. Computers & Geosciences, 27(6): 731-753.

Tan J, Horsfield B, Mahlstedt N, et al. 2013. Physical properties of petroleum formed during maturation of Lower Cambrian shale in the upper Yangtze Platform, South China, as inferred from PhaseKinetics modelling. Marine and Petroleum Geology, 48: 47-56.

Taron J, Elsworth D, Min K B. 2009. Numerical simulation of thermal-hydrologic-mechanical-chemical processes in deformable, fractured porous media. International Journal of Rock Mechanics and Mining Sciences, 46(5): 842-854.

Tetzlaff D M, Harbaugh J W. 1989. Simulating Clastic Sedimentation//Computer Methods in Geosciences. New York: Van Nostrand Reinhold.

Tipper J C. 1983. Rates of sedimentation, and stratigraphical completeness. Nature, 302: 696-698.

Tissot B P, Welte D H. 1984. Petroleum Formation and Occurrence. Berlin, Heidelberg: Springer.

Ungerer P, Besssis F, Chenet P Y, et al. 1984. Geological and geochemical models in oil exploration: principles and practical examples. Petroleum Geochemistry and Basin Evaluation, 35: 53-77.

Vail P R, Mitchum Jr R M, Thompson S I I I. 1977. Seismic stratigraphy and global changes of sea level, Part 3: relative changes of sea level from coastal onlap//Payton C E. Seismic Stratigraphy—Applications to Hydrocarbon Exploration. Boulder Ave, Tulsa: American Association of Petroleum Geologists.

Van Hinte J E. 1978. Application of micropaleontology in exploration geology. AAPG Bulletin, 62: 202-222.

Vasseur G, Luo X R, Yan J Z, et al. 2013. Flow regime associated with vertical secondary migration. Marine and Petroleum Geology, 45: 150-158.

Walderhaug O. 2000. Modeling quartz cementation and porosity in Middle Jurassic Brent Group sandstones of the KvitebjØrn field, northern North Sea. AAPG Bulletin, 84: 1325-1339.

Walsh J P, Wiberg P L, Aalto R, et al. 2016. Source-to-sink research: economy of the earth's surface and its strata. Earth-Science Reviews, 153: 1-6.

Waples D W. 1980. Time and temperature in petroleum formation: application of Lopatin's method to petroleum exploration. AAPG Bulletin, 64: 916-926.

Warrlich G M D, Waltham D A, Bosence D W J. 2002. Quantifying the sequence stratigraphy and drowning mechanisms of atolls using a new 3-D forward stratigraphic modelling program (CARBONATE 3D). Basin Research, 14: 379-400.

Warrlich G, Bosence D, Waltham D, et al. 2008. 3D stratigraphic forward modelling for analysis and prediction of carbonate platform stratigraphies in exploration and production. Marine and Petroleum Geology, 25(1): 35-58.

Watkins S E, Whittaker A C, Bell R E, et al. 2018. Are landscapes buffered to high-frequency climate change? A comparison of sediment fluxes and depositional volumes in the Corinth Rift, central Greece, over the past 130 ky. Geological Society of America Bulletin, 131(3-4): 372-388.

Wendebourg J. 1994. Simulating hydrocarbon migration and stratigraphic traps. Stanford, CA: Stanford University.

Wendebourg J, Harbaugh J W. 1997. Simulating oil entrapment in clastic sequences. Oxford: Pergamon Press.

Whitaker F F, Xiao Y T. 2010. Reactive transport modeling of early burial dolomitization of carbonate platforms by geothermal convection. AAPG Bulletin, 94(6): 889-917.

Wilkinson D, Willemsen J F. 1983. Invasion percolation: a new form of percolation theory. Journal of Physics A: Mathematical and General, 16(14): 3365-3376.

Winsberg E. 2019. Computer simulations in science//Zalta E N. The Stanford Encyclopedia of Philosophy. Stanford, CA: Metaphysics Research Lab, Stanford University.

Wright N M, Seton M, Williams S E, et al. 2020. Sea-level fluctuations driven by changes in global ocean basin volume following supercontinent break-up. Earth-Science Reviews, 208: 103293.

Wrobel-Daveau J C, Nicoll G, Tetley M G, et al. 2022. Plate tectonic modelling and the energy transition. Earth-Science Reviews, 234: 104227.

Wygrala B P. 1989. Integrated Study of an Oil Field in the Southern Po Basin, Northern Italy. PhD Thesis, Berichte des Forschungszentrums Jülich.

Xu T, Spycher N, Sonnenthal E, et al. 2012. TOUGHREACT user's guide: a simulation program for non-isothermal multiphase reactive geochemical transport in variably saturated geologic media, version 2.0. Berkeley: Lawrence Berkeley National Laboratory.

Xu T F, Apps J A, Pruess K. 2005. Mineral sequestration of carbon dioxide in a sandstone–shale system. Chemical Geology, 217(3-4): 295-318.

Xu T F, Sonnenthal E, Spycher N, et al. 2006. TOUGHREACT: a simulation program for non-isothermal multiphase reactive geochemical transport in variably saturated geologic media: applications to geothermal injectivity and CO_2 geological sequestration. Computers & Geosciences, 32(2): 145-165.

Xu T F, Spycher N, Sonnenthal E, et al. 2011. TOUGHREACT Version 2.0: a simulator for subsurface reactive transport under non-isothermal multiphase flow conditions. Computers & Geosciences, 37(6): 763-774.

Yang L L, Chen D H, Hu J, et al. 2023. Understanding the role of sequence stratigraphy and diagenesis on the temporal and spatial distribution of carbonate reservoir quality: a conceptual modeling approach. Marine and Petroleum Geology, 147: 106010.

Yang P, Liu K Y, Liu J L, et al. 2021. Petroleum charge history of deeply buried carbonate reservoirs in the Shuntuoguole Low Uplift, Tarim Basin, West China. Marine and Petroleum Geology, 128: 105063.

Yang P, Liu K Y, Li Z, et al. 2022. Direct dating Paleo-fluid flow events in sedimentary basins. Chemical Geology, 588: 120642.

Yükler A, Cornford C, Welte D. 1978. One-dimensional model to simulate geologic, hydrodynamic and thermodynamic development of a sedimentary basin. Geologische Rundschau, 67(3): 960-979.

Zadeh L A. 1965. Fuzzy sets. Information and Control, 8(3): 338-353.

Zhang K, Wu Y S, Pruess K. 2008. User's guide for TOUGH2-MP—a massively parallel version of the TOUGH2 Code. Berkeley: Lawrence Berkeley National Laboratory.

Zhu G Y, Milkov A V, Zhang Z Y, et al. 2019. Formation and preservation of a giant petroleum accumulation in superdeep carbonate reservoirs in the southern Halahatang oil field area, Tarim Basin, China. AAPG Bulletin, 103(7): 1703-1743.

Zou C N, Yang Z, Dai J X, et al. 2015. The characteristics and significance of conventional and unconventional Sinian–Silurian gas systems in the Sichuan Basin, Central China. Marine and Petroleum Geology, 64: 386-402.